21世纪高等学校机械设计制造及其自动化专业系列教材

TwinCAT 机电控制
与检测实验教程

黄弢　谭波　汪迪　陈冰　编著

华中科技大学出版社
中国·武汉

内 容 简 介

本书立足于新工科创新型实践教学培养模式,满足机电控制与检测实验教学目标。全书分三个部分共 9 章:第一部分即第 1~2 章,主要介绍了 TwinCAT 软件基本操作、IEC 61131-3 编程基础;第二部分即第 3~6 章,主要介绍了机电控制与检测基础内容,并基于 TwinCAT 构建了配套的实验项目,解析了实验项目的设计过程,旨在为读者在工程实践中将理论应用于实际奠定基础;第三部分即第 7~9 章,这部分属于本书的提高部分,主要面向多轴复杂机电控制与检测装置,从介绍装置的机械和电气结构入手,围绕着机构运动学分析展开控制程序的设计,构建控制系统和控制界面,以目的为导向,将 TwinCAT 知识融入工程实验之中。

本书主要作为“机电控制与检测”课程的配套实验教材,也可以作为“数控技术”“机器人学”等课程的实验教材,为高年级本科生和研究生做机电控制与检测项目开发提供参考,还可供使用 TwinCAT 的一线工程技术人员参考。

图书在版编目(CIP)数据

TwinCAT 机电控制与检测实验教程/黄弢等编著.—武汉:华中科技大学出版社,2022.10(2024.8 重印)
ISBN 978-7-5680-8800-8

Ⅰ.①T… Ⅱ.①黄… Ⅲ.①PLC 技术-教材 Ⅳ.①TM571.61

中国版本图书馆 CIP 数据核字(2022)第 199774 号

TwinCAT 机电控制与检测实验教程
TwinCAT Jidian Kongzhi yu Jiance Shiyan Jiaocheng

黄 弢 谭 波 编著
汪 迪 陈 冰

策划编辑:万亚军
责任编辑:刘 飞
封面设计:原色设计
责任监印:周治超
出版发行:华中科技大学出版社(中国·武汉)　　电话:(027)81321913
　　　　　武汉市东湖新技术开发区华工科技园　　邮编:430223
录　　排:武汉市洪山区佳年华文印部
印　　刷:武汉邮科印务有限公司
开　　本:787mm×1092mm　1/16
印　　张:19.75
字　　数:510 千字
版　　次:2024 年 8 月第 1 版第 3 次印刷
定　　价:59.80 元

21世纪高等学校
机械设计制造及其自动化专业系列教材

总 序 一

"中心藏之,何日忘之",在新中国成立60周年之际,时隔"21世纪高等学校机械设计制造及其自动化专业系列教材"出版9年之后,再次为此系列教材写序时,《诗经》中的这两句诗又一次涌上心头,衷心感谢作者们的辛勤写作,感谢多年来读者对这套系列教材的支持与信任,感谢为这套系列教材出版与完善作过努力的所有朋友们。

追思世纪交替之际,华中科技大学出版社在众多院士和专家的支持与指导下,根据1998年教育部颁布的新的普通高等学校专业目录,紧密结合"机械类专业人才培养方案体系改革的研究与实践"和"工程制图与机械基础系列课程教学内容和课程体系改革研究与实践"两个重大教学改革成果,约请全国20多所院校数十位长期从事教学和教学改革工作的教师,经多年辛勤劳动编写了"21世纪高等学校机械设计制造及其自动化专业系列教材"。这套系列教材共出版了20多本,涵盖了"机械设计制造及其自动化"专业的所有主要专业基础课程和部分专业方向选修课程,是一套改革力度比较大的教材,集中反映了华中科技大学和国内众多兄弟院校在改革机械工程类人才培养模式和课程内容体系方面所取得的成果。

这套系列教材出版发行9年来,已被全国数百所院校采用,受到了教师和学生的广泛欢迎。目前,已有13本列入普通高等教育"十一五"国家级规划教材,多本获国家级、省部级奖励。其中的一些教材(如《机械工程控制基础》《机电传动控制》《机械制造技术基础》等)已成为同类教材的佼佼者。更难得的是,"21世纪高等学校机械设计制造及其自动化专业系列教材"也已成为一个著名的丛书品牌。9年前为这套教材作序的时候,我希望这套教材能加强各兄弟院校在教学改革方面的交流与合作,对机械工程类专业人才培养质量的提高起到积极的促进作用,现在看来,这一目标很好地达到了,让人倍感欣慰。

李白讲得十分正确:"人非尧舜,谁能尽善?"我始终认为,金无足赤,人无完人,文无完文,书无完书。尽管这套系列教材取得了可喜的成绩,但毫无疑问,这套书中,某本书中,这样或那样的错误、不妥、疏漏与不足,必然会存在。何况形势总在不断地发展，更需要进一步来完善，与时俱进，奋发前进。较之 9 年前，机械工程学科有了很大的变化和发展，为了满足当前机械工程类专业人才培养的需要，华中科技大学出版社在教育部高等学校机械学科教学指导委员会的指导下，对这套系列教材进行了全面修订，并在原基础上进一步拓展，在全国范围内约请了一大批知名专家，力争组织最好的作者队伍，有计划地更新和丰富"21 世纪高等学校机械设计制造及其自动化专业系列教材"。此次修订可谓非常必要，十分及时，修订工作也极为认真。

"得时后代超前代，识路前贤励后贤。"这套系列教材能取得今天的成绩，是几代机械工程教育工作者和出版工作者共同努力的结果。我深信，对于这次计划进行修订的教材，编写者一定能在继承已出版教材优点的基础上，结合高等教育的深入推进与本门课程的教学发展形势，广泛听取使用者的意见与建议，将教材凝练为精品；对于这次新拓展的教材，编写者也一定能吸收和发展原教材的优点，结合自身的特色，写成高质量的教材，以适应"提高教育质量"这一要求。是的，我一贯认为我们的事业是集体的，我们深信由前贤、后贤一起一定能将我们的事业推向新的高度！

尽管这套系列教材正开始全面的修订，但真理不会穷尽，认识不是终结，进步没有止境。"嘤其鸣矣，求其友声"，我们衷心希望同行专家和读者继续不吝赐教，及时批评指正。

是为之序。

中国科学院院士

2009. 9. 9

21世纪高等学校
机械设计制造及其自动化专业系列教材

总 序 二

　　制造业是立国之本，兴国之器，强国之基。当今世界正处于以数字化、网络化、智能化为主要特征的第四次工业革命的起点，世界各大强国无不把发展制造业作为占据全球产业链和价值链高端位置的重要抓手，并先后提出了各自的制造业国家发展战略。我国要实现加快建设制造强国、发展先进制造业的战略目标，就迫切需要培养、造就一大批具有科学、工程和人文素养，具备机械设计制造基础知识，以及创新意识和国际视野，拥有研究开发能力、工程实践能力、团队协作能力，能在机械制造领域从事科学研究、技术研发和科技管理等工作的高级工程技术人才。我们只有培养出一大批能够引领产业发展、转型升级和创造新兴业态的创新人才，才能在国际竞争与合作中占据主动地位，提升核心竞争力。

　　自从人类社会进入信息时代以来，随着工程科学知识更新速度加快，高等工程教育面临着学校教授的课程内容远远落后于工程实际需求的窘境。目前工业互联网、大数据及人工智能等技术正与制造业加速融合，机械工程学科在与电子技术、控制技术及计算机技术深度融合的基础上还需要积极应对制造业正在向数字化、网络化、智能化方向发展的现实。为此，国内外高校纷纷推出了各项改革措施，实行以学生为中心的教学改革，突出多学科集成、跨学科学习、课程群教学、基于项目的主动学习的特点，以培养能够引领未来产业和社会发展的领导型工程人才。我国作为高等工程教育大国，积极应对新一轮科技革命与产业变革，在教育部推进下，基于"复旦共识""天大行动"和"北京指南"，各高校积极开展新工科建设，取得了一系列成果。

　　国家"十四五"规划纲要提出要建设高质量的教育体系。而高质量的教育体系，离不开高质量的课程和高质量的教材。2020年9月，教育部召开了在我国教育和教材发展史上具有重要意义的首届全国教材工作会议。近年来，包括华中科技大学在内的众多高校的机械工程专业结合自身的办学特色，引入先进的教育理念，在专业建设、人才培养模式、教学内容、教学方法、课程建设等方面积极开展教学改革，取得了较好的效果，建设了一大批优质课程。为了将这些优秀的教学改革经验和教学内容推广给全国高校,华中科技大学出版社联合华中科技大学在内的一批高校,在首批"21世纪高等学校机械设计制造及其自动化专业系列教材"的基础上,再次组织修订和编写了一批教材,以支持我国机械工程专业的人才培养。具体如下:

(1)根据机械工程学科基础课程的边界再设计,结合未来工程发展方向修订、整合一批经典教材,包括将画法几何及机械制图、机械原理、机械设计整合为机械设计理论与方法系列教材等。

(2)面向制造业的发展变革趋势,积极引入工业互联网及云计算与大数据、人工智能技术,并与机械工程专业相关课程融合,新编写智能制造、机器人学、数字孪生技术等方面教材,以开拓学生视野。

(3)以学生的计算分析能力和问题解决能力、跨学科知识运用能力、创新(创业)能力培养为导向,建设机械工程学科概论、机电创新决策与设计等相关课程教材,培养创新引领型工程技术人才。

同时,为了促进国际工程教育交流,我们也规划了部分英文版教材。这些教材不仅可以用于留学生教育,也可以满足国际化人才培养需求。

需要指出的是,随着以学生为中心的教学改革的深入,借助日益发展的信息技术,教学组织形式日益多样化;本套教材将通过互联网链接丰富多彩的教学资源,把各位专家的成果展现给各位读者,与各位同仁交流,促进机械工程专业教学改革的发展。

随着制造业的发展、技术的进步,社会对机械工程专业人才的培养还会提出更高的要求;信息技术与教育的结合,科研成果对教学的反哺,也会促进教学模式的变革。希望各位专家同仁提出宝贵意见,以使教材内容不断完善提高;也希望通过本套教材在高校的推广使用,促进我国机械工程教育教学质量的提升,为实现高等教育的内涵式发展贡献一份力量。

中国科学院院士

2021 年 8 月

前　言

　　本实验教程是为了配合华中科技大学新工科教学改革而编写的,是课程"机电控制与检测(二)""机电控制和检测(三)"的配套实验教材。涉及的教材包括《机械工程控制基础》(第七版,杨叔子等)、《工程测试技术基础》(廖广兰等)和《机电传动控制》(第六版,陈冰等)。为使课程之间的联结更加紧密,本实验教程的内容基于德国倍福公司的 PC 控制技术,以符合实时工业以太网 EtherCAT标准的设备为对象,在 TwinCAT 软件平台上完成机电控制和检测实验的操作、拓展与开发。

　　本实验教程的第 1~2 章主要介绍 TwinCAT 软件操作和 IEC 61131-3 编程基础。为帮助读者正确理解三本关联教材的基本理论与基本方法,本实验教程在第 3~6 章里对其主要内容进行了简要的说明,介绍了相关的实验装置和项目,以尽量扩展读者的实验视野,并给出了设计性、创新性实验案例。本实验教程的第 7~9 章为拓展性创新实验项目。实验内容既有机电控制与检测验证性的基础操作实验,更有面向三轴绘图实验台、滚动轴承转子实验台、Delta 机器人和 SCARA 机器人等装置的拓展性开发实验。编者理论联系实际,试图从实验设计方向进行解读,让读者更好地理解实验内容,举一反三,使读者学会用TwinCAT 软件独立完成其他机电控制与检测项目的开发。

　　本实验教程根据前期相关实验教学内容发展而来,黄癹、陈冰为实验体系和内容的建立、实验平台的架构、实验大纲和项目的设置、教材内容的校核等做出了重要贡献。第 1、2、3、7 章由黄癹编写,第 4、5 章由谭波编写,第 6、9 章由汪迪编写,第 8 章由叶宝松、黄癹编写,全书由黄癹、陈冰定稿。书中的实验案例还得到了"智能控制 iCAT"团队主力成员施妙辉、许洋、朱艺文、任萌、唐瑞淳、马瑞启等的全力支持,在此表示感谢!

　　以 TwinCAT 为平台开展的实验教学源于 PLCopen 中国组织的"PLCopen行业推动教学计划",以产业需求和科技发展为导向,行业协会、企业、院校三方共创共建,推动实践教学与行业接轨。在此,特别感谢 PLCopen 中国组织主席严义教授的大力支持,特别感谢倍福(中国区)梁力强先生、马兴凯先生、范斌女士、许舰先生、涂智杰先生、陈利君女士和赵九洲先生的大力支持！本书在编写过程中,得到了华中科技大学机械科学与工程学院领导和相关课程老师的大力支持,得到了实验中心主任王峻峰教授的大力支持,在此一并表示感谢！

由于编者经验不足,水平有限,加之时间仓促,书中内容和实验选项难免存在疏漏和不妥之处,恳请广大读者批评指正！

作　者
2022 年 6 月

目　　录

第1章 TwinCAT 快速入门

常规使用的可编程控制器(PLC)表面上看是一个硬件模块,但其实它是硬件和软件的集合体。硬件主要是指它的电路板、各种芯片及接口等实体;软件是指它内部运行的系统程序,包括操作系统及上层软件,其系统程序是出厂时固化在硬件内部的,被称为固件(firmware)。

20 世纪 90 年代后期,人们逐渐认识到,传统 PLC 自身存在着这样那样的缺点:难以构建开放的硬件体系结构,工作人员必须经过较长时间的专业培训才能掌握某一种产品的编程方法,等等。软件 PLC 的想法被人提出:用软件实现传统 PLC 的控制功能,将 PLC 的控制功能封装在软件内,运行于 PC 环境中;既可以实现传统 PLC 的相同功能,同时又具备 PC 的各种优点。在保留 PLC 功能的前提下,采用面向现场总线网络的体系结构,采用开放的通信接口,如以太网、高速串口等,采用各种相关的国际工业标准和一系列的事实上的标准,全部用软件来实现传统 PLC 的功能。

软件 PLC 系统一般由开发系统和运行系统两部分组成,软件 PLC 开发系统实际上就是集编辑、调试和编译与一体的 PLC 编程器,其中编译部分是开发系统的核心。TwinCAT (the Windows control and automation technology)是一款基于 Windows 操作系统的软件 PLC,TwinCAT 的认知请参考德国倍福自动化公司(Beckhoff)的官方网站。

1.1 TwinCAT 3 简介

1.1.1 TwinCAT 介绍

TwinCAT 是一款基于 PC 控制器的 Windows 软件开发平台,其工程环境集成在微软的 Visual Studio 框架中,集成了可编程控制器(PLC)的编程标准(IEC 61131-3),IT 领域的编程语言(C/C++),其系统管理器可链接至科学计算工具(MATLAB/Simulink)。IEC 61131、C/C++、MATLAB/Simulink 等创建的对象模型可同时运行在同一个实时内核中,实时任务的最小循环周期为 50 μs,具有低抖动特点。TwinCAT 软件可将基于 PC 的系统转换为具有多 PLC 系统、NC/CNC 轴控制系统、机器人系统、测量系统、人机界面系统、物联网系统的实时控制器,各个系统间通过 EtherCAT(Ethernet for control automation technology)即控制自动化技术的实时工业以太网通信,为工程技术开辟了一条新的道路。其通过添加多种功能对实时内核进行扩展,结合多核和 64 位操作系统的嵌入式控制器,极大地提高了控制系统的软硬件性能。目前的最新版本是 TwinCAT 3,本书的所有项目均基于此版本开发。

1.1.2 TwinCAT 的操作系统

TwinCAT 3 采用标准的 PC 操作系统 Windows,用标准的 PC 硬件设备,如 CPU、硬盘、内存、网卡、显示器、USB 口、串口等,支持连接各种现场总线接口,实现各种输入/输出和驱动硬件。支持的主流总线协议包括 EtherCAT、PROFINET、PROFIBUS、CANopen、EtherNet/IP、DeviceNet 等,支持的 Windows 操作系统有 Windows CE 和 Windows 7/8/10、Windows

Embedded Standard 等,随着 IT 技术的发展,支持更多的软硬件以及更多总线或通信协议,如固态硬盘、CF 卡、MicroSD 卡、TSN、EtherCAT G、5G 技术等。

如果要访问硬盘或者 CF 卡上的文件,TwinCAT 必须通过调用 Windows 本身的功能来实现。倍福提供专门的库文件,包含了调用 Windows 功能的各种 PLC 功能块,比如创建、删除、读写文件,这些库文件还提供 Windows 的很多其他功能,包含但不限于读取和设置系统时间、实时时钟,读取和修改注册表,监视主板温度、CPU 温度以及网卡 IP 设置等,使得 TwinCAT 特别易于与 Windows 家族的其他设备通信。

1.1.3　TwinCAT 软件基本组成

1. TwinCAT XAE 与 TwinCAT XAR

TwinCAT 3 分为 XAE(eXtended automation engineering)和 XAR(eXtended automation runtime)两部分,其组成结构如图 1-1 所示。XAE 以 Visual Studio 作为开发环境,进行多种语言的编程和硬件组态。XAR 是实时运行环境,对 TwinCAT 模块加载、执行、管理、实时运行与调用。

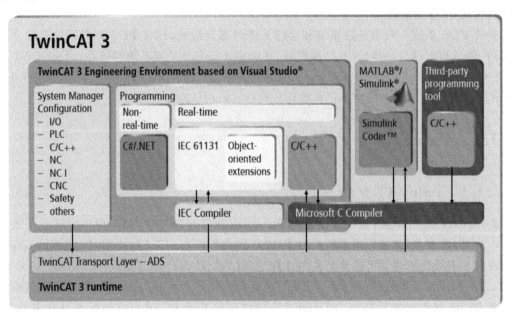

图 1-1　TwinCAT 3 组成结构

2. TwinCAT PLC

TwinCAT PLC 用于 PLC 的完整开发环境,所使用的编辑器和调试功能建立在高级编程语言开发环境基础之上。与传统的 PLC 相比,除执行普通的逻辑运算外,还能调用 Windows 操作系统的功能,比如文件操作、启动或者停止应用程序、修改注册表、关闭或者重启操作系统等,利用 CPU、硬盘、内存资源的能力大幅提高,具有数量区和程序区大、运算快的特点。

3. TwinCAT NC

TwinCAT NC 把电机的运动控制分为三层:PLC 轴、NC 轴、物理轴,如图 1-2 所示。PLC 轴可以理解为程序轴,即 PLC 程序中定义的轴变量。NC 轴是伺服驱动器在 TwinCAT 系统内的软件驱动接口,在 NC 配置界面定义的轴(Axis)为 NC 轴。物理轴一般指电机、驱动器、编码器等。程序轴将变量(如目标位置等)传递给 NC 轴,NC 轴把信息翻译成符合 EtherCAT

总线标准的变量形式,而后发送给物理轴(如伺服控制器),伺服控制器根据接收到的数据直接驱动电机做出相对应的动作;同时物理轴(如编码器、伺服控制器)会将采集到的数据,如编码器数值、驱动电流、驱动速度等反馈到NC 轴并储存,PLC 程序调用相应接口的数据。

4. ADS

ADS(automation device specification)即自动化设备规范,它为设备之间的通信提供路由。在 TwinCAT 3 系统中,各个软件模块(如 TwinCAT PLC、TwinCAT NC、Windows 应用程序等)的工作模式类似于硬件设备,它们能够独立工作。各个软件模块之间的信息交换通过TwinCAT ADS 完成。在 Beckhoff 的 CX、BX、BC 系列控制器中都包含 TwinCAT 信息路由器,因此各个 ADS设备之间都能够交换数据和信息,如图 1-3 所示。

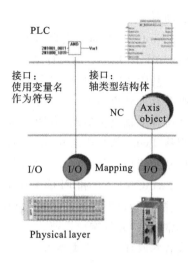

图 1-2　TwinCAT NC 控制轴架构

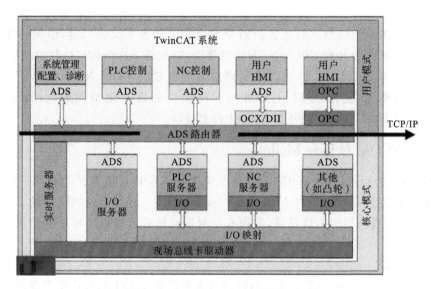

图 1-3　TwinCAT ADS 设备信息交换

1.1.4　TwinCAT 基本功能

TwinCAT 是一套软件 PLC,分为 Runtime 和 Engineering 版本,本书中的 TwinCAT 特指 TwinCAT Runtime。Windows、TwinCAT 和 HMI 软件、TwinCAT PLC 是 PC-Based 控制器上三个不同层次的应用。Windows 完全调度 PC 的硬件所有资源,TwinCAT 安装在倍福工业或嵌入式计算机上,具有 Windows 操作系统下优先级最高的进程,与 HMI 软件等其他Windows 应用程序分享资源。分配 CPU 资源时,TwinCAT 优先,Windows 在设置的限值内优先满足 TwinCAT。分配内存资源时,TwinCAT 只使用指定大小的内存。TwinCAT 启动时,Windows 就会根据设置为它分配固定大小的内存区间,所以 TwinCAT PLC 不支持在运行过程中新建变量或者修改数组长度。TwinCAT 不仅与控制器硬件分开,也与输入/输出设备分开,同样的程序可以运行在不同的控制器硬件上,用来控制完全不同的输入/输出模块以及驱动器。

TwinCAT 负责实时调度计算机的 CPU 资源,完成实时的逻辑运算和运动控制,它是 TwinCAT PLC、NC 的运行平台,可以实现 PLC、多轴运动控制、机器人视觉等更多更复杂的功能。其中 PLC 部分还包含多套 PLC,每套 PLC 中有多个 Task(任务)。而多轴运动控制部分则含有点到点运动(PTP)控制库、凸轮(CAM)耦合控制库和数控库。TwinCAT NC 可以实现所有单轴点位运动、多轴联动指令、3 轴插补指令,也可以执行 G 代码文件。这些功能通常都从 TwinCAT PLC 中调用功能块来实现,而这些功能块都是 IEC 61131 中定义的标准运动控制功能块(FB,function block),与所有支持该标准的运动控制器厂商的指令集兼容。

TwinCAT NC 和 PLC 工作于同一台 PC,两者之间的通信只是两个内存区之间的数据交换,其数量和速度都远非传统运动控制器可比,这使得凸轮耦合、自定义轨迹运动时的数据修改非常灵活,并且响应迅速。TwinCAT NC 最多能够控制 255 个运动轴,每个轴可以独立选择或者修改任意接口类型,而运动控制的 PLC 程序保持不变。

1.2　TwinCAT 3 的运行机制

TwinCAT 3 的运行机制指的是如何划分 Runtime 的各个部分、如何组织各部分之间的数据交互,它们之间如何分配 CPU 内核和运算资源,以及基于这个运行机制的实现结果。

TwinCAT 3 在 AT 与 IT 的融合上明确借鉴了微软的 COM 技术,提出了 TcCOM 和 Module(模块)的概念,更接近 IT 工程师的程序架构和模块化编程理念,即基于同一个 Module 创建的 Object(目标)有相同的运算代码和接口。

1.2.1　TcCOM 组件和 Module

TcCOM 概念的引入,使 TwinCAT 具有了无限的扩展性。倍福公司和第三方厂家都可以把自己的软件产品封装成 TcCOM 集成到 TwinCAT 中,运行于成熟稳定的 TwinCAT 实时核可驱动几乎所有类型的 I/O 系统,并拥有与时俱进的开放接口。常用的倍福 TcCOM 组件如图 1-4 所示。

1. PLC 和 NC

PLC 和 NC 是与 TwinCAT 3 兼容的两种基本类别的 TcCOM,分别实现逻辑控制和运动控制。

2. Safety 和 CNC

Safety 和 CNC 也是 TwinCAT 3 中已经有的软件功能,即安全 PLC 和数字控制软件,在 TwinCAT 3 中以 TcCOM 组件的形式出现。

3. C 和 C++ Module

C 和 C++ Module 是 TwinCAT 3 新增的功能,允许用户使用 C 和 C++编辑实时的控制代码和接口。C++编程支持面向对象(继承、封装、接口)的方式,可重复利用性好,代码的生成效率高,非常适用于实时控制,可广泛用于图像处理、机器人及仪器测控。

4. Simulink Module

Simulink Module 是 TwinCAT 3 新增的功能,允许用户事先在 MATLAB 中创建控制模型(模型包含了控制代码和接口),然后把模型导入 TwinCAT 3。利用 MATLAB 的模型库和各种调试工具,更容易实现对复杂控制算法的开发、仿真和优化,通过 RTW 自动生成仿真系

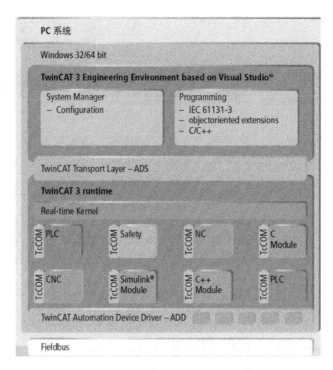

图 1-4 常用的倍福 TcCOM 组件

统代码,并支持图形化编程。

基于一种 TcCOM,用户可以创建多个 Module。每个 Module 必须有自己的状态机和 TcCOM 接口,Module 还可以有接口、参数以及接口指针、数据区指针,此外还可以有参数、ADS 端口等。Module 可以把功能封装在 Module 里面而保留标准的接口,与调用它的对象代码隔离开来,既便于重复使用,又保证代码安全。TwinCAT 3 运行内核上能够执行的 Module 数量几乎无穷大。

1.2.2 TwinCAT 3 的运行机制

TwinCAT 3 实时核的运行机制分为 4 个层次:Module、Object、Task 和 Core,其引用关系如图 1-5 所示。TcCOM Module 实例化为 Object,Object 由 Task 调用,Task 设置 Cycle Time(运行周期)并指定到 Core,图中没有表达的是 Core 需要指定 Base Time 和 CPU Limit。

1. Module 和 Object

Module 中定义了一段内存和内存中各个变量之间的关系,Module 类似于高级语言中的 Class。Module 可以多次实例化,生成的 Object 具有相同的代码、内部变量和接口。比如 C++ 的 Module 和 MATLAB 的 Module,可以在同一个项目中基于同一个 Module 创建多个对象 Object。

Object 可以理解为 Module 运行的一个实例,Module 实例化为一个 Object 后,TwinCAT 就会为它分配一块内存。内存变量之间保持着 Module 代码所描述的关系,一个输入变量变了,其他变量要相应的变化,Object 实例的执行可以由 Task 周期性地无条件调用,或者由另一个 Object 有条件地调用。

PLC 和 NC 是两个特殊的 Module,同样代码的 PLC 程序只能实例化一次,同样配置的

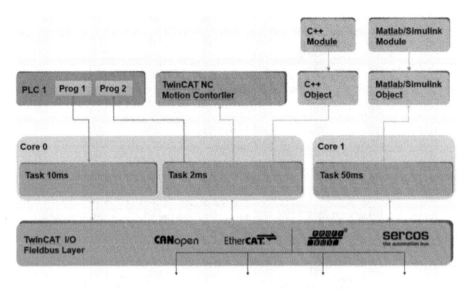

图 1-5 Module、Object、Task、Core 之间的关系

NC 也只能实例化为一次。这两种 Module 是自动实例化的,开发人员几乎看不出 Module 这种形式,TwinCAT XAE 提供了 PLC 编程模版。

2. Task

对 PLC 实例化的 Object 来说,系统会自动为它建一个 Task,并且默认的 Cycle Time 是 10ms。对于 C++和 MATLAB 对象来说,需要手动指定 Task。

Task 是所有 Object 执行的唯一入口,一个 Task 必须指定 Cycle Time 和所运行的 CPU 核。Cycle Time 必须是所运行的 CPU 核的 Base Time 的整数倍。多个 Object 可被指定给同一个 Task。同样,Cycle Time 的 Task 应尽量合并成一个,以节约 CPU 线程切换的时间。

对于 PLC 这种特殊的 Object,除了默认的 PLC Task 之外,还可以手动添加 Reference Task,以实现 PLC 内不同代码可以设置不同执行周期的功能。默认所有的 Task 都在 Default CPU 上运行,所以多核系统要手动指定 Task 运行的 CPU。

3. Base Time 和实时性

Base Time 是 Windows 为 TwinCAT 分配 CPU 时间资源的最小时间片。CPU Limit 是这个时间片中可供 TwinCAT 使用的最大比例。所有任务默认的 Base Time 即 1 ms,指定到 CPU0,其 CPU 的 Limit 为 60%。Base Time 可以修改,最小可以设置为 50 μs,Task 周期为 Base Time 的整数倍,如果选择适当的 I/O 系统和 CPU,TwinCAT 的实时性可以达到两个最小 Base Time,即 50 μs×2＝100 μs。

以 PLC Task 为例,实时核首先把计算机的 CPU 时间划分成若干 Base Time,Base Time 为 1 ms,在每 1 ms 优先执行 TwinCAT 实时任务,然后依次执行 Read Input（读 Input）、Operate Program（操作程序）和 Write Output（写 Output）,再响应 Windows 和 HMI 界面等其他请求。如果 CPU Limit 已到限时而 TwinCAT 实时任务未执行完,则 TwinCAT 进程挂起,CPU 转去执行 Windows 和 HMI 界面等中的其他响应,直到下一个 1 ms 接着执行未完成的实时任务。

4. Core

无论是单核还是多核 CPU,都需要为 TwinCAT 用到的每个核指定 Base Time 和 CPU

Limit。对于多核 CPU，默认只有第一个核才用于 TwinCAT。所以首先要设置 TwinCAT 可以使用哪些核，分别可以用到的 CPU Limit（最大占用率）是多少，以及每隔多长时间（Base Time）去检查一次是否要执行 Task 所调用的 Object。

执行 TwinCAT 任务的 CPU 运算时间比例也可以根据项目需要作出修改。通常情况下，TwinCAT 任务并不需要 80% 以上的 CPU 运算能力。至于实际占用了多少，用户可以从开发工具或者 PLC 程序中访问得到。

5. TwinCAT 的分时多任务原则

TwinCAT 从计算机的 CPU 中分出一部分算力，实现 PLC 和 NC 的功能，那么怎样才能同时满足 PLC 和 NC 控制的实时性呢？TwinCAT 使用了"任务"和"优先级"的概念，依据分时多任务的原则，实现不同控制任务的实时性。

例如，TwinCAT 运行核中有两个主要的任务即 NC-Task1 和 PLC-Task1，前者优先级为 4，周期为 1 ms，后者优先级为 6，周期为 2 ms。由于任务优先数低则级别高，因此 NC 任务优先级高于 PLC 任务优先级。所以在第 1 ms 的起始处，首先执行 NC-Task1，执行完毕后，CPU Limit 限时还未到，紧接着执行优先级次之的 PLC-Task1；PLC-Task1 还没有执行完毕但 CPU Limit 限时到了，CPU 中断 PLC-Task1 转去执行 Windows 和 HMI 界面等中的其他响应。在第 2 ms 的起始处，执行第 2 遍 NC-Task1，执行第 1 遍 PLC-Task1 的剩余部分。完成时 CPU Limit 限时还未到，CPU 提前转去执行 Windows 和 HMI 界面等中的其他响应。

6. TwinCAT 的启动过程

一台基于 TwinCAT 的控制器上电以后，启动顺序如图 1-6 所示。

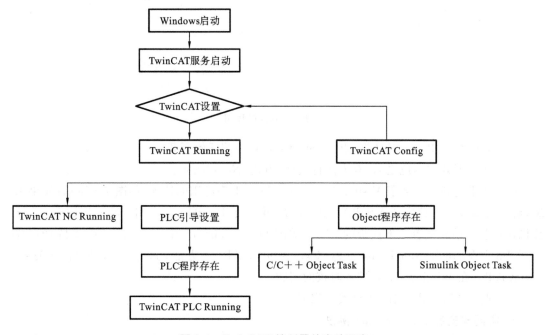

图 1-6　TwinCAT 控制器的启动顺序

Windows 操作系统成功启动后，TwinCAT 运行核不一定是自动启动的，需根据 TwinCAT 引导设置。TwinCAT 运行核启动后，则 TwinCAT NC 会自动启动，而 TwinCAT PLC 是否启动则取决于 TwinCAT PLC 的引导设置，以及 PLC 引导程序是否存在。

1.3　新建一个 TwinCAT 项目

1.3.1　准备操作

1. 安装 Visual Studio 以及 TwinCAT

安装 TwinCAT 软件之前,需要先安装 Visual Studio Community 2017 及以上版本,在此不赘述。下面介绍 TwinCAT 的安装。

（1）打开倍福官网:https://www.beckhoff.com.cn/zh-cn/,点击下载中心。

（2）点击软件和工具。

（3）选择"TwinCAT 3 download ｜ eXtended Automation Engineering（XAE）",如图 1-7 所示,点击 EXE 下载。

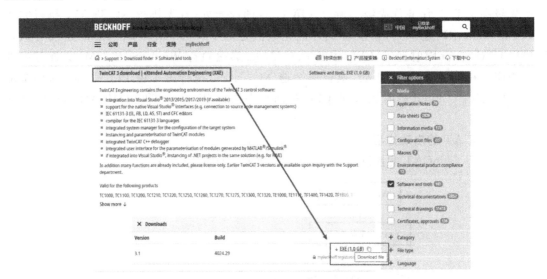

图 1-7　下载过程图

（4）此时会弹出一个对话框,点击"Start download"开始下载。

（5）文件下载到本地之后,双击执行文件,点击"Next"按钮。

（6）如果电脑上安装了 Visual Studio(VS)则会出现可用的选项,如图 1-8 所示;如果未安装,请先安装 VS(建议安装 VS 2017 中文版),再安装 TwinCAT,点击"Next"按钮。部分计算机在安装之前要配置一下主板的 BIOS,关闭 Hyper-Threading(Intel Core-i7 支持)的功能,打开 Intel VirtualizationTechnology Extensions（VT-x）功能,这个主要是因为关系到 TwinCAT 3 在 Windows 下实现实时核的问题。

（7）点击"Install"按钮,等待安装完成。

2. 给网卡安装 RT-Ethernet 协议

为了确保后续以太网卡能够正确扫描到设备,需要给网卡安装 TwinCAT RT-Ethernet 协议,其步骤如图 1-9 所示。首先打开 Visual Studio,选择菜单中的"TwinCAT"选项卡下的"Show Realtime Ethernet Compatible Devices…"。

在 Incompatible devices 下,如图 1-10 所示,点击带有"以太网"的网卡,点击右侧的

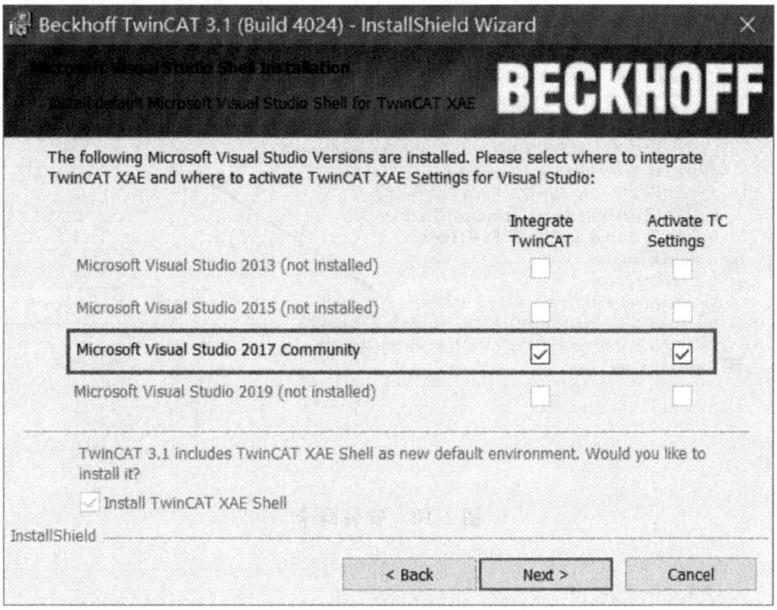

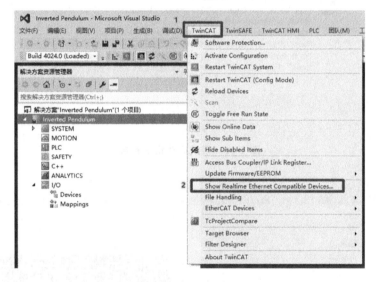

图 1-8　安装版本图

图 1-9　显示实时以太网兼容设备

"Install"，然后安装，之后网卡会出现在"Installed and ready to use devices"下。

对于每台电脑而言，此操作只需执行一遍，如果重装了系统，则需要重新执行本操作。

3. 设置系统时钟

对于 Windows 8 以上的系统，需要设置一下系统时钟以保证 TwinCAT 执行的实时性，打开文件夹 C:\TwinCAT\3.1\System，以管理员身份运行 win8settick.bat，然后重启电脑。如果未执行此操作，则后续执行 PLC 程序时会出现如图 1-11 所示问题。

1.3.2　新建项目

打开 Visual Studio，单击"文件/新建/项目"，如图 1-12 和图 1-13 所示。

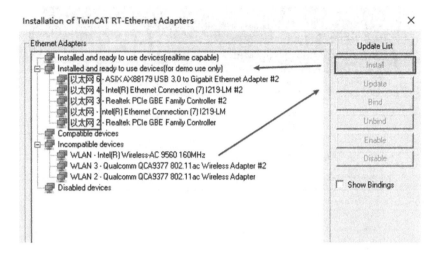

图 1-10　安装网卡

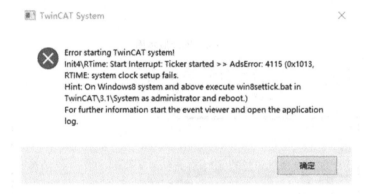

图 1-11　系统启动错误警告

图 1-12　新建项目截图 1

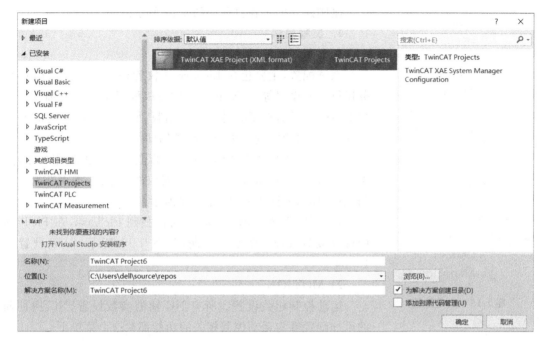

图 1-13　新建项目截图 2

1.3.3　项目环境介绍

回到项目的主界面,如图 1-14 所示。左侧的"解决方案资源管理器"展示了项目的主体结构,上面的工具栏显示了一些常见的应用,中间的错误列表提示了编写过程中可能出现的错误,下方的状态栏展示了 TwinCAT 的状态。

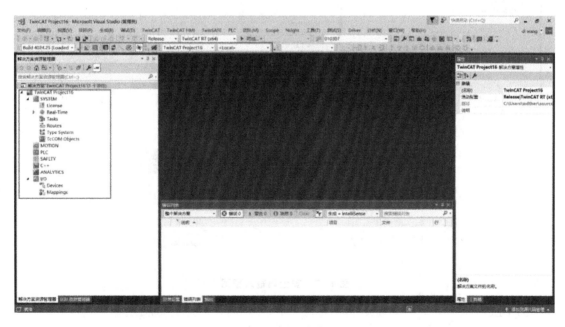

图 1-14　项目主界面

SYSTEM
  License
▷ Real-Time
  Tasks
  Routes
  Type System
  TcCOM Objects
MOTION
PLC
SAFETY
C++
ANALYTICS
I/O
  Devices
  Mappings

图 1-15 工程目录

刚刚建立的工程目录如图 1-15 所示。

1. 工程目录

1）SYSTEM

系统配置,主要包含 Licence 授权管理、实时配置、PLC 任务运行周期设置等。TwinCAT 的授权根据功能模块细分为很多 Licence,目前常用的是 7 天试用版,如果在激活运行时有相关提示,按照说明输入正确的验证码即可。

在 SYSTEM 下的 License 中可以获取 7 天的试用权限,点击"7 Days Trial License…",输入对应的安全码,即可获得 7 天的试用权限,如图 1-16 和图 1-17 所示。

在 SYSTEM 下的 Tasks 中可以找到 PlcTask,在 PlcTask 中可以设置 PLC 的运行周期,如图 1-18 所示,一般设置为 10 ms。

2）MOTION

运动控制相关设置。所有 NC 轴的参数设置、NC 插补轴的添加配置等与运动控制相关的功能都在这个菜单下。

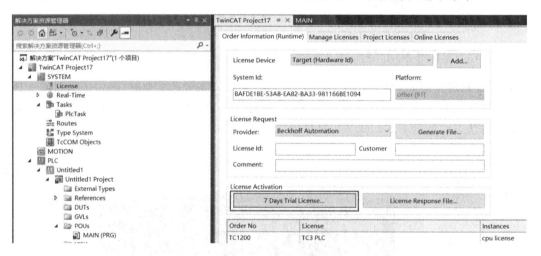

图 1-16 License 设置图

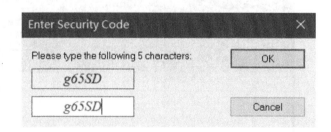

图 1-17 安全码输入截图

3）PLC

PLC 功能实现。这是最常用也是最重要的功能。在这里可以添加软件 PLC 项目,使用 PLCopen 规范语言编写 PLC 控制程序,实现 PLC 变量与从站通道的链接等。

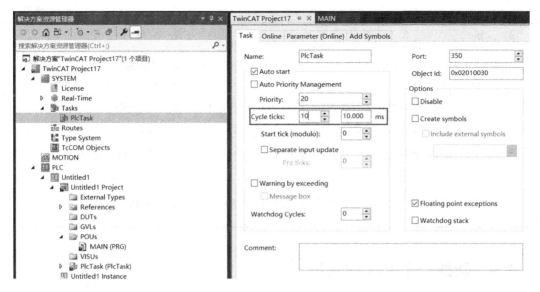

图 1-18　PlcTask 设置截图

4) I/O-Device

这里主要实现从站设备的扫描、变量的链接等底层功能。

其他(SAFETY/C++/ANALYTICS),完成相关 Module 的编写,生成对应的 Object。

2. TwinCAT 3 图标和 TwinCAT 3 Runtime 的状态

编程 PC 上的 TwinCAT 工作模式含义如表 1-1 所示。

表 1-1　TwinCAT 的工作模式

图　标	模　式	说　明
	配置模式	PLC 存在,但没有上电。所以不能运行 PLC 程序,可以装配 I/O 模块
	运行模式	PLC 存在,已经上电,可以运行 PLC 程序,但不能再装配 I/O 模块
	停止模式	PLC 不存在。如果编程 PC 上的 TwinCAT 处于停止模式, 就不能对其他 PLC 编程

3. PLC 下载工具栏和程序控制工具栏

PLC 下载工具栏、程序控制工具栏及详细说明如表 1-2 所示。

表 1-2　图标说明

图　标	模　式	说　明
	激活配置	如果硬件参数有变化,或者硬件的数量和类型有变化,则需 要重新激活配置
	切换到配置模式	在配置模式下可以扫描硬件设备,装配 I/O 模块,编写 PLC 代码

续表

图　标	模　式	说　明
	切换到运行模式	在运行模式下进行 PLC 程序的控制
	PLC 程序处于运行模式	此时 PLC 未登录,可以修改 PLC 代码
	PLC 程序处于运行状态	此时 PLC 程序正常运行,无法修改 PLC 代码
	PLC 程序处于停止状态	此时 PLC 程序暂停,且无法修改 PLC 代码

1.4　新建一个 PLC 项目

本节将详细介绍新建一个 PLC 项目的基本步骤,并编写产生一个虚拟正弦信号的例子。

1.4.1　添加一个 PLC 项目

在前述 TwinCAT 项目的基础上,在图 1-19 左侧所示的解决方案选项卡中右键点击 "PLC"目录,添加一个 PLC Project,选择 Standard PLC Project,如图 1-20 所示。

图 1-19　新建 PLC 项目截图 1

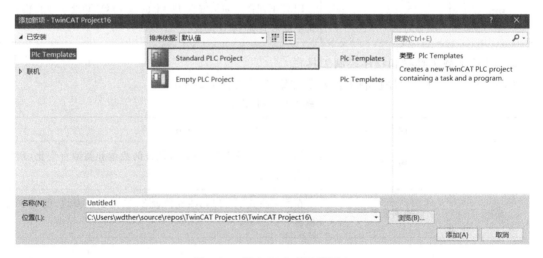

图 1-20　新建 PLC 项目截图 2

此时在图 1-21 左侧所示的资源树中会出现刚刚建立的 PLC 项目,点击 POUs 目录下的 MAIN(PRG)选项,可以看到出现了两个区域,其中上区域为变量声明区,下区域为程序逻辑区。程序的编写将在第 2 章介绍。

图 1-21 PLC 项目区截图

1.4.2 选择 Target

一般来说,PLC 程序的执行方式有两种:一种是本地用来开发的电脑配合 EK1100 EtherCAT 耦合器来使用,如图 1-22 所示;一种是直接运行到倍福的工业 PC 上,图 1-23 所示为倍福 CX5140 嵌入式工控机。EK1100 耦合器用于串连具备 EtherCAT 协议的设备,该耦合器将来自 100baseTX 以太网的传递报文转换为 EtherCAT 工业以太网信号。

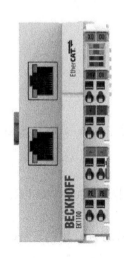

图 1-22 EK1100 耦合器

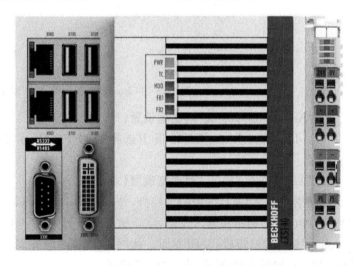

图 1-23 CX5140 嵌入式工控机

如果程序执行在倍福的工业 PC 上,则需要执行后续的选择 Target 的步骤。

1. 点击"Choose Target"按钮

双击 SYSTEM 目录,出现如图 1-24 所示选项卡,点击"Choose Target…"按钮。

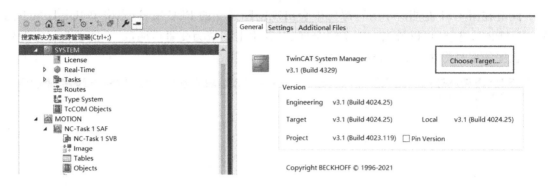

图 1-24   目标系统截图

2. "Choose Target System"对话框

在"Choose Target System"对话框里,点击"Search(Ethernet)…"按钮,如图 1-25 所示。

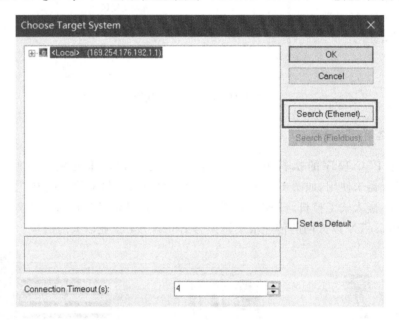

图 1-25   "Choose Target System"对话框

3. "Add Route Dialog"对话框设置(1)

在"Add Route Dialog"对话框中选择如图 1-26 所示单选项,点击"Broadcast Search"按钮。

4. "Add Route Dialog"对话框设置(2)

在搜索之后,会显示可用的工控机,并按照图 1-27 所示步骤进行操作,点击"Add Route"按钮,在弹出的对话框中输入密码,默认情况下密码为数字 1,如图 1-28 所示。

点击"Okay"按钮后,关闭界面。此时回到刚才的界面,选择扫描之后可用的 Target 有 CX-44BE58,如图 1-29 所示,点击"OK"按钮。

1.4.3   物理设备扫描

1. 设备扫描

展开 I/O 目录,右键点击"Devices"菜单,点击"Scan"(扫描),如图 1-30 所示,在接下来弹

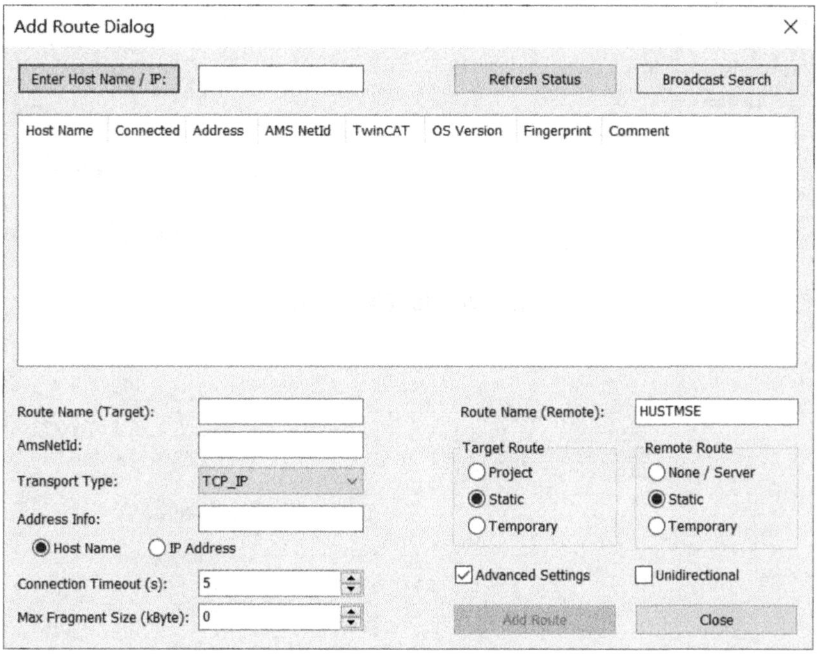

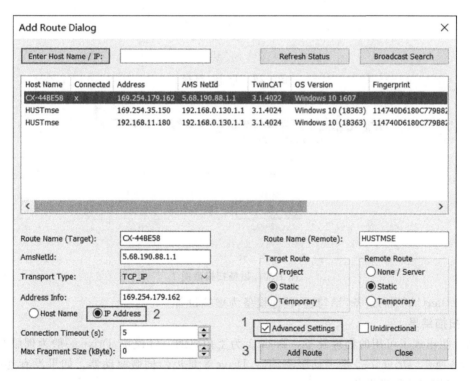

图 1-26　"Add Route Dialog"对话框设置 1

图 1-27　"Add Route Dialog"对话框设置 2

出的对话框中点击"OK"按钮即可。

2. 选择设备

此时会出现与读者所连接的硬件有关的设备,如图 1-31 所示,但可用的物理设备只有括

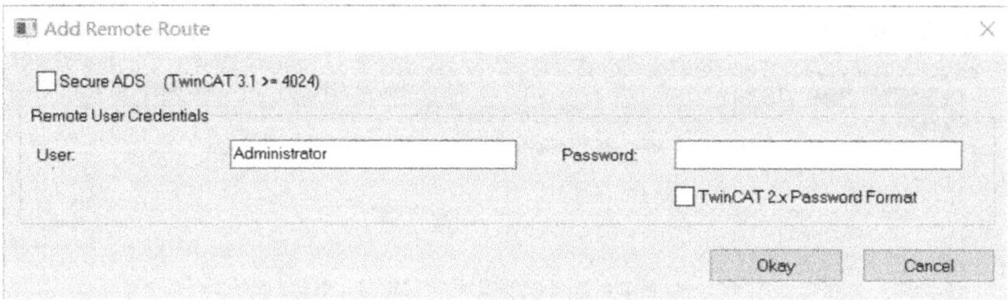

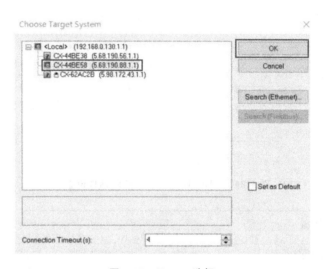

图 1-28　密码输入界面

图 1-29　Target 选择

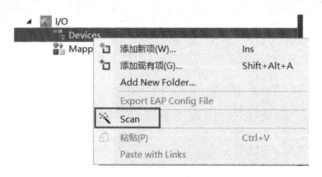

图 1-30　设备扫描截图 1

号内为"EtherCAT"的设备,请勾选,其他设备为虚拟设备。

3. 扫描结果

此时便出现了可用的物理设备。Term 1 为工控机的 I/O 模块,Drive 一般为伺服驱动器,如图 1-32 所示,Drive 7 是松下伺服驱动器,Drive 8 是迈信伺服驱动器。如果没有连接驱动器,则没有相应的物理设备。

1.4.4　编写 PLC 代码

这里简单介绍使用 ST(结构化文本)语言产生一个虚拟的信号的例子,ST 语言比较接近于 C 语言,第 2 章将详细介绍 ST 语言的语法。

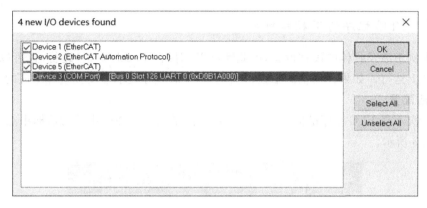

图 1-31　设备扫描截图 2

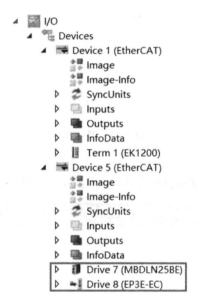

图 1-32　设备扫描截图 3

ST 语言编写的区域如表 1-3 所示,任何使用的变量首先均需要在变量声明区进行声明。

表 1-3　虚拟信号生成 ST 语言程序

```PROGRAM MAIN VAR dtime :LREAL; //Lreal 双精度浮点 8个字节 y1 :LREAL; y2 :LREAL; amp :LREAL:=1; w :LREAL:=1; phase :LREAL:=0; END_VAR```	变量声明区
```dtime:=dtime+0.01; y1:=amp*SIN(dtime*w+phase); y2:=amp*COS(dtime*w+phase);```	程序逻辑区

1.4.5　PLC 程序的下载和执行

由于本例不涉及具体的硬件设备,因此既可以选择在 Local(本地)运行,也可以选择在倍福的工控机上运行。如果在倍福的工控机上运行,下载程序之前需要先选择对应的 Target。

1. 激活配置

在第一次下载 PLC 程序的时候,首先要点击"激活配置",在弹出的对话框中点击"OK"按钮,如图 1-33 所示。

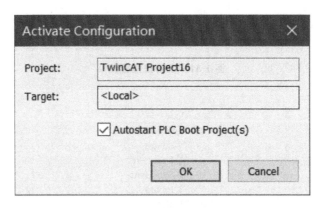

图 1-33　激活配置

2. 试用授权

此时会弹出如图 1-34 的试用授权界面(试用授权有效期 7 天),点击"是"按钮。

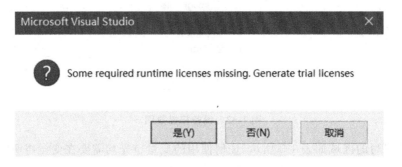

图 1-34　试用授权界面

3. 安全码

根据说明输入安全码,如图 1-35 所示,点击"OK"按钮。

此时弹出一个是否切换到运行模式的对话框,点击"确定"按钮即可,如图 1-36 所示。

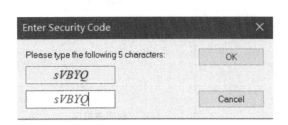

图 1-35　安全码输入

图 1-36　切换到运行模式对话框

4. 执行 PLC

观察工具栏,此时运行模式按钮会高亮显示。但此时 PLC 程序还未执行,点击"登录"按钮,之后点击"启动"按钮,此时 PLC 会正常运行。启动之后,可以看到如图 1-37 所示的变量监控界面。

1.4.6　PLC 变量的修改

在变量监控区,点击"写入值"图标,可以写入准备值,如图 1-37 所示。

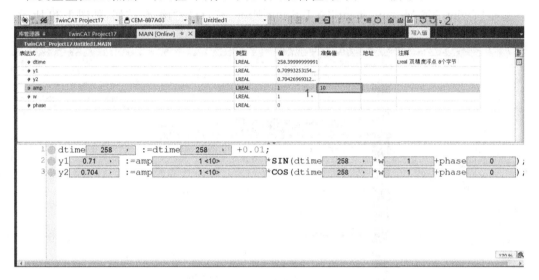

图 1-37　变量监控界面

修改变量之后可以发现,PLC 程序执行的变量也发生了改变,如图 1-38 所示。

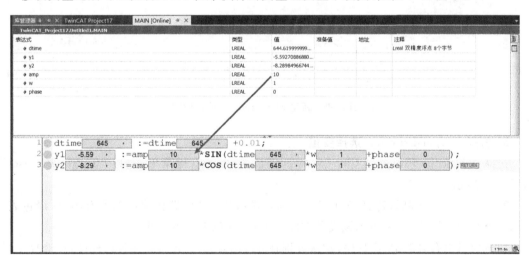

图 1-38　变量修改截图

1.5　TwinCAT Measurement

在 1.4 节中,PLC 程序被激活了,并且观察到了变量的变化。本节将介绍 TwinCAT

Mearsurement,将其用于监控变量,并绘制变量的变化曲线。

1.5.1　新建 Measurement 项目

1. "添加新建项目"子菜单

选择"TwinCAT Project"上一层目录"解决方案 TwinCAT Project",点击右键选择"添加""添加新建项目"子菜单。

2. 新建 Measurement 项目

选择"TwinCAT Measurement""YT Scope Project",点击"确定"按钮,如图 1-39 所示。

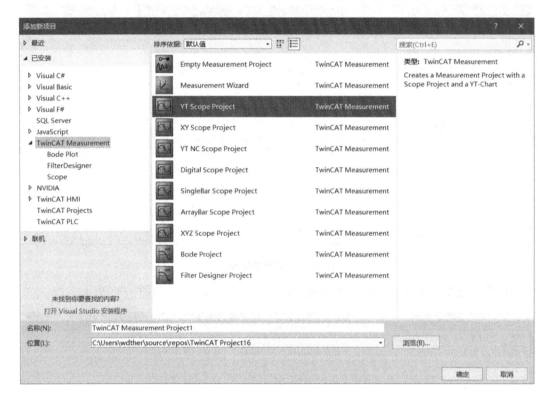

图 1-39　新建 Measurement 项目设置

3. 打开 Target Browser,选择变量

选择 YT Scope Project | Chart | Axis 子目录,点击右键菜单,选择"Target Browser",如图 1-40 所示。

Target Browser 默认选择 ADS 设备,列表显示开发 PC 路由表中的所有项目,绿色表示目标系统在运行模式,蓝色表示该设备在配置模式,红色表示不在线。

如果项目中有多套 PLC 程序,默认分别在 851、852、853 端口。找到目标端口,选择变量,本例中是找到程序变量 y1。点击程序控制工具栏开始记录的图标 ![icon]。根据前面准备的 PLC 代码,它的曲线应该是一条 SIN(正弦函数)曲线,如图 1-41 所示。

4. 开始和停止记录

默认的曲线显示范围是自动,所以随着变量的最大值和最小值区间越来越大,显示比例会渐渐缩小,最后稳定在 SIN 值的范围内,即-10.0 到 10.0 之间,如图 1-42 所示。

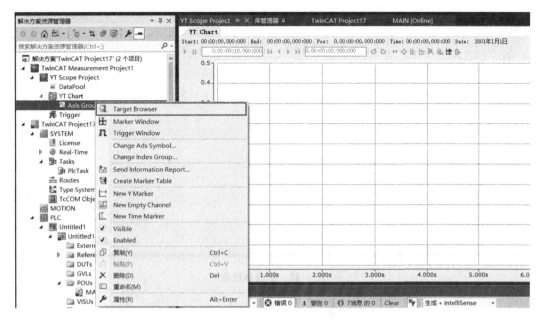

图 1-40　Target Browser 选择过程图

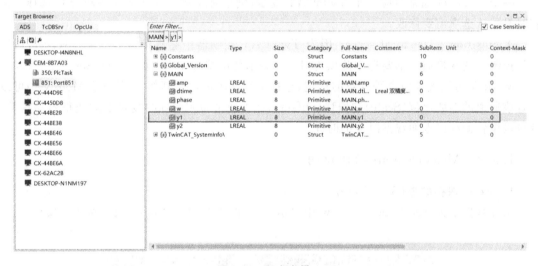

图 1-41　程序变量 y1

5. 属性设置

一个 Scope 项目分为 Chart(图表)、Axis(纵坐标轴)、Channel(通道)等 3 层,每一层都可以从右键菜单中选择 Property(属性),进行若干配置。

1) Chart 的属性

Y-Settings/Stacked Y-Axes:一个图表中的多个纵坐标轴是否合并显示到同一个图表。

2) Axis 的属性

取值范围相同或者接近的变量才会放到同一个 Axes,比如轴控制中的设定速度和实际速度。假如把开关量和模拟量放到同一个 Axes,就会出现开关量无法分辨的情况,所以一定要新建一个 Axes 来显示不同取值范围的变量。每个 Axes 常改的属性包括 Scale/Auto Scale 及 Scale Mode,即是否自动调整显示范围,以及在调整模式 Style 下可以设置颜色、线宽、是否

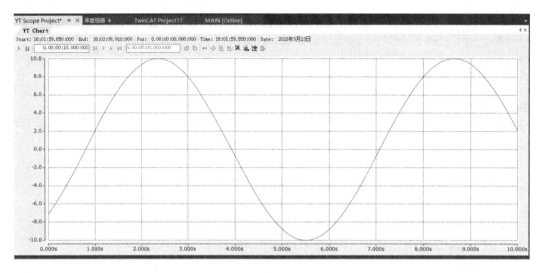

图 1-42　变量曲线图

可见等。

3) Channel 的属性

一个 Channel 通常对应一个 TwinCAT 变量,创建时通常从 Target Browser 中选择。但有时候默认选项需要修改。

Acquisition / Use local server:因为 TwinCAT 控制器中通常都没有 Scope server,所以访问控制器的变量通常都要选中此项为 True,表示使用编程 PC 上的 Scope Server。

Mark 下可以设置每个采样点的标记,包括是否显示标记及其颜色、符号。Modify 中可以设置该通道的缩放比例(Scale)和偏移(Offset),比如两个布尔(Bool)变量的曲线很容易重叠,就可以设置偏移以方便观察跳变的时间。

1.5.2　Measurement 功能说明

1. Scope 保存数据(Save Data)

保存数据是为下次在 Scope View 中显示,点击图 1-43 中的"Yes"按钮,按提示操作。

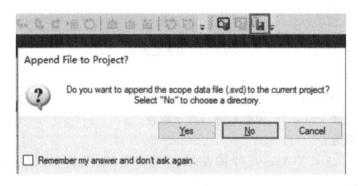

图 1-43　保存操作

2. Scope 导出数据(Export)

导出数据既可以将来在 Scope 中显示,也可以供 Excel 或者其他第三方文字工具使用。选择主菜单 Scope|Export,根据导出模板一步一步操作即可,如图 1-44 所示为选择"Scope

View Binary"选项。

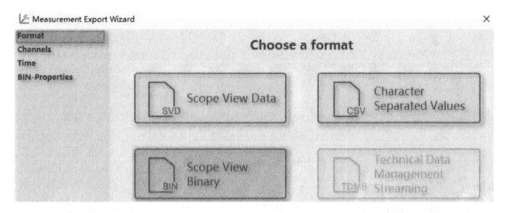

图 1-44　Scope 导出数据设置

3. 更换 Scope 显示通道的变量

在 Chart 和 Axis 的右键菜单中,都有"Change Ads Symbol…"和"Change Index Group
…",如图 1-45 所示。这个功能用于复制 Chart 或者 Axis 后修改里面的变量名。比如第一个
Chart 中显示 NC 轴 1 的系列数据,复制 Chart 之后显示轴 2 的系列数据,就不用每个
Channel 去改属性(Acqusition),而是使用"Change Ads Symbol…"将 Axes. Axis 1 改成
Axes. Axis 2,其下属的所有 Channel 就改过来了。之后再把改后的 Channel 拖放到原 Chart
相应的 Axes 下就可以了。

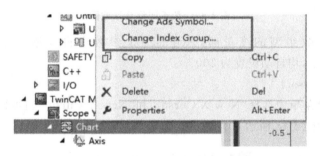

图 1-45　更换 Scope 显示通道的变量

4. 更换 Scope Project 的 NetID 功能

Scope Project 的右键菜单中有 Change NetID 功能,如图 1-46 所示。通常一个 Scope 项
目监视的变量都来自一个 TwinCAT 系统,虽然选择每个监视通道的时候都包含了 NetID,但
每个变量的 NetID 都相同。更换控制器时,直接使用 Change NetID 功能,就不用每个通道去
修改了。

最典型的运用是在编程 PC 上仿真运行的程序和在控制器上带设备运行的程序,当然这
需要使用同一套 Scope 配置。只要修改项目的 NetID,就可以很方便地在两套 TwinCAT 之
间切换。

5. 超采样变量的波形显示

超采样变量在 PLC 中是一个数组,举例来说,如果每个元素显示为一条曲线,超采样倍数
设定为 100,就会有 100 条平行的曲线。实际上,用户需要的是将其中的 99 个点插到相邻两
个周期采集到的元素值之间,形成一条放大 100 倍的曲线。

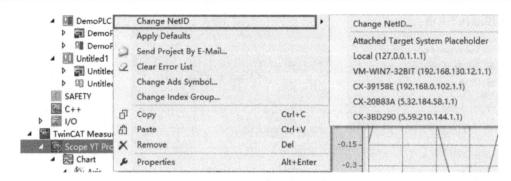

图 1-46　Change NetID 截图

例如有一个变量：

aScopeDisplay：ARRAY[0..99] OF INT ：=[30(100)，30(0)，20(200)，20(0)]；

在 Target Browser 中选择变量的时候，直接选择数组，查看其属性，如图 1-47 所示。

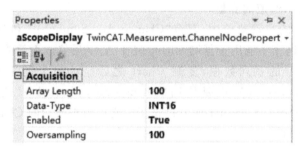

图 1-47　数组变量属性截图

监视曲线选择数组型的变量时，Acquisition 参数中自动增加了 Array Length 和 Oversampling 这两项，均自动设置为 100。

6. 光标测量(Cursor)

在 Cursor 右键菜单中选择"New X Cursor"和"New Y Cursor"就可以分别添加横坐标和纵坐标的测量线，如图 1-48 所示。

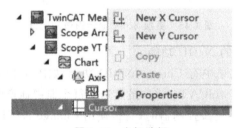

图 1-48　光标选择

以 Sin 曲线的显示为例，当 X、Y 测量交叉于曲线的某个点时，点击 Cursor 的右键菜单，显示 Cursor Window，窗体中就会显示该点的坐标。如图 1-49 所示，将光标移动到该点处，滚动鼠标滚轮可实现图形在该点处的缩放。如果添加两条 X 和两条 Y 的测量线，就可以测量两个点之间的 X、Y 轴的差值。

7. 常见问题

1) 刷新变量

如果增减了变量个数，但在 Scope 的 Target Browser 中选择变量的时候，显示的还是之

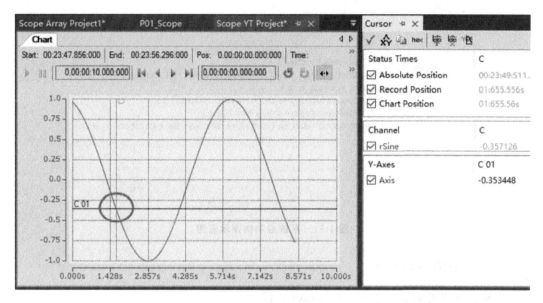

图 1-49　坐标显示

前的 PLC 程序变量,此时需要刷新一下变量 ⊞ 。

2）Scope Server 启动错误

　　如果提示未授权,就选择 TwinCAT Project|System|License 界面,在 Manage License 页面勾选 TE1300 和 TF3300,然后在首页面 Order Information 中激活 7 天试用版软件。如果 Scope Server 没能随 TwinCAT 3 启动,则进入"计算机管理|服务设置"进行手动启动,如图 1-50 所示。

图 1-50　计算机管理服务手动启动设置

1.6　常见问题排除

1.6.1　TwinCAT system 启动错误

　　图 1-51 所示为错误解决方法:打开文件夹 C:\TwinCAT\3.1\System\,以管理员身份运行 win8settick.bat,然后重启电脑。

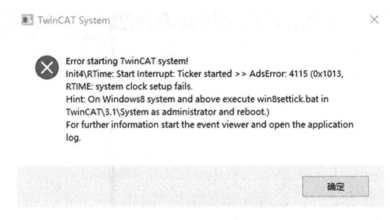

图 1-51　系统启动错误示意图

1.6.2　扫描不到设备

(1) 检查网卡是否安装了 RT-Ethernet 协议。

(2) 检查 Target 是否正确(local 还是倍福的工控机)。

(3) 检查设备的网线连接,设备是否上电,输入输出网线是否连接正确。

1.6.3　ADS 错误

ADS 错误如图 1-52 所示。

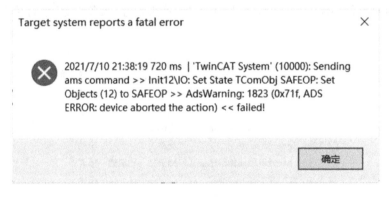

图 1-52　通信警告图片

错误原因:按照当前所激活的配置找不到对应的设备,导致 ADS 通信无响应。

解决方法:切换为 Config 模式,把原来的硬件删除,重新扫描硬件。

1.6.4　无法切换 Run 模式

出现这个问题有可能是因为激活了错误的配置导致 TwinCAT Runtime 出现错误,可以尝试重启电脑以及工控机来解决。

1.6.5　NC 错误

1. 17510(0x4466)错误

图 1-53 所示的 0x4466 错误可能是电脑实时性不足的问题,将 Target System 从 PC 换到

工控机上面就可以了；或者更新电脑上的 TwinCAT 版本。

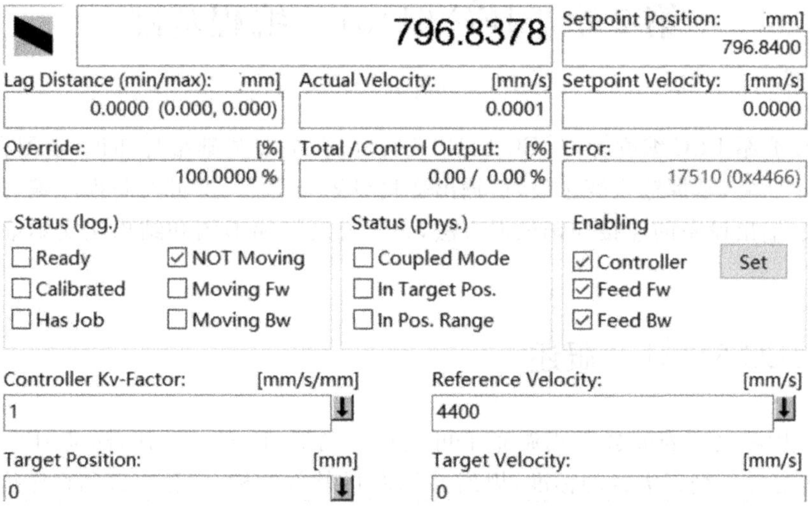

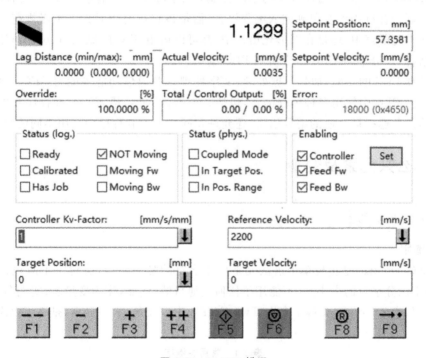

图 1-53　0x4466 错误

2. 18000(0x4650)错误

图 1-54 所示的 0x4650 错误一般是因错误的电机控制导致的，例如负载过大、加速度过大，可通过复位 F8 电机和检查驱动器参数来解决此问题。

图 1-54　0x4650 错误

第2章　IEC 61131-3 编程基础

本章主要介绍 PLC 编程标准 IEC 61131-3,让读者掌握基础编程知识,学习在 TwinCAT 平台完成基本实验,掌握输入变量设置、输出变量设置与绑定、逻辑控制程序编写与调试的方法,掌握输入/输出设备的连接与调试的方法,完成交通灯梯形图和结构化文本语言控制编程的任务。

2.1　IEC 61131-3 概述

1993 年,国际电工委员会正式颁布了可编程控制器(PLC)的国际标准 IEC 61131,其中 IEC 61131-3 是关于编程语言的标准,规范了 PLC 的软件结构、编程语言和程序执行方式。这一标准对 PLC 软件技术的发展起到了举足轻重的作用。

IEC 61131-3 的制定,主要参考了欧洲五国和美国、日本的工业控制企业的标准和规范,规定了两大类编程语言:文本化编程语言和图形化编程语言。前者包括指令清单(IL)语言和结构化文本(ST)语言,后者包括梯形图(LD)语言、功能块图(FBD)语言和顺序功能图(SFC)语言,采用 IL、LD、SFC 语言编程得到的顺序控制程序都通过指令保存到 PLC 的程序内存中。SFC 语言在新版标准中没有单独列入编程语言,而是将它在公用元素中予以规范,也就是说,不论是在文本化语言中,还是在图形化语言中,都可以运用 SFC 的概念、句法和语法。本实验教程主要结合 ST 语言和 SFC 语言讲解 PLC 编程。

为了扩展 PLC 的功能,加强数据处理、文字处理以及通信功能等能力,IEC 61131-3 标准允许在同一个 PLC 中使用多种编程语言,包括高级语言(如 C 语言),允许程序开发人员对每一个特定的任务选择最合适的编程语言,还允许在同一个控制程序中采用不同的编程语言。

2.2　公共元素及变量

2.2.1　语言元素

1. 关键字

关键字(keyword)是实现单个语法元素所用字符的唯一组合,关键字不应包含内嵌的空格,关键字不区分字符的大小写,不能用于任何其他目的,例如,作为变量名、实例名或扩展名,常用关键字如表 2-1 所示,关键字会在 TwinCAT 3 中以蓝色、大写显示,是不可以声明做变量名的。

表 2-1　常用关键字

关键字	含义	关键字	含义
CONFIGURATION	配置声明段开始	VAR_TEMP	暂存变量声明段开始
END_CONFIGURATION	配置声明段结束	END_VAR	变量声明段结束

关键字	含义	关键字	含义
RESOURCE ON	资源声明段开始	VAR_CONFIG	配置变量声明段开始
END_RESOURCE	资源声明段结束	END_VAR	变量声明段结束
TASK	任务	CONSTANT	常数变量
PRAGRAM	程序声明段开始	TYPE	数据类型声明段开始
END_PROGRAM	程序声明段结束	END_TYPE	数据类型声明段结束
FUNCTION	函数声明段开始	STRUCT	结构声明段开始
END_FUNCTION	函数声明段结束	END_STRUCT	结构声明段结束
FUNCTION_BLOCK	功能块声明段开始	IF THEN ELSIF	选择语句 IF
END_FUNCTION_BLOCK	功能块声明段结束	ELSE END_IF	
NAMESPACE	公用命名空间声明段开始	CASE OF ELSE	选择语句 CASE
END_NAMESPACE	公用命名空间声明段结束	END_CASE	
NAMESPACE INTERNAL	内部命名空间声明段开始	FOR TO BY DO	循环语句 FOR
END_NAMESPACE INTERNAL	内部命名空间声明段结束	END_FOR	
CLASS	类声明段开始	WHILE DO	循环语句 WHILE
END_CLASS	类声明段结束	END_WHILE	
METHOD	方法声明段开始	REPEAT UNTIL	循环语句 REPEAT
END_METHOD	方法声明段结束	END_REPEAT	
INTERFACE	接口声明段开始	STEP	步声明段开始
END_INTERFACE	接口声明段结束	END_STEP	步声明段结束
VAR	变量声明段开始	INITIAL_STEP	初始步声明段开始
END_VAR	变量声明段结束	END_STEP	初始步声明段结束
VAR_INPUT	输入变量声明段开始	TRANSITION	转换声明段开始
END_VAR	变量声明段结束	END_TRASITION	转换声明段结束
VAR_OUTPUT	输出变量声明段开始	ACTION	动作声明段开始
END_VAR	变量声明段结束	END_ACTION	动作声明段结束
VAR_IN_OUT	输入输出变量声明段开始	READ_WRITE	读写
END_VAR	变量声明段结束	READ_ONLY	只读
VAR_GLOBAL	全局变量声明段开始	R_EDGE	上升沿边沿
END_VAR	变量声明段结束	F_EDGE	下降沿边沿
VAR_EXTERNAL	外部变量声明段开始	INT、REAL、BOOL、WORD、CHAR、WCHAR	数据类型名称
END_VAR	变量声明段结束		
VAR_ACCESS	存取路径变量声明段开始	RETAIN	具有掉电保持功能的变量
END_VAR	变量声明段结束	NON_RETAIN	不具有掉电保持功能的变量
PROGRAM WITH	与任务结合的程序	TURE、FALSE	逻辑真,逻辑假
FB WITH	与任务结合的功能块 FB	OVERLAP	结构数据的重叠
PROGRAM	没有任务结合的程序	PUBLIC	公用存取修饰符

续表

关键字	含义	关键字	含义
MOD, NOT, AND, OR, XOR 等	操作符	PRIVATE	私用存取修饰符
ABS,ADD,GT,BCD_TO_INT 等	函数名	INTERNAL	内部存取修饰符
SR,TON,TOF,R_YRIG 等	功能块名	PROTECTED	保护存取修饰符
RETURN	跳转返回符	FINAL	不可改变的最终修饰符
CONTINUE	程序继续符	REF_TO ,REF	引用的声明和引用
EXIT	退出所在的循环符	EXTENDS	扩展继承符
AT	直接表示变量的地址	OVERRIDE	覆盖继承符
CAL,RET,JMP 等	指令表操作符	ABSTRACT	抽象修饰符
ARRAY OF	数组数据	IMPLEMENTS	接口实现符
EN,ENO	使能端输入和输出	USING	命名空间使用符
SUPER,THIS	基类和自身引用符		

2. 分界符

分界符(delimiter)用于分隔程序语言元素的字符或字符组合。它是专用字符,不同分界符具有不同的含义,用在"说明"或语句中起隔离、标识等作用。如逗号",",用来隔开多个变量,分号";"标识语句的结束,冒号加等号":="标识赋值,单行注释用"//"表示,放在行尾提示注释内容。多行注释由"/ *"开始,由" * /"结束,也可以在"(* *)"之间存放对程序和语句的解释部分。注释部分在 TwinCAT 3 中均以斜体、绿色的字体显示。

3. 常数

(1) BOOL 常数:逻辑值 TRUE(真)和逻辑值 FALSE(假)。

(2) TIME 常数:一个 TIME 常数总是包含一个起始符"T"和一个数字标识符"♯",然后跟随实际时间声明,包括天数(用"d"标识)、小时(用"h"标识)、分钟(用"m"标识)、秒(用"s"标识)和 毫秒(用"ms"标识)。请注意时间各项必须根据时间长度单位顺序进行设置(d 在 h 之前,h 在 m 之前,m 在 s 之前,s 在 ms 之前),但无须包含所有的时间长度单位。例如 T♯1s 表示 1 秒。

(3) 数值常数:数值可以用二进制数、八进制数、十进制数和十六进制数表示。假如一个整数不是十进制数,就必须在该整数常数之前写出它的基数并加上数字符号(♯),例如 8♯67 表示八进制的 67。在十六进制中,数值 10~15 由字母 A~F 表示。为方便阅读,在二进制中,可以在数值中插入下划线作为分隔,例如 2♯1001_0011。

2.2.2 数据类型

表 2-2 展示了 IEC 61131-3 标准中 PLC 的基本数据类型、数据范围和数据大小,声明变量数据类型时可做参考。除了基本数据类型,还可以自定义数据类型(一般有枚举、结构体和数组)。

表 2-2　PLC 的常用数据类型、数据范围和数据大小

常用数据类型	最小值	最大值	数据大小
BOOL	FALSE	TRUE	1 bit
BYTE	0	2^8-1	8 bit
WORD	0	$2^{16}-1$	16 bit
DWORD	0	$2^{32}-1$	32 bit
SINT	$-(2^8-1)$	2^8-1	8 bit
USINT	0	2^8-1	8 bit
INT	$-(2^{15}-1)$	$2^{15}-1$	16 bit
UINT	0	$2^{16}-1$	16 bit
DINT	$-(2^{31}-1)$	$2^{31}-1$	32 bit
TIME_OF_DAY	TOD#00:00:00	TOD#23:59:59	32 bit
TIME	T#0s	T#49d17h2m47s295ms	32 bit
REAL	-3.4×10^{38}	3.4×10^{38}	32 bit
LREAL	-1.7×10^{308}	1.7×10^{308}	64 bit
STRING	ASCII 码的字符串数据类型,一个字符占一个位,最多可以有 255 个字符		

1. 枚举

枚举(enumeration)变量是多个有固定数值的一类变量的集合,枚举的声明规定该数据类型的任何一个数据元素只能在相应的枚举列表中取值。Paintingcolor 声明有三个值,就只能通过"Paintingcolor. Green""Paintingcolor. Blue""Paintingcolor. Red"三个值访问。

```
TYPE
Paintingcolor: (Green:=0,Blue:=1,Red:=2);
END_TYPE
```

2. 结构体

对于同一组的变量,可以用结构体数据类型进行定义,每个元素的数据类型可以不同,结构体可以做成需要的数据类型,并且结构体数据便于修改和日后的使用。结构体(struct)数据在 TwinCAT 3 中的声明方式如下,可以通过"STRUCT1. in1"的方式进行访问。

```
TYPE STRUCT1:
STRUCT
  in1:INT;
  in2:LREAL;
  out:BOOL;
END_STRUCT
END_TYPE
```

3. 数组

数组是一组固定数量的相同类型数据元素的集合,代表含有同一数据类型的固定数目组成部分的一个域。在 TwinCAT 3 中通过关键字 ARRAY[0..N] OF "TYPE"对数组进行变

量声明。数组中元素数据类型通过 OF 后的"TYPE"(基本的数据类型)进行定义,一般只用到一维数组和二维数组两种。声明一维数组的基本语句:Arr1 ：ARRAY[0..100] OF LREAL;访问一维数组中的元素通过索引的方式,如 Arr1[1]：=1。声明 100 行 3 列的二维数组的基本语句:Arr2 ：ARRAY[0..100,1..3] OF LREAL;访问二维数组中的元素通过索引的方式,如 Arr1[1,1]：=1。

2.2.3　变量

变量名命名规范:首字符可以是字母或下划线,后面可以跟数字、字母、下划线,不区分字母的大小写,不可以使用特殊字符、空格、连续的下划线,关键字不能作为变量名。变量声明的基本语句如图 2-1 所示。

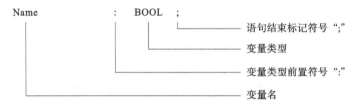

图 2-1　变量声明规范

在 TwinCAT 3 中,输入变量声明:"In1 AT％I＊:BOOL";输出变量声明:"Out1 AT％Q＊:BOOL";初始化的变量声明:"A:BOOL:=False"。

2.3　程序组织单元

在模块化程序设计环境下,程序组织单元(program organization unit,POU)是用户程序中最小的、独立的软件单元。它相当于传统编程系统中的块(blocks),POU 之间可以带参数或不带参数地相互调用。

在 IEC 61131-3 中定义了三种类型的 POU,按其功能的递增顺序依次为函数(function,FUN)、功能块(function block,FB)和程序(program,PROG),三者之间的调用关系如图 2-2 所示。

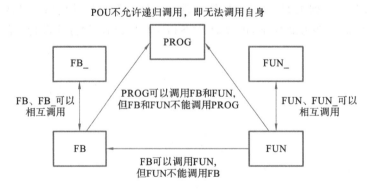

图 2-2　函数、功能块和程序的调用关系图

2.3.1　函数

函数(function)是一个可赋予参数,但不储存其状态的 POU,也被称为功能,即它不存储其输入变量、内部变量和输出变量(或返回值)。如果没有其他说明,POU 的公用性能适用于函数。函数有多个输入变量,有一个输出结果作为函数的返回值。函数由函数名、函数返回值的类型和一个函数的本体组成,可用文字或图形的格式表示。它是可重复使用的编程元素。函数分为标准函数和用户自定义函数两大类。

1. 标准函数

IEC 61131-3 第三版规定了若干类标准函数。它们分别是数据类型转换函数、数值函数、算数函数、位串函数、选择和比较函数、字符串函数、日期和时间函数、字节序转换函数、验证函数。

2. 用户自定义函数

用户自定义函数也称为派生函数,它可以是标准函数的组合或调用,也可以是用户根据应用项目的要求编写的函数。可用派生函数编写新的派生函数。派生函数与标准函数具有相同的特性。

2.3.2　功能块

功能块(FB)是在执行命令时能够产生一个或多个值的 POU,用于模块化并构建作为程序明确定义的部分。功能块概念包括功能块类型和功能块实例实现。

功能块类型组成:(1)划分为输入、输出和内部变量的数据结构定义;(2)当调用功能块实例时,数据结构的元素执行的一组操作集合。

功能块实例是一个功能块类型的多个命名实例,每个实例有一个相应的标识符(实例名)和一个包含静态输入、输出和内部变量的数据结构。功能块实例化是编程人员在功能块声明时段用指定功能块名和相应的功能块类型来建立功能块的过程。功能块本体程序中的变量称为形式参数或形参,具体使用时,要用实际参数(或称为实参)代替形式参数才能调用该功能块执行,该过程就是功能块的实例化。

2.3.3　函数与功能块的区别

功能块可以提供一个或多个输出值的 POU。不同于函数,功能块的输出变量值和内部变量值在每次调用后均可保持,从而影响下次调用时的运算。即调用功能块时输入值一样,但是输出值不一定一样。功能块有实例,调用功能块其实就是调用功能块的实例。

函数只有一个返回值的 POU。函数在每次调用后不保存内部变量的值,即本次函数调用时对函数内部变量的改变不会影响下一次调用。函数可以作为参数参与表达式运算。

2.3.4　程序

程序被定义为"所有可编程语言元素和结构的逻辑组合,它对于采用可编程控制系统进行过程控制或者机器控制所需要的信号处理是必要的"。函数和功能块用于构建用户子程序,而程序代表 PLC 用户的最高层。程序包含地址配置,它能存取 PLC 的 I/O 变量,这些 I/O 变量必须在 POU 或其上层中予以说明。在 IEC 61131-3 中,一个程序可由多个部分组成,而每个部分所使用的编程语言不一定是相同的。

程序不能由其他程序组织单元显式调用,但是可与配置中的一个任务结合,使程序实例化,形成运行期实例,并由资源调用。程序在资源中实例化,而功能块在程序中或者其他功能块中实例化。

2.4 PLC 编程语言

2.4.1 指令清单语言

指令清单(IL)语言由一系列指令组成。每条指令都从一个新行开始,包含一个操作符以及和操作符类型相关的一个或多个操作数,并用逗号分开。在指令前可以有标号,后接一个冒号。注解必须在一行的最后,指令之间可以插入空行。常用指令清单符号及含义见表 2-3。

表 2-3 常用指令清单符号及含义

操作符	修饰符	意义
LD	N	使当前结果等于操作数
ST	N	在操作数位置保存当前结果
S		如果当前结果为 TRUE,置位布尔操作数为 TRUE
R		如果当前结果为 TRUE,复位布尔操作数为 FALSE
AND	N,(	位与
OR	N,(	位或
XOR	(	位异或
ADD	(	加
SUB	(	减
MUL	(	乘
DIV	(	除
GT	(	>
EQ	(	=
NE	(	<>
LE	(	<=
LT	(	<
JMP	CN	跳转到标号
CAL	CN	调用功能块
RET	CN	从调用的功能块返回
)		评估括号操作

2.4.2 结构化文本语言

结构化文本(ST)语言是一种文本化的高级编程语言,源自 PASCAL,适合数值计算、循环和选择等复杂应用的场合。与 IL 语言相比,ST 语言具有以下几个优点:编程任务高度压缩化的表达格式,在语句块中清晰的程序结构,控制命令流的强有力结构。

ST 语言中最基本的元素是表达式,表达式由操作数和操作符组成。其中,操作数为直接量或变量;操作符的优先级决定了一个表达式中的计算顺序。常用语句及说明如表 2-4 所示。

表 2-4 常用语句及说明

语句	关键字	编程格式	说明
赋值语句	:=	i:=1;	将数值 1 赋给变量 i

选择语句	IF	IF 布尔表达式 1 THEN
		　执行语句 1;
		ELSIF 布尔表达式 2 THEN
		　执行语句 2;
		ELSE
		　执行语句 3;
		END_IF
			IF 条件语句,在布尔表达式的值为 TRUE 时执行相应的语句

	CASE	CASE 选择条件 OF 1:执行语句 1; 2,3,4:执行语句 2; ELSE 　Default 　执行语句 3 END_CASE	根据选择条件中的值,执行相应语句
循环语句	FOR	FOR i:=1 TO 11 BY 2 DO 　执行语句; END_IF	
	WHILE	WHILE 布尔表达式 DO 　执行语句; END_WHILE	当布尔表达式为 TRUE 时,执行语句,直到布尔表达式为 FALSE
	REPEAT	REPEAT 　执行语句; 　UNTIL 布尔表达式 END_REPEAT	重复执行语句直到布尔表达式为 TRUE,至少执行一次
调用功能块	—	TON1(IN1:=, IN2:=, OUT1 =>, OUT2=>)	TON1 为功能块实例变量,IN1 和 IN2 为输入参数,OUT1 和 OUT2 为输出

2.4.3 梯形图语言

梯形图(LD)语言也是一种面向图形的编程语言,梯形图两侧的垂直公共线称为母线(busbar)。在分析梯形图的逻辑关系时,可以想象左右两侧母线(左母线和右母线)之间有一个左正右负的直流电源电压,母线之间有"能流"从左向右流动,右母线可以不画出。

两母线中间是一个电路图,由触点、线圈和连接线组成。每条电路左侧由一系列触点组成,触点由"||"或"|/|"表示,说明一个触点有两种状态,前者表示常开,后者表示常闭,从左

至右传递条件"1"或"0",这相当于布尔值 TRUE 和 FALSE。触点符号代表输入条件如外部条件、按钮及内部条件等,程序运行扫描到触点符号,到触点指定的存储器访问,该位数据状态是"1",则沿着连接线从左至右传递条件。触点还有上升沿接点、下降沿接点等。

线圈表示输出结果,通过输出电路来控制外部的指示灯、接触器,内部的输出条件用括号"( )"或"(/)"表示;前者表示未通电,后者表示已通电。其他线圈符号如表 2-5 所示。线圈只能在梯形图中的网络右侧,可以有任何数量的并联线圈。线圈左侧接点组成的逻辑运算结果为"1"时,"能流"可以到达线圈,使线圈得电,CPU 将线圈的位地址指定的存储器的位置位变为"1"。

表 2-5　常用线圈符号分类及说明

符　号	分　类	符　号	分　类
--( )--	线圈	--(SM)--	置位保持(记忆)线圈
--(/)--	线圈的取反	--(RM)--	复位保持(记忆)线圈
--(S)--	置位(锁存)线圈	--(P)--	上升沿线圈
--(R)--	复位(解除锁存)线圈	--(N)--	下降沿线圈
--(M)--	保持(记忆)线圈		

梯形图控制流简单说明如图 2-3 所示。梯形控制网络有两条输入"能流",通过 I0.0 和 I0.1 任一触点都可让线圈 Q0.0 通电;如果用停止按钮对应常闭触点 I0.1,按下后则切断两条"能流",线圈 Q0.0 断电。

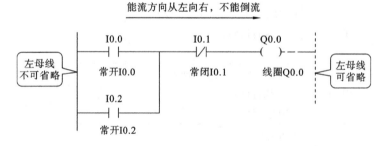

图 2-3　梯形图(LD)控制流说明

2.4.4　功能块图语言

功能块图(function block diagram,FBD)语言是用功能块图去实现程序编制的一种编程语言,它首先是功能块,然后才是图、图表。将很多的功能方块像一张图一样组合起来,这张图可以实现相关的程序功能。

FBD 编程像电子电路的集成芯片一样封装数据与逻辑,用户不考虑其内部具体流程,只需要考虑接口和使用。采用 FBD 的编程类似于现代面向对象编程的结构化特点,符合代码反复使用的要求,可以广泛地使用在以 PLC 为基础的各种控制系统之中。

FBD 编程由一些"网络"组成,每个"网络"由许多运算块组成,每个"网络"完成一段相对独立的运算,包括逻辑、算术、功能块、输入、输出、连线、跳转和返回等。图形化符号(box)代表功能块,通过图形化的 I/O 连接线段来给它分配输入/输出信号。

2.4.5 顺序功能图语言

顺序功能图(sequential function chart,SFC)语言是近年来发展起来的一种程序设计语言。它采用顺序功能图描述程序结构,把程序分成若干"步"(step),每个步可执行若干动作。而"步"之间的转换靠其间的"转移条件"(transition)来实现。至于在"步"中要做什么,在转移过程中有哪些逻辑条件,则可以用其他任何一种语言(例如 ST 语言)来实现。

SFC 语言的基本图形符号是步、转换和有向连线,包含串行、选择、并行、跳转等结构,基本运行顺序如图 2-4 所示。从初始步开始,依次执行每一步,每次转移条件成立时执行下一步,走到末尾会返回到初始步,然后进行循环执行。

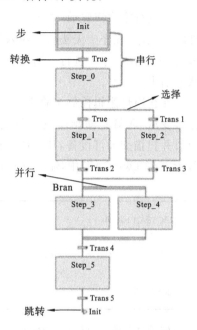

图 2-4 SFC 语言的基本运行顺序

1. 步

顺序功能图语言把一个过程循环分解成若干个清晰、连续的阶段,称为"步"。双击进入步完成对步程序的编写:每一个步中的编程语言也十分丰富,例如 ST 语言、LD 语言、FBD 语言等。用户可以根据实际项目选择最合适的编程语言对步程序进行编写,这就提高了编程的灵活性。

2. 转换

顺序功能表图中,步活动状态的进展按照有向连线规定的路线进行。在每个步之间只能有一个转移条件。转移条件可以是一个 BOOL 类型变量,也可以是一个或一组判断条件。当转移条件满足时,程序会向下转移,执行下一个步中的程序。

如果需要些多个转移条件时,可以在 PLC 程序下新建一个"transition"用来编写转移条件,同样转移条件也可以使用多种编程语言来编写。

3. 串行

串行是指当满足转移条件时进入当前步后面的一步处理的转移。

4. 选择分支

选择分支是指若干步以并行方式汇合在一起的转移格式,并且只处理首先满足转移条件的步。一个单步连接到两个或多个转换以后,会将两个或多个分支合并为一个。所以在使用选择转移时,需要先对每个分支是否可以转移进行判断,同时在每个分支选择汇合处也对每个分支是否可以转移进行判断。如果一个分支的多个转换条件同时满足,默认的优先权将赋予最左边的一个步。

5. 平行分支

平行分支是指在满足相关的转移条件时同时处理并行联结的若干步的转移格式。因为转换条件达到活动状态,同时转换到分支后的所有步,紧跟转换,双线后的步同时激活,执行顺序按照编辑的动作块的先后顺序执行,所以在使用并行转移时,需要先在进行并行分支前判断是否满足转移条件,满足后才能够进行并行分支,同时在每个分支并行汇合后,对每个分支是否可以转移进行判断。

6. 跳转

跳转是指当满足转移条件时跳转到指定步,开始执行对应步程序。对于跳转,在转换后有一个箭头和跳转目的步号。

2.5　交通灯逻辑控制——梯形图语言

2.5.1　梯形图变量调试

在进行本次实验前，先了解一下输入变量和输出变量的区别。输入变量，即变量状态由外部输入程序，程序中无法改变输入变量的状态，例如外部手动开关，开关的开和闭只能在外部进行，不能在程序中进行。输出变量，即变量的状态由程序决定，程序可改变变量的状态并将状态输出。

在交通灯逻辑控制实验中，需要控制总开关的开和闭，以及灯的亮和灭，其中，总开关就是输入变量，而灯是输出变量。新建一个 TwinCAT 项目，在 TwinCAT 项目中新建一个 PLC 项目并扫描交通灯设备，其具体步骤参考 1.3 和 1.4 节，在主程序中声明以下变量，如表 2-6 所示。在 TwinCAT 中，输入变量用％I＊表示，输出变量用％Q＊表示。

表 2-6　新建变量声明

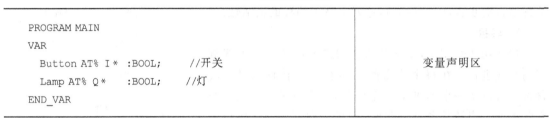

PROGRAM MAIN VAR 　Button AT% I ＊ :BOOL;　　//开关 　Lamp AT% Q ＊　:BOOL;　　//灯 END_VAR	变量声明区

如图 2-5 所示，将变量 Button 连接到外部总开关量，将 Lamp 连接到任何一个灯。然后激活、登录程序，具体步骤详见 1.4.5 节，于是在主程序区可以看到各变量的状态，如图 2-6 所示。

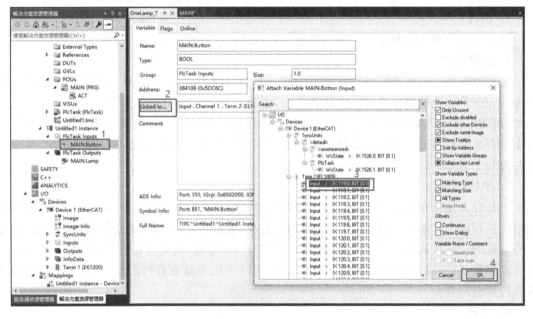

图 2-5　连接开关变量

OneLamp_T.Untitled1.MAIN					
表达式	类型	值	准备值	地址	注释
◆ Button	BOOL	TRUE		%I*	总开关
◆ Lamp	BOOL	FALSE		%Q*	灯
⊞ ◆ T1	TON				
⊞ ◆ T2	TON				

图 2-6　变量状态调试

若此时尝试在程序中改变 Button 的状态,则会发现 Button 的状态始终保持不变。这是因为 Button 是输入变量,必须通过改变其绑定的外部设备的状态才可以改变它的状态。若此时按下红绿灯模块的总开关,就可以看到 Button 的状态也随之发生了改变。

相比较而言,Lamp 的状态则可以在程序中改变。若将 Lamp 的状态置为 True,则可以看到 Lamp 绑定的灯亮了;若将 Lamp 的状态置为 False,与其绑定的灯也随之熄灭。明白了 PLC 中输入变量和输出变量的作用和区别后,一个灯的亮和灭可通过梯形图语言和计时器来实现。

首先添加一个梯形图,建立一个新的项目。依次打开工程目录的"PLC""Untitled1""Untitled1 Project""POUs"子目录,选中子项"MAIN",右击选择"ADD"菜单,接着选择"Action"菜单,将梯形图命名为 ACT,点击 Open,打开梯形图,如图 2-7 所示,再编辑梯形图,直接拖动"梯形图元素"中的"触点"或"线圈"或"TON"。拖入以后,将"???"改成自己的程序变量名,点击其他空白位置,可以直接自动声明。将触点、定时器以及线圈拖到对应位置并连接到主程序中对应的变量,添加定时器 T1 和 T2 相互配合产生周期为 2s 的方波。如图 2-8 所示的梯形图可实现一个灯的隔一秒亮灭的功能。在主程序的程序区添加运行梯形图程序,如图 2-9 所示,参照 1.4.5 节激活配置并运行。

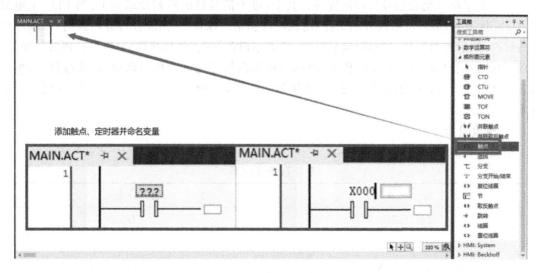

图 2-7　梯形图编程

2.5.2　交通灯梯形图控制实验

1. 实验目的

(1) 熟悉交通灯模块的接线,IEC 61131-3 标准的软件模型概念,以及基于 TwinCAT 的

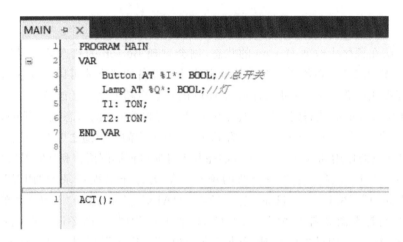

图 2-8   信号灯隔一秒亮灭的梯形图

```
MAIN  ⊕ ✕
    1      PROGRAM MAIN
    2      VAR
    3          Button AT %I*: BOOL;//总开关
    4          Lamp AT %Q*: BOOL;//灯
    5          T1: TON;
    6          T2: TON;
    7      END_VAR
    8

    1      ACT();
```

图 2-9   PLC 运行梯形图程序

梯形图编程方式及简单应用。

(2) 使用 I/O 模块完成简单的逻辑控制。

2. 实验内容

编写十字路口交通信号灯控制程序。其中,对于信号灯的控制要求如下:当 PLC 上电处于 RUN 状态后,信号灯系统开始工作,南北红灯和东西绿灯亮,南北红灯亮的同时,东西绿灯先持续亮,然后东西绿灯闪亮,闪亮后熄灭;接着东西黄灯亮,并持续数秒,然后东西黄灯熄灭、东西红灯亮,同时南北红灯熄灭、南北绿灯亮;在东西红灯亮的这段时间里,南北绿灯亮,然后闪亮数秒后熄灭,接着南北黄灯亮,持续数秒后熄灭,这时南北红灯亮,东西绿灯亮。周而复始。

3. 实验设备

本实验所需设备如表 2-7 所示。

表 2-7   实验设备

设　　　备	数　　　量
交通灯模块	1 台
PC 设备	1 台
嵌入式控制器 CX5140	1 台
EL1889 数字量输入模块	1 个
EL2008 数字量输出模块	1 个
TwinCAT 软件	1 套

4. 实验步骤

1）新建一个项目

连接好相应的从站设备后，按照 1.4 节中介绍的步骤新建一个 PLC 项目。

2）编写梯形图

右键点击"MAIN"，点击"Add"，点击"Action"。命名"名称"（如直接命名为 ACT）以后，点击"Open"。拖入"触点""线圈"和"TON"，将"???"改成自己的程序变量名，点击其他空白位置，进行自动声明，如图 2-10 所示。

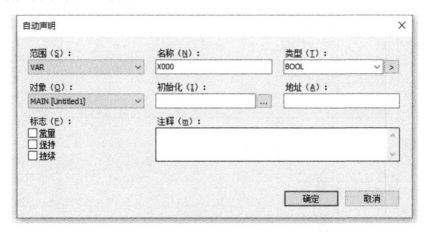

图 2-10　交通灯梯形图控制变量自动声明框

右键点击 PLC 项目，点击"生成"，在主程序中可以看到自动生成变量声明如表 2-8 所示，按照图 2-11 完成梯形图编程。

表 2-8　梯形图自动生成变量声明

PROGRAM MAIN VAR 　XRed AT % Q *　　　: BOOL;　　　//南北红灯 　XYellow AT % Q *　: BOOL;　　　//南北黄灯 　XGreen AT % Q *　: BOOL;　　　//南北绿灯 　YRed　AT % Q *　　: BOOL;　　　//东西红灯 　YYellow AT % Q *　: BOOL;　　　// 东西黄灯 　YGreen AT　AT % Q * : BOOL;　　//东西绿灯 　inpter　AT% I *　　: BOOL;　　　//总开关 　M1: BOOL; 　T0: TON; 　T1: TON; 　T2: TON; 　T3: TON; 　T4: TON; 　T5: TON; 　T6: TON; 　T7: TON; 　T10: TON; 　T11: TON; 　M1:BOOL; END_VAR	变量声明区

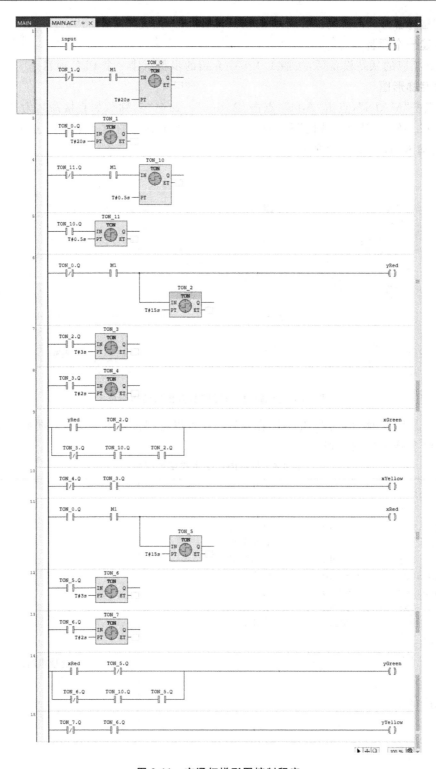

图 2-11　交通灯梯形图控制程序

　　在 Instance 处的下拉菜单中会出现输入变量和输出变量,如图 2-12 所示。

　　修改变量绑定硬件接口,先改变输入变量,右键点击输入变量,点击"Change Link"菜单,参照图 2-13 设置;右键点击输出设备"output",点击"Change Link",参照图 2-14 设置。

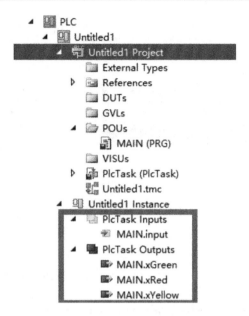

图 2-12　交通灯输入/输出变量参数位置

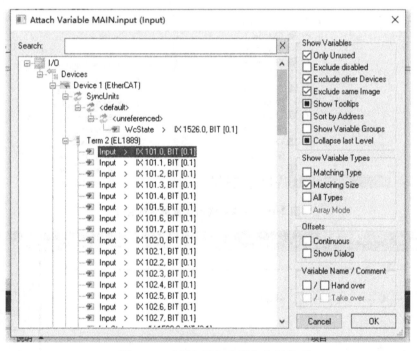

图 2-13　交通灯输入变量绑定硬件

　　依次类推,将南北向、东西向的交通灯硬件输出都和程序的变量连接以后,设备的每一个接口都会出现连接符号,程序的每一个变量也会出现连接符号,如图 2-15 所示。

　　PLC 运行梯形图程序见图 2-9,激活、登录并运行该程序,按下外部交通灯模块的"启动按钮",交通灯模块开始运行,且可以看见图 2-16 所示的监测画面发生变化。

5. 实验结果

实验结果如图 2-17 所示。

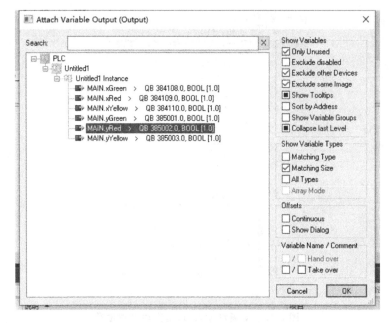

图 2-14　交通灯输出变量绑定硬件 1

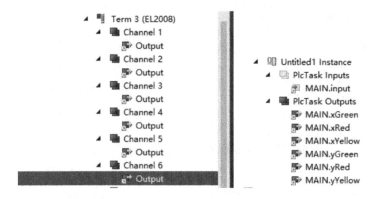

图 2-15　交通灯输出变量绑定硬件 2

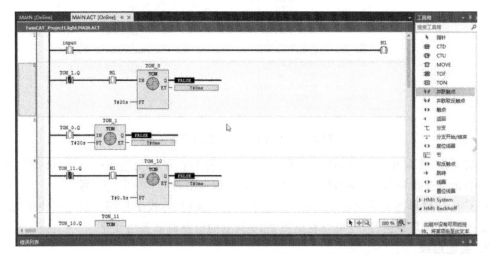

图 2-16　交通灯梯形图控制运行调试界面

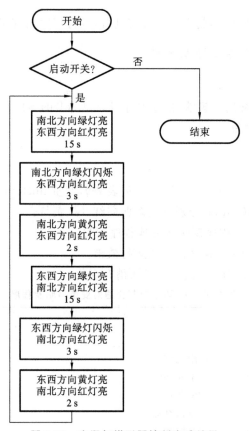

图 2-17　交通灯梯形图控制实验结果

2.6　交通灯逻辑控制——ST 语言

2.6.1　ST 语言变量调试

与 2.5 节的实验一样,一个灯的间歇亮灭功能也可通过 ST 语言和计时器来实现,新建项目、添加变量,绑定设备的步骤与 2.5 节的相同,这里不再赘述。在主程序区添加如表 2-9 所示的代码。

表 2-9　ST 语言实现交通灯的亮和灭

```PROGRAM MAIN```
```VAR```
``` Lamp AT% Q *   :BOOL;   //灯```
``` Button AT% I * : BOOL;   //开关```
``` T1   : TON;   //计时器```
```END_VAR```
	变量声明区

```T1(IN:= NOT T1.Q AND Button, PT:= T# 2S, Q=>, ET=>);```
```   //计时器计时两秒```
```IF T1.ET> # 0S AND T1.ET< T# 1S THEN```
``` Lamp := TRUE;   //前一秒亮```
```ELSE```
``` Lamp := FALSE;   //后一秒灯灭```
```END_IF```
	程序逻辑区

将 Button 绑定到外部开关,将 Lamp 绑定到灯,运行程序后即可实现灯的一秒间歇亮灭。

2.6.2 交通灯 ST 语言控制实验

1. 实验目的

熟悉用 ST 语言控制交通灯模块,熟悉基于 TwinCAT 的 ST 语言编程方式及简单应用。

2. 实验内容和实验设备

同 2.5 节实验。

3. 实验步骤

(1) 新建项目、添加变量,绑定设备,变量见表 2-9,变量 nbR、nbRG、nbY 分别绑定南北向红、绿、黄灯,变量 dxR、dxG、dxY 分别绑定东西向红、绿、黄灯。

(2) 按照表 2-10 所示的程序逻辑区完成程序编写。

(3) 激活、上传、运行程序,观察程序的运行效果。

(4) 实验结果如图 2-17 所示,仅亮灯时间稍有变化。

表 2-10 ST 语言控制交通灯变量声明及程序

PROGRAM MAIN
VAR
  nbR AT %Q * : BOOL;   //南北红灯
nbG AT %Q *   : BOOL;   //南北绿灯
nbY AT %Q *   : BOOL;   //南北黄灯
  dxR AT %Q * : BOOL;   //东西红灯
  dxG AT %Q * : BOOL;   //东西绿灯
  dxY AT %Q * : BOOL;   //东西黄灯
  START AT %I *: BOOL;   //开始
P_1s   : BOOL;   //50% 脉冲
  T1: TON;
  T2: TON;
  TP1 : TP;
END_VAR
	变量声明区

T1(IN:=NOT T1.Q AND Start, PT:=T# 60S, Q=>, ET=>);
//周期为 60s 的方波
T2(IN:=NOT T2.Q, PT:=T# 1S, Q=>, ET=>);
TP1(IN:=T2.Q AND START, PT:=T# 0.5S, Q=>P_1s, ET=>);
IF T1.ET>T# 0S AND T1.ET <=T# 35S THEN
    nbR :=TRUE;
ELSE
    nbR :=FALSE;
END_IF
IF (T1.ET>T# 0S AND T1.ET <=T# 30S) OR (T1.ET>T# 30S AND T1.
ET <=T# 33S AND P_1s) THEN
    dxG :=TRUE;
ELSE
    dxG :=FALSE;	

END_IF
IF T1.ET>T# 33S AND T1.ET <=T# 35S THEN
　　dxY :=TRUE;
ELSE
　　dxY :=FALSE;
END_IF
IF T1.ET>T# 35S AND T1.ET <=T# 60S THEN
　　dxR :=TRUE;
ELSE
　　dxR :=FALSE;
END_IF
IF (T1.ET>T# 35S AND T1.ET <=T# 55S) OR (T1.ET>T# 55S AND
T1.ET <=T# 58S AND P_1s) THEN
　　nbG :=TRUE;
ELSE
　　nbG :=FALSE;
END_IF
IF T1.ET>T# 58S AND T1.ET <=T# 60S THEN
　　nbY :=TRUE;
ELSE
　　nbY :=FALSE;
END_IF
	程序逻辑区

第3章 机电系统控制基础

本章从机电系统建模、时间响应分析、频率响应分析等理论着手,以一维工作台和弹簧-质量-阻尼实验台两个机电系统为控制实例,以 TwinCAT/MATLAB 为开发平台,分析并建立系统的控制框图,完成驱动器不同模式(力矩模式和位置模式)的设置,通过两个机电系统的时间和频率响应分析实验完成两个机电系统识别的任务,为读者理解机电系统控制基础提供方便。

3.1 控制系统概述

控制指的是施加某种操作于对象,使其产生所期望的行为,而自动控制则是由控制装置自动完成,不需要人的参与。如果系统的输出量与输入量间不存在反馈的通道,这种控制方式称为开环控制系统,如图 3-1 所示。在开环控制系统中,不需要对输出量进行测量,也不需要将输出量反馈到系统输入端与输入量进行比较。

图 3-1　开环控制系统

反馈控制是利用输入量与输出量反馈至输入处的差值信息进行系统输出控制,整个控制过程是闭合的,因此反馈控制也称为闭环控制,输出信号对控制作用有直接影响的系统称为闭环控制系统,如图 3-2 所示。闭环控制系统一般由给定元件、比较元件、放大元件、执行元件、被控对象、测量元件等单元组成,其方框图可表示成如图 3-3 的形式。输入信号和反馈信号之差,称为偏差信号。偏差信号可以加到控制器上,以减小系统的误差,并使系统的输出量趋于所希望的值。偏差越大校正作用越强,偏差越小校正作用越弱,直至偏差趋向最小。

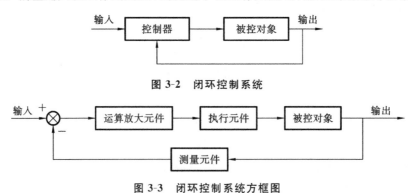

图 3-2　闭环控制系统

图 3-3　闭环控制系统方框图

3.2 机电系统建模

系统的数学模型是系统动态特性的数学描述。对于同一系统,数学模型可以有多种形式,如微分方程、传递函数、单位响应函数及频率特性等。

3.2.1　系统的传递函数

机械、电气、液压系统一般都可以微分方程加以描述,通过拉普拉斯(Laplace)变换将系统的微分方程转化为系统传递函数形式,有利于对系统进行深入的研究、分析和识别。系统的传递函数一般标记为 $G(s)$,表现形式如式(3.1),其中分母中 s 的阶数 n 必不小于分子中 s 的阶数 m。传递函数的分母反映系统本身与外界无关的固有特性,其阶数就是系统阶数,分子反映系统同外界之间的关系。传递函数可以是有量纲的,也可以是无量纲的,例如输入是位移(单位为 cm),如果输出也是位移(单位为 cm),那么就是无量纲比值。

$$G(s)=\frac{X_o(s)}{X_i(s)}=\frac{b_m s^m+b_{m-1}s^{m-1}+\cdots+b_1 s+b_0}{a_n s^n+a_{n-1}s^{n-1}+\cdots+a_1 s+a_0}\quad(n\geqslant m)\tag{3.1}$$

系统的传递函数往往是高阶的,但均可化为零阶、一阶、二阶的一些典型环节(如比例环节、惯性环节、微分环节、振荡环节)和延时环节。熟悉这些环节,对了解与研究系统会带来很大的方便。

3.2.2　系统建模实例

参考《机械工程控制基础》(杨叔子等,第七版)例 2.1.2,电枢控制式直流电动机的物理模型可以简化为如图 3-4 所示。令加到电枢两端的电压 u_a 为输入信号,系统输出信号为电动机轴的转角 θ,图中 L_a 为电路中的总电感,R_a 为电路中的总电阻,J、B 分别为换算到电动机轴上的等效转动惯量和等效圆周黏性阻尼系数。

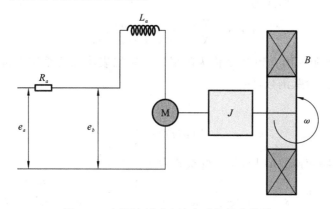

图 3-4　电枢控制式直流电动机简化模型

电动机的力矩为 $M=Ki_a$,电动机产生的反电动势为

$$e_b=K_b\omega\tag{3.2}$$

由基尔霍夫电压定律有

$$L_a\frac{\mathrm{d}i_a}{\mathrm{d}t}+Ri_a+e_b=u_a\tag{3.3}$$

电动机轴上的转矩平衡方程为

$$J\ddot{\theta}+B\dot{\theta}=M\tag{3.4}$$

由上述式(3.2)~式(3.4)经过拉普拉斯变换可得

$$E_b(s)=K_b\Theta(s)s$$

$$L_a s I_a(s) + R I_a(s) + E_b(s) = U_a(s)$$

$$(J s^2 + B s)\Theta(s) = K I_a(s)$$

联立上面三式,可求得传递函数

$$\frac{\Theta(s)}{U_a(s)} = \frac{K}{s\left[(L_a s + R_a)(J s + B) + K K_b\right]} \tag{3.5}$$

由于回路中的电感 L_a 很小,可忽略不计,即 $L_a \approx 0$,则传递函数可以简化为

$$\frac{\Theta(s)}{U_a(s)} = \frac{K}{s\left[(L_a s + R_a)(J s + B) + K K_b\right]} = \frac{K_m}{s(T_m s + 1)} \tag{3.6}$$

式中:K_b 为反电动势系数;K_m 为电动机增益,$K_m = \dfrac{K}{B R_a + K K_b}$;$T_m$ 为电动机时间常数,

$T_m = \dfrac{J R_a}{B R_a + K K_b}$。

3.3　时间响应分析

时间响应是指系统的输出响应在时域上的表现形式。在控制工程中,常用的输入信号包括系统正常工作时的输入信号和外加的测试信号,如单位脉冲信号、单位阶跃信号、单位斜坡信号、正弦信号和某些随机信号等。

3.3.1　二阶系统的单位阶跃响应

二阶系统的传递函数形式为

$$G(s) = \frac{X_o(s)}{X_i(s)} = \frac{\omega_n^2}{s^2 + 2\xi\omega_n s + \omega_n^2} \tag{3.7}$$

式中:ω_n 称为系统无阻尼固有频率;ξ 称为阻尼比。它们表明二阶系统本身的固有特性,若系统的输入信号为单位阶跃函数,即

$$x_i = u(t)$$

$$L(u(t)) = \frac{1}{s}$$

则二阶系统的阶跃响应函数的 Laplace 变换式为

$$X_o(s) = G(s) \cdot \frac{1}{s} = \frac{\omega_n^2}{s^2 + 2\xi\omega_n s + \omega_n^2} \cdot \frac{1}{s} = \frac{1}{s} - \frac{s + 2\xi\omega_n}{(s + \xi\omega_n + j\omega_d)(s + \xi\omega_n - j\omega_d)}$$

其中,$\omega_d = \omega_n\sqrt{1 - \xi^2}$,称 ω_d 为二阶系统的有阻尼固有频率,其单位阶跃响应如图 3-5 所示。当 $\xi = 0$ 时,二阶系统等幅振荡。当 $\xi = 1$ 或 $\xi > 1$ 时,二阶系统响应函数的过渡过程只具有单调上升的特性,而不会出现振荡。当 $0 < \xi < 1$ 时,二阶系统的过渡过程随阻尼的增大,其振荡特性表现得越弱。

3.3.2　二阶系统响应的性能指标

系统的性能指标一般是由单位阶跃输入的响应给出。其原因有二:一是产生阶跃输入比较容易,系统对单位阶跃输入的响应也比较容易求得,二是在实际情况中许多输入与阶跃输入相似,而且阶跃输入又往往是实际情况中最不利的输入情况。

若无振荡的单调过程的过渡时间太长,除了那些不允许产生振荡的系统外,通常都允许有

适度的振荡,其目的是获得较短的过渡时间。这就是在设计二阶系统时,常使系统在欠阻尼(通常取 $\xi=0.4\sim0.8$)状态下工作的原因。有关二阶系统响应的性能指标如图 3-6 所示,其定义及计算公式除特别说明外,都是针对欠阻尼二阶系统的单位阶跃响应的过渡过程而言的。通常采用的性能指标如下。

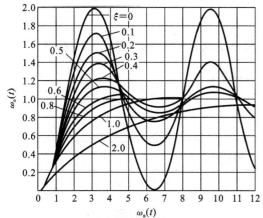

图 3-5　二阶系统单位阶跃响应图

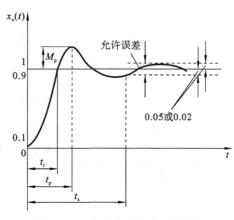

图 3-6　二阶系统响应的性能指标

1. 上升时间 t_r

响应曲线从原工作状态出发,第一次达到输出稳态值所需的时间称为上升时间。对于过阻尼系统,一般将响应曲线从稳态值的 10% 上升到 90% 的时间称为上升时间。

上升时间的表达式为

$$t_r=\frac{\pi-\beta}{\omega_d}$$

其中:$\omega_d=\omega_n\sqrt{1-\xi^2}$;$\beta=\arctan\dfrac{\sqrt{1-\xi^2}}{\xi}$。

2. 峰值时间 t_p

响应曲线达到第一个峰值所需的时间定义为峰值时间。按定义计算,峰值时间 $t_p=\pi/\omega_d$。

3. 最大超调量 M_p

一般系统的最大超调量的表达式为

$$M_p=\frac{x_o(t_p)-x_o(\infty)}{x_o(\infty)}\times100\%$$

因为最大超调量发生在峰值时间,$t=t_p=\pi/\omega_d$、$x_o(\infty)=1$ 时,可求得

$$M_p=-e^{(-\xi\omega_n\pi/\omega_d)}\left(\cos\pi+\frac{\xi}{\sqrt{1-\xi^2}}\sin\pi\right)\times100\%$$

即

$$M_p=e^{(-\xi\pi/\sqrt{1-\xi^2})}\times100\% \tag{3.8}$$

可见,超调量 M_p 只与阻尼比 ξ 有关,而与无阻尼固有频率 ω_n 无关。所以,M_p 的大小直接说明系统的阻尼特性。也就是说,当二阶系统阻尼比 ξ 确定后,即可求得与其相对应的超调量 M_p;反之,如果给出了系统所要求的超调量 M_p,也可由此确定相应的阻尼比。当 $\xi=0.4\sim0.8$ 时,相应的超调量 $M_p=25\%\sim1.5\%$。

4. 调整时间 t_s

在过渡过程中,$x_o(t)$ 取的值满足式(3.9)时所需的时间称为调整时间 t_s。在 $t=t_s$ 之后,

系统的输出不会超过允许范围。

$$|x_o(t)-x_o(\infty)|\leqslant\Delta\cdot x_o(\infty)\quad(t\geqslant t_s)\tag{3.9}$$

式中:Δ 为指定的微小量,一般取 $\Delta=0.02\sim0.05$。当 $\Delta=0.02$ 时,$t_s\geqslant\dfrac{4+\ln\dfrac{1}{\sqrt{1-\xi^2}}}{\xi\omega_n}$;当 $\Delta=0.05$ 时,$t_s\geqslant\dfrac{3+\ln\dfrac{1}{\sqrt{1-\xi^2}}}{\xi\omega_n}$。当 $0<\xi<0.7$ 时,上述关系变成 $t_s\approx4/(\xi\omega_n)$ 和 $t_s\approx3/(\xi\omega_n)$。当 ξ 一定时,ω_n 增大,t_s 就减小;当 ω_n 一定时,ξ 增大,t_s 也减小。

3.3.3　阶跃响应下的系统辨识

根据峰值时间、有阻尼固有频率、最大超调量的关系,可以得到计算公式如表 3-1 所示。

表 3-1　时间响应下 ω_n、ξ 的计算公式

峰值时间 t_p	最大超调量 M_p	计算公式
$t_p=\pi/\omega_d$ 其中 $\omega_d=\omega_n\sqrt{1-\xi^2}$	$M_p=e^{\frac{-\xi\pi}{\sqrt{1-\xi^2}}}\times100\%$	$\omega_n=\dfrac{\pi}{t_p\sqrt{1-\xi^2}}$ $\xi=\sqrt{\dfrac{K}{1+K}}$,其中 $K=\dfrac{\ln^2M_p}{\pi^2}$

3.3.4　PID 控制器

在二阶系统中,为了达到较好的控制效果,往往在系统中加入控制器以使系统响应更快速、更稳定。PID 控制器属于系统串联校正,由比例、积分、微分三个环节组成的,具有 PID 控制器的控制框图如图 3-7 所示。

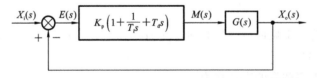

图 3-7　具有 PID 控制器的控制框图

1. 比例系数 K_p

比例系数 K_p 的作用是加快系统的响应速度,提高系统的调节精度。K_p 越大,系统的响应速度越快,系统的调节精度越高,但容易产生超调,甚至会导致系统不稳定。K_p 取值过小,则会降低调节精度,使响应速度缓慢,从而延长调节时间,使系统静态、动态特性变差。

2. 积分作用系数 K_i

积分作用系数 K_i 的作用是消除系统的稳态误差。K_i 越大,系统的静态误差消除越快,但 K_i 过大,在响应过程的初期会产生积分饱和现象,从而引起响应过程的较大超调。若 K_i 过小,将使系统静态误差难以消除,影响系统的调节精度。

3. 微分作用系数 K_d

微分作用系数 K_d 的作用是改善系统的动态特性,主要是在响应过程中抑制偏差向任何方向的变化,对偏差变化进行预报。但 K_d 过大,会使制动响应提前,从而延长调节时间,而且会降低系统的抗干扰性能。

综上可知,为使系统具有比较好的性能,PID 控制器的参数值应当取恰当值。

3.3.5　稳态误差与系统型别的判定

系统的稳态误差是指系统进入稳态后的误差,因此,不讨论过渡过程中的情况。只有稳定的系统存在稳态误差。设系统的开环传递函数 $G_K(s)$ 为

$$G_K(s) = G(s)H(s) = \frac{K\prod_{i=1}^{m}(T_i s + 1)}{s^{\nu}\prod_{j=1}^{n-\nu}(T_j s + 1)} \tag{3.10}$$

式中:ν 为串联积分环节的个数,或称系统的无差度,它表现了系统的结构特征。

若记

$$G_0(s) = \frac{\prod_{i=1}^{m}(T_i s + 1)}{\prod_{j=1}^{n-\nu}(T_j s + 1)}$$

显然

$$\lim_{s \to 0} G_0(s) = 1$$

则可将系统的开环传递函数表示为

$$G_K(s) = G(s)H(s) = \frac{K G_0(s)}{s^{\nu}} \tag{3.11}$$

工程上一般规定:$\nu = 0, 1, 2$ 时分别称为 0 型,Ⅰ 型和 Ⅱ 型系统。ν 愈高,稳态精度愈高,但稳定性愈差。因此,一般系统不超过 Ⅲ 型。

在不同输入时,不同类型的系统中的稳态误差可以列成表 3-2,推导过程参考《机械工程控制基础》(第七版,杨叔子等)。

表 3-2　不同输入、不同类型系统中的稳态偏差

开环控制系统类型	系统的输入		
	单位阶跃输入	单位恒速输入	单位恒加速输入
0 型系统	$\dfrac{1}{K+1}$	∞	∞
Ⅰ 型系统	0	$\dfrac{1}{K}$	∞
Ⅱ 型系统	0	0	

3.4　频率响应分析

3.4.1　频率响应与频率特性

1. 频率响应

线性定常系统对谐波输入的稳态响应称为频率响应。一个稳定的线性定常系统,在谐波

函数作用下,其输出的稳态频率响应也是一个谐波函数,而且其角频率与输入信号的角频率相同,但振幅和相位则一般不同于输入信号的振幅与相位,且随着角频率的改变而改变。若系统的输入为 $x_i(t)=X_i\sin(\omega t)$,则系统的稳态输出为 $x_o(t)=X_o(\omega)\sin[\omega t+\varphi(\omega)]$。因此,将线性系统在谐波输入作用下的稳态输出称为系统的频率响应。通过频率响应可以定义系统的幅频特性和相频特性。

2. 频率特性

输出信号与输入信号的幅值比称为系统的幅频特性,记为 $A(\omega)$。它描述了在稳态情况下,当系统输入不同频率的谐波信号时,其幅值的衰减或增大特性。显然

$$A(\omega)=\frac{X_o(\omega)}{X_i}$$

输出信号与输入信号的相位差称为系统的相频特性,记为 $\varphi(\omega)$,它描述了在稳态情况下,当系统输入不同频率的谐波信号时,其相位产生的超前($\varphi(\omega)>0$)或滞后($\varphi(\omega)<0$)的特性。

通常将幅频特性 $A(\omega)$ 和相频特性 $\varphi(\omega)$ 统称为频率特性。

根据频率特性和频率响应的概念,还可以求出系统的谐波输入 $x_i(t)=X_i\sin(\omega t)$ 作用下的稳态响应为 $x_o(t)=X_iA(\omega)\sin(\omega t+\varphi(\omega))$。

3.4.2 频率特性的表示方法

1. 代数表示方法

在传递函数中,令 $s=j\omega$,写出系统频率特性。

$$G(j\omega)=|G(j\omega)|\cdot\exp(j\angle G(j\omega)) \qquad (3.12)$$
$$G(j\omega)=\mathrm{Re}(G(j\omega))+j\mathrm{Im}(G(j\omega))=u(\omega)+jv(\omega)$$

其中:$|G(j\omega)|$ 称为幅频特性;$\angle G(j\omega)$ 称为相频特性;$u(\omega)$ 称为实频特性;$v(\omega)$ 称为虚频特性。

2. 图示法

1) 频率特性的极坐标图(Nyquist 图)

在复平面上表示 $G(j\omega)$ 的幅值 $|G(j\omega)|$ 和相位 $\angle G(j\omega)$ 随频率 ω 的改变而变化的关系图,称为频率特性的极坐标图,又称为 Nyquist 图。图中矢量 $G(j\omega)$ 的长度为其幅值 $|G(j\omega)|$,与正实轴的夹角为其复角 $\angle G(j\omega)$,当频率 ω 从零变化到无穷大时,矢量 $G(j\omega)$ 在复平面上移动所描绘出的矢端轨迹就是系统频率特性的 Nyquist 图。

2) 频率特性的对数坐标图(Bode 图)

频率特性的对数坐标图由对数幅频特性图和对数相频特性图组成,分别表示幅频特性和相频特性。对数坐标图的横坐标表示频率 ω,但按对数分度,单位是 rad/s 或 s^{-1}。对数幅频特性图的纵坐标表示 $G(j\omega)$ 的幅值,单位是分贝,记为 dB,按线性分度;对数相频特性图的纵坐标表示 $G(j\omega)$ 的相位,单位是度,也是按线性分度。

对数幅频特性图的纵坐标的单位 dB 的定义为 $1\,\mathrm{dB}=20\lg|G(j\omega)|$。当 $|G(j\omega)|=1$ 时,其分贝值为零,即 0 dB 表示输出幅值等于输入幅值。

3.4.3 频率特性的求解方法

一个稳定的线性系统,在正弦信号的作用下,它的稳态输出将是一个与输入信号同频率的正弦信号,但振幅和相位一般与输入信号不同,而且随着输入信号频率的变化而变化,如图 3-8 所示。

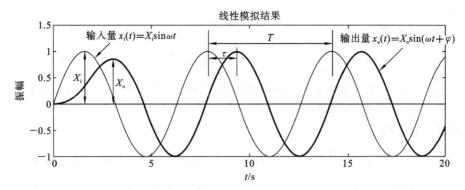

图 3-8 系统及正弦波稳态输入/输出波形

通过不同频率的谐波信号,得到相应的输出,然后提取输出信号的幅值和相位。根据实验得到的各个频率下的幅值比和相位差,就可作出频率特性实验曲线,如图 3-9 所示。在对数幅频特性图上,用斜率为 $0, \pm 20, \pm 40, \pm 60$ dB/dec 的渐近线由低频段到高频段逐段逼近实验曲线,得到对数幅频特性渐近线。

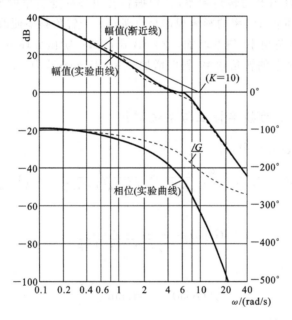

图 3-9 实验数据获得的系统 Bode 图

如式(3.11)所示,代入 $s = \mathrm{j}\omega$,系统频率特性 $G(\mathrm{j}\omega)$ 的表达式为

$$G(\mathrm{j}\omega) = \frac{K(\mathrm{j}\tau_1\omega+1)(\mathrm{j}\tau_2\omega+1)\cdots(\mathrm{j}\tau_m\omega+1)}{(\mathrm{j}\omega)^{\nu}(\mathrm{j}T_1\omega+1)(\mathrm{j}T_2\omega+1)\cdots(\mathrm{j}T_{n-\nu}\omega+1)} \tag{3.13}$$

1. 确定 K 和 ν

系统在低频段的频率特性为

$$\lim_{\omega \to 0} G(\mathrm{j}\omega) = \frac{K}{(\mathrm{j}\omega)^{\nu}}$$

1) 对于 0 型系统

$$\nu = 0, \quad G(\mathrm{j}\omega) \approx K, \quad 20\lg|G(\mathrm{j}\omega)| \approx 20\lg K$$

所以在低频段,0 型系统对数幅频特性是一条水平线,水平线的高度为 $20\lg K$ dB,由此可

求得 K 值。

2) 对于Ⅰ型系统

$$\nu=1, \quad G(\mathrm{j}\omega)\approx\frac{K}{\mathrm{j}\omega}, \quad 20\lg|G(\mathrm{j}\omega)|\approx20\lg\left|\frac{K}{\mathrm{j}\omega}\right|=-20\lg\omega+20\lg K$$

所以在低频段,Ⅰ型系统对数幅频特性渐近线频率为 $-20(\mathrm{dB/dec})$。这条渐近线(或它的延长线)与零分贝线交点处的频率值等于 K。

3) 对于Ⅱ型系统

$$\nu=2, \quad G(\mathrm{j}\omega)\approx\frac{K}{(\mathrm{j}\omega)^2}, \quad 20\lg|G(\mathrm{j}\omega)|\approx20\lg\left|\frac{K}{(\mathrm{j}\omega)^2}\right|=-40\lg\omega+20\lg K$$

当 $G(\mathrm{j}\omega)=1$ 时,$20\lg K=40\lg\omega$ dB,$\omega=\sqrt{K}$。所以,Ⅱ型系统低频渐近线的斜率为 -40 $(\mathrm{dB/dec})$。这条渐近线(或其延长线)与零分贝线交点处的频率值为 $\sqrt{K}$。

2. 确定各典型环节的转角频率

根据曲线斜率的变化,确定各典型环节的转角频率,由小到大将其顺序标在横坐标轴上。

3. 确定系统的组成环节

找出对数幅频特性图上的转角频率,并根据各转角频率处斜率的变化确定各组成环节。Bode 图中,增加组成环节对斜率的影响规律是每遇到一个转角频率便改变一次斜率。其原则如下:遇惯性环节的转角频率,斜率增加 -20 dB/dec;遇一阶微分环节的转角频率,斜率增加 $+20$ dB/dec;遇振荡环节的转角频率,斜率增加 -40 dB/dec;若为二阶微分环节,则斜率增加 $+40$ dB/dec。

3.4.4 振荡环节的频率特性与系统辨识

将 $s=\mathrm{j}\omega$ 代入公式(3.7)中,得

$$G(\mathrm{j}\omega)=\frac{\omega_\mathrm{n}^2}{-\omega^2+\mathrm{j}2\xi\omega_\mathrm{n}\omega+\omega_\mathrm{n}^2}=\frac{1}{(1-\lambda^2)+\mathrm{j}2\xi\lambda} \quad \left(\lambda=\frac{\omega}{\omega_\mathrm{n}}\right) \tag{3.14}$$

其幅频特性为

$$|G(\mathrm{j}\omega)|=\frac{1}{\sqrt{(1-\lambda^2)^2+4\xi^2\lambda^2}}$$

其相频特性为

$$\angle G(\mathrm{j}\omega)=-\arctan\frac{2\xi\lambda}{1-\lambda^2}$$

其 Bode 图具有以下特点。

1. 幅频特性

当阻尼比 ξ 较小时,在 $\omega=\omega_\mathrm{n}$(即频率等于无阻尼固有频率)附近产生谐振峰。

振荡环节的谐振频率

$$\omega_\mathrm{r}=\omega_\mathrm{n}\sqrt{1-2\xi^2}$$

而且当且仅当 $0\leq\xi\leq0.707$ 时才存在 ω_r,则有

$$\xi=\sqrt{\frac{1}{2}\left(1-\left(\frac{\omega_\mathrm{r}}{\omega_\mathrm{n}}\right)^2\right)}$$

在 $\omega=\omega_\mathrm{r}$ 处,谐振峰值

$$M_\mathrm{r}=|G(\mathrm{j}\omega)|=\frac{1}{2\xi\sqrt{1-\xi^2}}$$

当 $\omega = \omega_n$,则 $\lambda = \dfrac{\omega}{\omega_n} = 1$ 时,$|G(j\omega)| = \dfrac{1}{2\xi}$。

2. 相频特性

$\omega = 0$,$\angle G(j\omega) = 0°$。

$\omega = \omega_n$,$\angle G(j\omega) = -90°$。

$\omega = \infty$,$\angle G(j\omega) = -180°$。

对数相频特性曲线对称于点 $(\omega_n, 90°)$。

因此,实验中可以根据谐振峰产生的位置,以及 $-90°$ 相位对应的频率来确定系统的无阻尼固有频率 ω_n 以及阻尼比 ξ,从而得到系统的传递函数模型。

3.5 TwinCAT 运动控制系统

前面通过数学语言的方式介绍了控制系统建模方法,以及如何通过时间响应和频率响应的方式进行系统辨识,在本节以及后续的内容中将介绍 TwinCAT 提供了怎样的机制去构造一个控制系统,包括如何产生一个阶跃信号和正弦信号,如何去获取被控对象的位置信息,如何去构造一个反馈闭环。

首先介绍 TwinCAT 是如何通过 EtherCAT 协议控制电机的,由此引入 CoE 协议的介绍。然后介绍 TwinCAT 提供了怎样的一个接口供用户去控制电机,即 TwinCAT NC。TwinCAT NC 有 PTP 和 NCI 两个级别,PTP 即点对点控制方式,可控制单轴定位或者定速,也可以实现两轴之间的电子齿轮、电子凸轮同步;本节中主要介绍 PTP,NCI 将在后续章节介绍。最后介绍 TwinCAT 中用于搭建图形化界面的工具——TwinCAT HMI,并介绍如何使用 TwinCAT HMI 搭建一个单轴位置控制界面。

3.5.1 CoE 协议与控制模式

1. EtherCAT

EtherCAT 是基于 Ethernet(以太网)的实时控制网络,由 Beckhoff 公司 2003 年提出,是一种实时工业以太网总线标准。主站使用标准的以太网控制,图 1-23 的 CX5140 工控机可以看作主站,主站用 TwinCAT 组态软件来实现控制程序以及人机界面程序。充分利用以太网的全双工特性,使用主从模式介质访问控制(MAC),主站发送以太网帧给各从站,从站从数据帧中抽取数据或将数据插入数据帧。从站设备主要完成 EtherCAT 通信和控制应用两大功能,直接处理接收的报文,并从报文中提取或者插入相关数据,然后将报文依次传递到下一个从站,最后一个从站发回完全处理后的报文,并依次逆序传递回第一个从站,且最后由第一个从站作为相应报文发送给控制单元。EtherCAT 具有高速和精确同步的特点,支持多种设备连接拓扑结构。

2. CANopen over EtherCAT (CoE)

CANopen 是一种架构在控制局域网络(controller area network,CAN)上的高层通信协议,是工业控制中经常用到的一种现场总线。CANopen CiA 402 规范标准化了伺服驱动器、变频器和步进电动机控制器的功能行为。CANopen 是一个应用层协议,其物理层和数据链路层可以基于 CAN 总线,也可以基于 EtherCAT。

CoE 是 CANopen 在 EtherCAT 下的实现,使用 CoE 协议,EtherCAT 可提供与

CANopen 标准相同的通信机制，包括对象字典、过程数据对象（PDO）以及服务数据对象（SDO），甚至相似的网络管理。因此，在已经实施了 CANopen 的设备中，仅需稍加变动即可轻松实现 EtherCAT，而且绝大部分的 CANopen 固件能得以重复利用，可以突破 8 字节的 PDO 限制，并可使用 EtherCAT 增强的带宽资源实现整个对象字典的上传。其网络架构如图 3-10 所示。

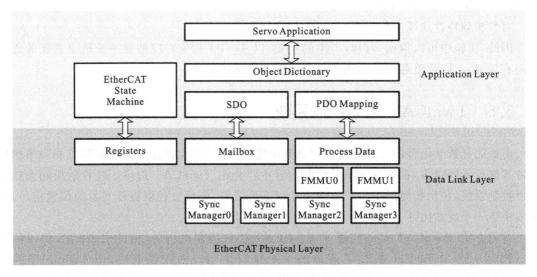

图 3-10　CoE 网络架构

PDO 由对象字典中能够进行 PDO 映射的对象构成，PDO 数据中的内容由 PDO 映射来定义。PDO 数据的读取与写入是周期性持续实时进行的，不需要查找对象字典。PDO 分两种用法：发送和接收，分别是 Transmit-PDO（TPDO）和 Receive-PDO（RPDO）。支持 TPDO 的 CANopen 设备称为 PDO 生产者，支持 RPDO 的称为 PDO 消费者，如图 3-11 所示。PDO 由 PDO 通信参数和 PDO 映射参数描述。

邮箱通信（Mailbox）是非周期性通信，在读写它们时要查找对象字典。SDO 确认的是服务中的消息，SDO 主要用于 CANopen 主站对从节点的参数配置。服务确认是 SDO 的最大特点，为每个消息都生成一个应答，确保数据传输的准确性。SDO 用来访问一个设备的对象字典。访问者被称为客户（client），对象字典被访问且提供所请求服务的 CANopen 设备被称为服务器（server），如图 3-12 所示。

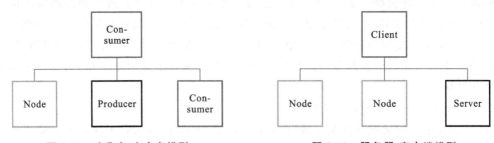

图 3-11　消费者-生产者模型　　　　　　图 3-12　服务器-客户端模型

在 TwinCAT 中，可以通过修改 PDO Mapping 数据的方式来修改伺服驱动器的控制模式，如图 3-13 所示。其中 PDO 数据相对于主站设备而言，Transmit PDO Mapping 用于数据输入，Receive PDO Mapping 用于数据输出。

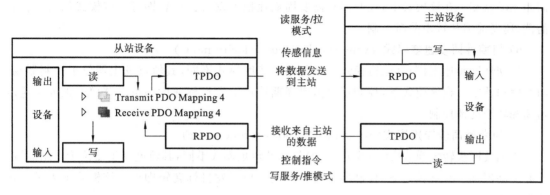

图 3-13　主从站的 PDO

3. CiA402 伺服驱动子协议

伺服驱动器需要依据 CiA402 描述的设备子协议进行控制。主站控制器通过修改 6040h 控制字（control word）来操作伺服驱动器的运行状态，同时通过读 6041h 状态字（status word）来获取驱动器的当前状态。状态机描述了控制器的状态以及主机的控制方式，是 CiA402 伺服驱动器应用协议运行的基础。

伺服驱动器通过控制字接收控制命令，通过状态字反馈伺服驱动器状态，通过 6060h "Modes of operation"选择运行模式，通过 6061h "Modes of operation display" 反馈实际运行模式。当 6060h 与 6061h 的值不相同时，系统将切换到 6060h 设定模式。

伺服驱动器支持的 CiA402 运行模式如下。

1）标准位置模式（profile position mode）

对于位置闭环控制来说，轨迹发生器输出值 6062h（position demand value）和编码器位置环反馈值 6064h（position actual value）是位置闭环控制的输入。标准位置模式是控制器给定标准曲线的加速度值、减速度值、标准转速值、结束标准转速值和目标位置值，伺服驱动器根据设定的标准曲线类型进行轨迹规划（位置控制下只支持速度为梯形的规划）。

2）标准速度模式（profile velocity mode）

标准速度模式是主站给定标准曲线的加速度值、减速度值、标准速度值、加加速度（jerk）的值和曲线规划类型。根据以上限定条件，伺服驱动器内部自动进行规划。

3）标准转矩模式（profile torque mode）

标准转矩模式是根据主站给定标准曲线的目标转矩和转矩的加速度，驱动器内部自动进行转矩曲线规划。标准转矩模式通过给定标准速度（6081h）进行速度限制，防止电动机持续加速至过快的速度。

4）回零模式（homing mode）

回零模式用于伺服驱动器寻找原点位置。伺服驱动器可以支持多种回零模式。用户可以通过设定回零的速度、加速度和回零方式对回零功能进行配置。由于增量式或单圈绝对值编码器断电后不能记录工作台的实际位置，所以当选用该类型编码器的电动机时，每次上电后伺服驱动器都需要寻找一次零点。如果使用多圈绝对值编码器，那么只需要在正常使用前回零一次便可，因为每次上电后工作台的绝对位置能从编码器里直接读出，所以不需要再次回零。

5）周期性同步位置模式（cyclic synchronous position mode）

周期性同步位置模式（运行模式＝6）与标准位置模式不同，其轨迹发生器位于控制器端，而非驱动器端。在该模式下,控制器只需要周期性地下发目标位置即可。该模式加入了位置前馈、速度前馈和转矩前馈控制。

6) 周期性同步速度模式(cyclic synchronous velocity mode)

周期性同步速度模式(运行模式＝9)与标准速度模式不同,其轨迹发生器位于控制器端,而非驱动器端。在该模式下,控制器只需要周期性地下发目标速度即可。该模式加入了速度前馈和转矩前馈控制。

7) 周期性同步转矩模式(cyclic synchronous torque mode)

周期性同步转矩模式(运行模式＝10)与标准转矩模式不同,其轨迹发生器位于控制器端,而非驱动器端。在该模式下,控制器只需要周期性地下发目标转矩即可。该模式加入了转矩前馈控制。

3.5.2　PTP 控制

PLC 轴的控制是指 PLC 程序中调用运动控制库的功能块进行编程的过程。PTP 控制是 NC 轴基本的控制方式之一,其基础功能块主要包括使能(MC_Power)、复位(MC_Reset)、位置设置(MC_SetPosition)、停止(MC_Stop)、点动(MC_Jog)、绝对位置运动(MC_MoveAbsolute)和相对位置运动(MC_MoveRelative)等。

这些基础功能块属于库文件 Tc2_MC2 的内容,所以程序设计中必须添加 Tc2_MC2 库文件才能使用这些功能。添加库文件的操作步骤为:打开 PLC 的折叠项,选择"References"并点击右键选择"Add library";在运动控制库中选择所要添加的库文件,双击左键即可添加库文件。这里选择"Motion/PTP/Tc2_MC2",如图 3-14 所示。

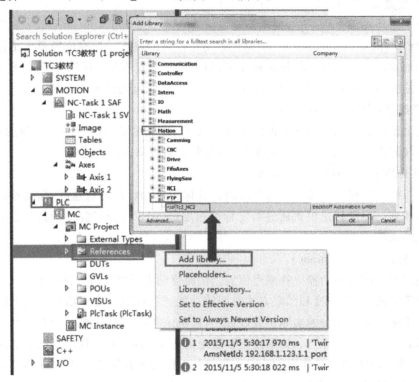

图 3-14　添加 Tc2_MC2 库文件

在使用功能块时,除了必要输入变量需要指定值外,其他输入变量会使用系统自带的默认值,用户设置输入值会覆盖系统使用的默认值。以下对上述基础功能块的功能和主要参数做一个简要介绍(见图 3-15 至图 3-21、表 3-3 至表 3-9)。

1. MC_Power 功能块

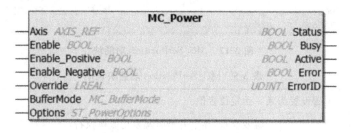

图 3-15　MC_Power 功能块

表 3-3　MC_Power 功能块说明

功能	启用激活轴的软件,可以为两个方向或仅一个方向激活	
输入	Axis	PLC 轴,下同
	Enable	启用轴的通用软件
	Enable_Positive	正向移动使能,仅在 Enable =TRUE 时生效
	Enable_Negative	负向移动使能,仅在 Enable =TRUE 时生效
	Override	速度覆盖以指定百分比影响所有 PTP 命令的速度
输出	Status	当轴准备好运行时为 TRUE
	Busy	使用 Enable =TRUE 调用功能块时为 TRUE
	Active	表示命令已执行
	Error	发生错误时为 TRUE
	ErrorID	如果设置了错误输出,则此参数提供错误号
备注	一般将 Enable、Enable_Positive 和 Enable_Negative 设为同一变量值	

2. MC_Reset 功能块

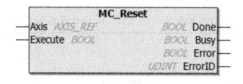

图 3-16　MC_Reset 功能块

表 3-4　MC_Reset 功能块说明

功能	复位 NC 轴
输入	Execute	触发变量,在上升沿时触发功能块执行
输出	Done	如果功能块成功执行,则为 TRUE
备注	在许多情况下也会导致连接的驱动器复位

3. MC_SetPosition 功能块

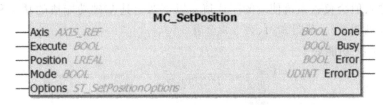

图 3-17　MC_SetPosition 功能块

表 3-5　MC_SetPosition 功能块说明

功能	将当前轴位置设置为某一给定位置值	
输入	Execute	触发变量,在上升沿时触发功能块执行
	Position	要设置轴位置的位置值
	Mode	默认为 FALSE,绝对模式;设置为 TRUE 时,相对模式
输出	Done	如果位置设置成功,则为 TRUE
备注	在绝对模式下,实际位置设置为参数化的绝对位置值。在相对模式下,实际位置会被参数化的位置值偏移。默认为绝对模式	

4. MC_Stop 功能块

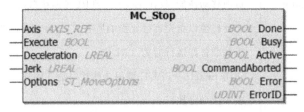

图 3-18　MC_Stop 功能块

表 3-6　MC_Stop 功能块说明

功能	使用定义的制动斜坡停止轴,并将其锁定以防止其他运动命令
输入	Execute	触发变量,在上升沿时触发功能块执行
输出	Done	如果轴已停止且静止,则为 TRUE
备注	停止期间轴被锁定,只有在轴停止后将 Execute 信号设置为 FALSE 后才能重新启动轴

5. MC_Jog 功能块

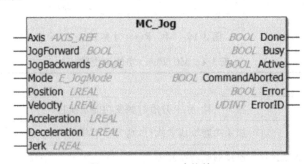

图 3-19　MC_Jog 功能块

表 3-7　MC_Jog 功能块说明

功能	驱动轴点动	
输入	JogForward	正向点动触发变量,上升沿时轴正向移动
	JogBackwards	负向点动触发变量,上升沿时轴负向移动
	Mode	确定执行点动功能的操作模式,常用以下几种模式: ・MC_JOGMODE_STANDARD_SLOW,用 TwinCAT 系统管理器中指定的"手动功能的低速"和标准动态。在此操作模式下,功能块中指定的位置、速度和动态数据无效 ・MC_JOGMODE_STANDARD_FAST,用 TwinCAT 系统管理器中指定的"手动功能的高速"和标准动态。在此操作模式下,功能块中指定的位置、速度和动态数据无效 ・MC_JOGMODE_CONTINOUS,使用用户指定的速度和动力学数据。位置没有影响 ・MC_JOGMODE_INCHING,移动一定距离,该距离通过"位置"输入定义。无论点动输入的状态如何,轴都会自动停止
	Position	MC_JOGMODE_INCHING 操作模式下运动的相对距离,其他模式无效
	Velocity	最大行驶速度(>0)
输出	Done	如果移动成功完成,则为 TRUE
备注	如果输入"JogForward"和"JogBackwards"同时出现信号沿,则"JogForward"优先; 建议 Mode 使用 MC_JOGMODE_CONTINOUS 模式	

6. MC_MoveAbsolute 功能块

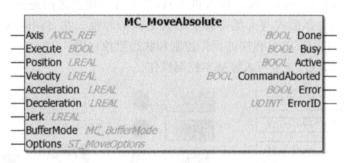

图 3-20　MC_MoveAbsolute 功能块

表 3-8　MC_MoveAbsolute 功能块说明

功能	定位到绝对目标位置,并监控整个行程路径上的轴运动	
输入	Execute	触发变量,在上升沿时触发功能块执行
	Position	用于定位的绝对目标位置
	Velocity	最大行驶速度(>0)
输出	Done	到达目标位置时为 TRUE
备注	一旦到达目标位置,就会设置"Done"输出。否则,将设置输出"CommandAborted",或者在出现错误时设置输出"Error"	

7. MC_MoveRelative 功能块

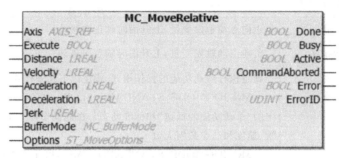

图 3-21　MC_MoveRelative 功能块

表 3-9　MC_MoveRelative 功能块说明

功能		基于当前设置位置启动相对定位程序,并监控整个行程路径上的轴运动
输入	Execute	触发变量,在上升沿时触发功能块执行
	Distance	用于定位的相对距离
	Velocity	最大行驶速度（>0）
输出	Done	到达目标位置时为 TRUE
备注		一旦到达目标位置,就会设置"Done"输出。否则,将设置输出"CommandAborted",或者在出现错误时设置输出"Error"

3.5.3　HMI 设计

HMI(human machine interface)即人机界面,是系统和用户之间进行交互和信息交换的媒介,它实现信息的内部形式与人类可接受形式之间的转换。在 TwinCAT 3 中,可以创建 HMI 可视化项目,以方便 PLC 程序的操作控制和状态监控。图 3-22 为一个 HMI 界面示例,包含按钮操作、变量显示、变量写入等基本控制操作。

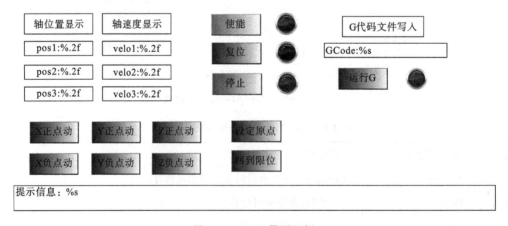

图 3-22　HMI 界面示例

1. 创建 HMI 项目

如图 3-23 所示,在 PLC 项目下找到"VISUs",点击右键选择"Add",再选择"Visualization"。修改 HMI 项目名称,点击"Open"即可创建一个空白的 HMI 界面,新建完成后会直接进

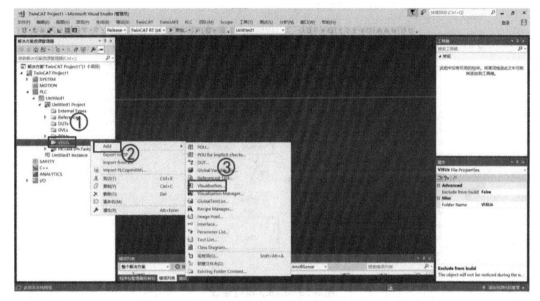

图 3-23　HMI 项目创建入口

入 HMI 界面,在中间画布中创建可视化界面,右侧为"控件"和"控件属性"两个选项卡,如图 3-24 所示。

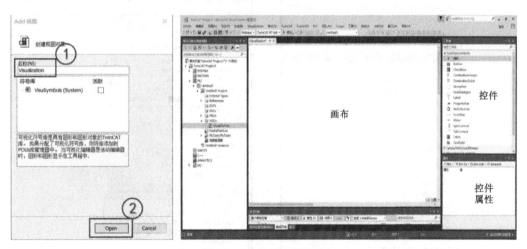

图 3-24　HMI 项目界面

2. 常用 HMI 控件的使用

控件可以在右侧"控件"选项卡中找到并拖放到画布中使用,其属性在"控件属性"选项卡中进行修改。显示灯、按钮、矩形框和文本框的使用能够满足大部分的需求,如需使用其他控件,其属性设置可以参考以下 4 个常用控件的属性设置。

1) 显示灯(Lamp)

Lamp 属性修改内容有 2 处,如图 3-25 所示:① 链接的 Bool 型变量,如果想改变链接的变量,双击"Variable"属性的"值"栏,点击最右侧的选择键,通过"输入助手"对话框进行修改;② 灯的颜色。Bool 型变量为 True 时,灯亮;否则,灯灭。

2) 按钮(Button)

Button 属性修改内容有 5 处,如图 3-26 所示:① 按钮显示的颜色;② 按钮的文字显示;

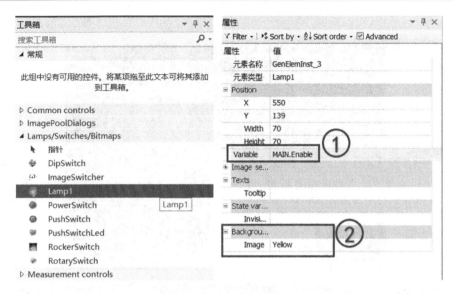

图 3-25　Lamp 属性修改

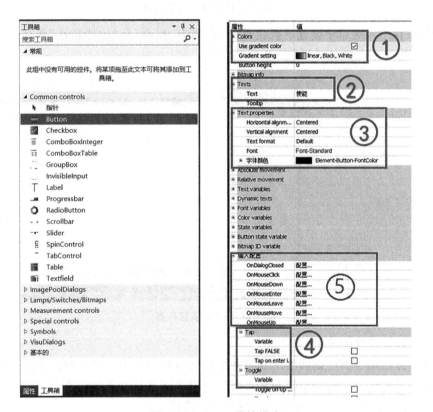

图 3-26　Button 属性修改

③ 按钮文字的样式;④ 按钮的类型及链接变量(Variable),按钮的类型主要是 Tap(按下接通,松开立即断开)和 Toggle(按下接通,再次按下才会断开)两种。⑤ "输入配置"是 HMI 界面执行相关事件,如鼠标左键点击弹起之后触发的事件就是"OnMouseClick",鼠标单击其"配置…"属性,出现"输入配置"对话框,可以完成"切换变量""写变量""执行 ST 代码""执行命令"等操作。

3）矩形框（Rectangle）

Rectangle 主要用于显示变量值，其属性修改内容有 3 处，如图 3-27 所示：① 矩形框显示的颜色；② 矩形框的文字显示和数值显示样式；③ 链接的变量。数值显示样式要与链接的变量类型相匹配，如字符串类型用"％s"、整数类型用"％d"、浮点数类型可以用"％.2f"（.2f 表示保留 2 位小数）。

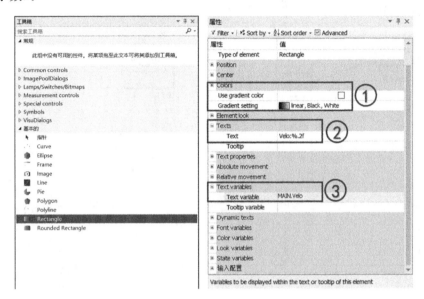

图 3-27　Rectangle 属性修改

4）文本框（Textfield）

Textfield 主要用于写入变量值，其属性修改内容有 3 处，如图 3-28 所示：① 文字显示和数值显示样式；② 链接的变量；③ 写入变量配置，左键单击"输入配置"下的"OnMouseClick"

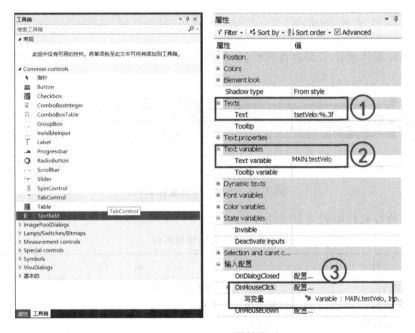

图 3-28　Textfield 属性修改

属性的"配置…"栏。在如图 3-29 所示的界面左侧选择"写变量",点击"＞"图标,然后在右侧选择"使用另一个变量"并在其下方的框内输入链接的变量。

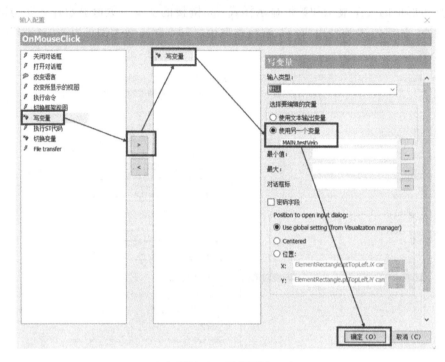

图 3-29　配置更改

3.6　一维工作台控制系统实验

3.6.1　一维工作台简介

一维工作台本体硬件主要由直线模组、伺服电动机、限位开关和光栅尺等部分组成,如图 3-30 所示。

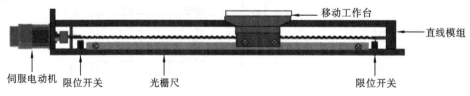

图 3-30　一维工作台整体结构

直线模组的各属性如表 3-10 所示。

表 3-10　直线模组属性

项　目	属　性
驱动机构	滚珠丝杠,进给导程为 4 mm
导向机构	微型滚珠线性滑轨
最大有效行程	300 mm
伺服电动机	200 W(AC 220 V)伺服电动机,自带绝对值编码器

一维工作台的模型可以简化为本章 3.2 节提到的电枢控制式直流电动机。考虑到工作台所处的位置并非标准平面,会存在重力分量影响实验效果的情况,于是在系统内添加位置负反馈,并令 K_f 作为反馈系数,构成闭环系统,则闭环系统的方框图如图 3-31 所示。将式(3.6)代入则得到控制闭环系统的传递函数为

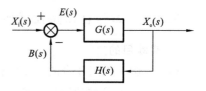

图 3-31　一维工作台系统方框图

$$G_B(s) = \frac{G(s)}{1+G(s)H(s)} = \frac{\dfrac{K_m}{s(T_m s + 1)}}{1+\dfrac{K_m}{s(T_m s + 1)}K_f} = \frac{K_m}{T_m s^2 + s + K_f K_m}$$

$$= \frac{1}{K_f}\frac{\dfrac{K_f K_m}{T_m}}{s^2 + \dfrac{1}{T_m}s + \dfrac{K_f K_m}{T_m}} \tag{3.15}$$

在实验中,令 $K_f = 1$,构成单位位置负反馈,则闭环传递函数为

$$G_B(s) = \frac{\dfrac{K_m}{T_m}}{s^2 + \dfrac{1}{T_m}s + \dfrac{K_m}{T_m}} \tag{3.16}$$

图 3-32 中的位置反馈端增加了比例环节,是为了便于调节相关系数,使系数在一个合理的范围。通过实验计算系统的传递函数时,需要将这些比例环节考虑进去。

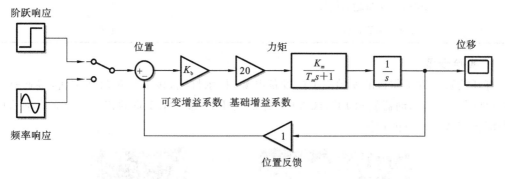

图 3-32　时域响应控制系统框图

在 PID 参数调节实验中,所构建的控制系统如图 3-33 所示。

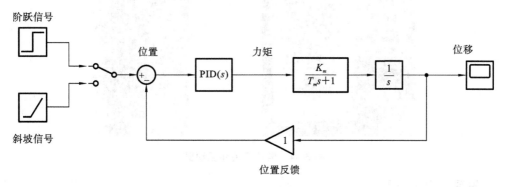

图 3-33　PID 控制系统框图

3.6.2 工作台位置控制实验

1. 实验目的

(1) 了解一维工作台的基本结构、传动方式与电气连接。

(2) 使用 I/O 模块完成工作台的限位设置。

(3) 使用光栅尺模块和电动机编码器完成工作台的位置读取。

(4) 使用 HMI 和 PTP 搭建一个基础的一维工作台位置控制平台。

2. 实验内容

编写一维工作台的控制程序,实现以下功能:电动机的使能与解除使能,工作台的零点设置,限位信号的监控,光栅尺位置的读取,工作台的左右点动,工作台位置的绝对移动,工作台自动查找零点,工作台回零,工作台的快进、步进、工进等。

3. 实验设备(见表 3-11)

表 3-11 实验设备

设　　备	数　　量
一维工作台	1 台
PC 设备	1 台
嵌入式控制器 CX5140	1 台
EL5101 编码器模块	1 个
EL1889 数字量输入模块	1 个
TwinCAT 软件	1 套

4. 实验步骤

打开放置一维工作台的实验桌上的设备电源,指示灯亮,按下绿色启动按钮,接通驱动器电源(见图 3-34),驱动器显示 EtherCAT 网络状态 Init,参考第 1 章的相关内容完成项目的创建与配置模式下设备的扫描。

图 3-34 电源开关和驱动器

1) 轴系 Online 检测

在左侧的解决方案资源管理器下双击"Axis 1"或"Axis 2"菜单,查看"Settings"属性下的

"Link To I/O"后面连接的"Drive"设备是否为"（EP3E-EC）"，激活空程序，将"Online"属性下的"Enabling"选项卡中的三项勾选，单击使能控制部分的"Set"按钮，如图 3-35 所示。选中三个复选框，"Override"选项卡为速度比例，初期调试可设置小一点，比如 60，点动 F2 或 F3 按钮，工作台移动则证明轴系硬件连接正常。

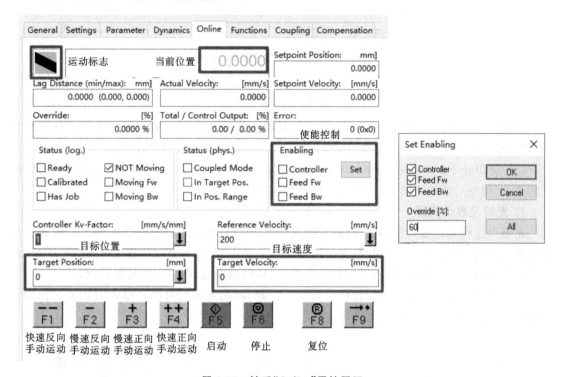

图 3-35　轴系"Online"属性展开

2）编码器参数设置

对于不同的设备来说，因其使用的电动机不同和传动结构不同，故需要设置不同的编码器参数。在左侧的解决方案资源管理器下将上述选择的"Axis 1"或"Axis 2"菜单展开，双击"Enc"选项，得到以下内容，如图 3-36 所示。

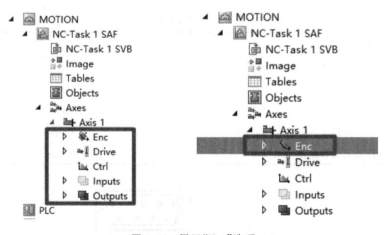

图 3-36　展开"Enc"选项

配置界面如图 3-37 所示，重点需要修改图中 1、2 所示的两个地方。

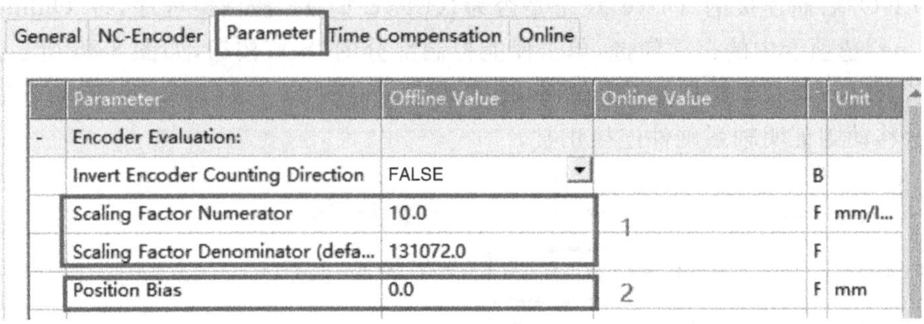

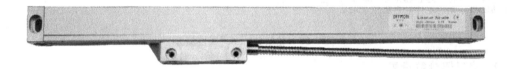

图 3-37　配置界面

（1）Scaling Factor Numerator：电动机轴旋转一圈对应轴移动的距离。根据滚珠丝杠参数，其导程为 4 mm，即电动机旋转 1 圈，轴移动 4 mm，因此此处需要修改为 4.0。

（2）Scaling Factor Denominator：电动机旋转 1 圈对应的编码器脉冲数。由于电动机配备的是 17 位绝对值编码器，因此对应的脉冲数为 131072。

3）光栅尺单位换算

光栅尺也称为光栅尺位移传感器（光栅尺传感器），是利用光栅的光学原理工作的测量反馈装置。光栅尺经常应用于数控机床的闭环伺服系统中，可用于直线位移或者角位移的检测。其测量输出的信号为数字脉冲，具有检测范围大、检测精度高、响应速度快的特点。

移动工作台直接与光栅尺的读数头固定在一起，因此光栅尺可以直接实时测量工作的位移（反馈其实时位置）。光栅尺如图 3-38 所示。

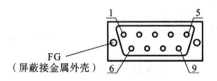

图 3-38　光栅尺

光栅尺的属性如表 3-12 所示，接头类型是 DB9 公头（见图 3-39），引脚定义如表 3-13 所示。

表 3-12　光栅尺属性

项　　目	属　　性
工作电压	+5 V
栅距	0.02 mm（50 线/mm）
精度	5 μm
量程	420 mm
允许最大位移速度	60 m/min

FG
（屏蔽接金属外壳）

图 3-39　接头示意图

表 3-13　DB9 公头引脚定义

脚位	1	2	3	4	5	6	7	8	9
信号	空	0 V	空	空	空	A	+5 V	B	Z

EL5101 EtherCAT 终端是用于直接连接具有差分信号输入(RS422)的增量编码器的接口,如图 3-40 所示,可以用于光栅尺数据读取。

型号	信号类型	最高频率	输入点	XFC
EL5101-0000	RS422差分信号 单端信号	4MHZ	3 (Latch,gate,input1)	无
EL5101-0010	RS422差分信号	20MHZ	3 (Latch,gate,input1)	无
EL5101-0011	RS422差分信号	20MHZ	无	超采样

图 3-40　EL5101 EtherCAT 终端

EL5101 引脚定义如图 3-41 所示。

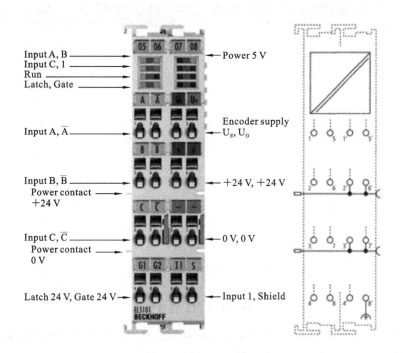

图 3-41　EL5101 引脚定义

由光栅尺的精度为 5 μm 可知,1 个脉冲所对应的距离为 5 μm,1 mm 对应的脉冲为 $\frac{1}{0.005}$ ≈200 个脉冲。在 I/O 设备下找到 EL5101,点击展开对象树,再点击"Counter value",如图 3-42 所示。"Counter value" 选项是 EL5101 的脉冲计数值,由前面的分析可知,单个脉冲对应 0.005 mm,或者说 1 mm 对应 200 个脉冲。

这里的脉冲计数与 PLC 中的变量相连接可用于计算光栅尺的测量距离,在 PLC 中添加的变量声明如表 3-14 所示,对于输入型的变量需要加上"AT %I *"声明。点击"Linked to"按钮在弹出的对话框中选择 PLC 中的变量,连接光栅尺,如图 3-43 所示。

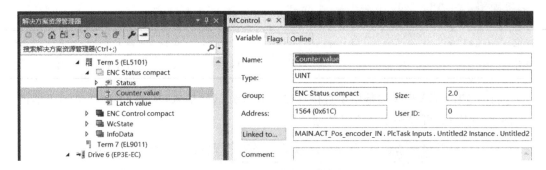

图 3-42 Counter value

表 3-14 变量声明

ACT_Pos_encoder_IN AT % I* :UINT;   //硬件绑定
ACT_Pos_encoder_IN_lreal :lreal;   //单位换算
Zero_encoder :UINT;   //零位脉冲数
	变量声明区

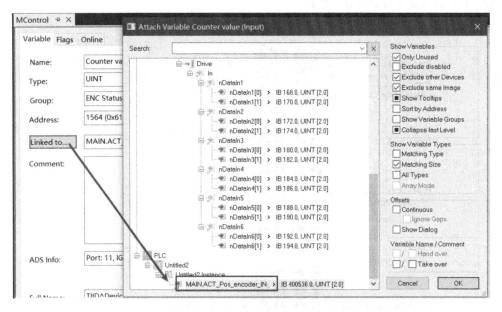

图 3-43 选择 PLC 连接变量

在绑定变量之后,还需要在 PLC 中完成单位换算。将当前脉冲与零位脉冲数的差值除以 200 即可得到当前位置相对于零位的位置值,如表 3-15 所示。

表 3-15 程序区代码

```
ACT_Pos_encoder_IN_lreal:= (UINT_TO_LREAL(Zero_encoder)-UINT_TO_LREAL
(ACT_Pos_encoder_IN )) / 200;
```

4) 限位信号检测

一维工作台的限位信号为数字量输入,限位信号可以通过 EL1889 来检测。如图 3-44 所示,找到限位连接所对应的数字量通道 9 和通道 10,与 PLC 中的输入型变量 Channel 1 和 Channel 2 绑定。

在 PLC 中添加的变量声明如表 3-16 所示,对于输入型的变量需要加上"AT %I *"声明。

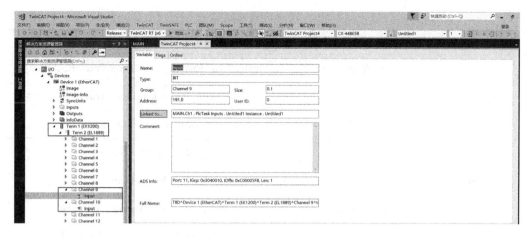

图 3-44　限位信号的变量绑定

表 3-16　变量声明

VAR	变量声明区

Ch1 AT% I*   :BOOL;   //数字量输入
 Limit_origin : BOOL;   //原点限位
 Ch2 AT% I*   :BOOL;   //数字量输入
 Limit_max   : BOOL;   //最大位置限位
 Limit_running :Bool;
 END_VAR	

5）设计基本控制 HMI 界面

参考"3.5.3　HMI 设计"，创建如图 3-45 所示的 HMI 界面，HMI 应该基本包含如下功能：① 电动机的使能与解除使能；② 限位信号的监控；③ 光栅尺位置的读取；④ 工作台的左右点动。基本控制界面控件及其链接的变量见表 3-17，使能按钮是 Tap 类型，点动按钮是 Toggle 类型，为区别链接的变量和执行 ST 语句，链接的变量用大写 MAIN，执行 ST 代码用小写 main，TwinCAT 对大小写不敏感，均指 PLC 主程序，后续表格均按上述说明编写。

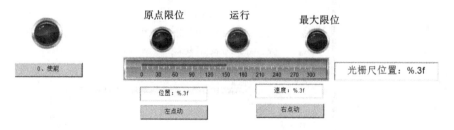

图 3-45　一维工作台基本控制界面设计

表 3-17　一维工作台基本控制界面控件及其链接的变量

控　　件		链接的变量/执行 ST 代码
Lamp	灯	MAIN. mc_power. Status
	原点限位	MAIN. Limit_origin
	运行	MAIN. Limit_running
	最大限位	MAIN. Limit_max

续表

控　件		链接的变量/执行 ST 代码
Button	0、使能	main. Axis_Enable：＝not main. Axis_Enable；
	左点动	main. JogBackwards：＝true；
	右点动	main. JogForward：＝true；
Rectangle	位置	MAIN. Position
	速度	MAIN. Velocity
	光栅尺位置	MAIN. ACT_Pos_encoder_IN_lreal
BarDisplayImage	光栅尺	MAIN. ACT_Pos_encoder_IN_lreal

6）添加基本控制功能

参考"3.5.2　PTP 控制"，添加 Tc2_MC2 库文件，在变量区使用输入助手添加 MC_Power 功能块并命名：在变量区的空白区域右击，选择自动声明，然后在类型中选择输入助手。用文本搜索功能选择并添加 MC_Power 功能块，选取的功能块会自动添加到类型里面，编辑名称为"mc_power"，点击"确定"按钮。

程序区使用输入助手添加 MC_Power 功能块，在程序区的空白区域右击，选择输入助手，然后在实例调用中选取刚刚声明的"mc_power"功能块。程序区会自动添加 MC_Power 功能块。在"Axis：＝"后输入"Axis"，然后在程序区的空白区域左击即可自动弹出对 Axis 这个变量的自动声明，其中的名称和类型均已自动生成，直接点击"确定"按钮，此时在变量区会自动生成刚刚声明的变量代码"Axis：Axis_ref"，参考第 1 章 PLC 项目运行的方法，激活配置，将 Motion 下设置过参数的 NC 轴"Axis 1"或"Axis 2"与"Axis：Axis_ref；"绑定，如图 3-46 所示。

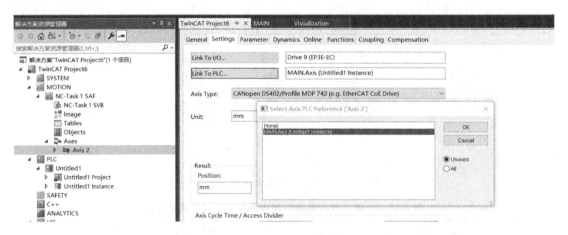

图 3-46　一维工作台轴变量绑定过程

在主程序（Main）中继续添加变量声明和程序，包括 MC_Reset、MC_Jog、MC_ReadActualPosition、MC_ReadActualVelocity 功能块，如表 3-18 所示，登录、运行并测试程序，观察工作台的移动。

表 3-18　一维工作台基本控制变量声明与程序

```VAR Axis:Axis_ref; //PLC 轴 mc_power:MC_Power; //使能功能 Axis_Enable:BOOL; m_errID: UDINT; mc_reset:MC_Reset; //复位功能 Axis_reset:BOOL; MoveJog:MC_Jog; //点动 JogForward:BOOL:= 0; JogBackwards:BOOL:= 0; ReadPosition:MC_ReadActualPosition; //读取位置和速度 Position:LREAL; ReadVelocity:MC_ReadActualVelocity; Velocity:LREAL; Stop:MC_Stop; StopExecute:BOOL:= 0; state:INT; END_VAR```	变量声明区
```Limit_origin :=NOT Ch2; Limit_max :=NOT Ch1; Limit_running :=Ch1 AND Ch2; //使能 mc_power(Axis:=Axis, Enable:= Axis_Enable , Enable_Positive:= Axis_Enable , Enable_Negative:=Axis_Enable, Override:= 100.0 , BufferMode:=, Options:=, Status=>, Busy=>, Active=>, Error=>, ErrorID=>m_errID); ACT_Pos_encoder_IN_lreal := UINT_TO_LREAL(ACT_Pos_encoder_ IN); ACT_Pos_encoder_IN_lreal:= (UINT_TO_LREAL(Zero_encoder)- UINT_TO_LREAL(ACT_Pos_encoder_IN))/200; //点动 MoveJog(```	程序逻辑区

| ```
    Axis:=Axis,
    JogForward:=JogForward,
    JogBackwards:=JogBackwards,
    Mode:=MC_JOGMODE_CONTINOUS,
    Position:=,
    Velocity:=50,
    Acceleration:=1000,
    Deceleration:=1000,
    Jerk:=,
    Done=>,
    Busy=>,
    Active=>,
    CommandAborted=>,
    Error=>,
    ErrorID=>);
//获取当前位置
    ReadPosition(
    Axis:=Axis,
    Enable:=TRUE,
    Valid=>,
    Busy=>,
    Error=>,
    ErrorID=>,
    Position=>Position);
//获取当前速度
ReadVelocity(
    Axis:=Axis,
    Enable:=TRUE,
    Valid=>,
    Busy=>,
    Error=>,
    ErrorID=>,
    ActualVelocity=>Velocity);
Stop(
    Axis:= Axis ,
    Execute:= StopExecute ,
    Deceleration:= 20000 ,
    Jerk:= 20000 ,
    Options:=,
    Done=>,
    Busy=>,
    Active=>,
    CommandAborted=>,
    Error=>,
    ErrorID=>);
``` | 程序逻辑区 |
```

```CASE state OF\n 0:\n IF NOT Limit_origin AND NOT Limit_max THEN //运行\n state:=10;\n END_IF\n10:\n IF Limit_origin THEN //原点禁止后退\n StopExecute:=TRUE;\n state:=20;\n END_IF\n IF Limit_max THEN //最大禁止前进\n StopExecute:=TRUE;\n state:=20;\n END_IF\n20:\n StopExecute:=TRUE; //完成停止后释放\n IF Stop.Done THEN\n state:=201;\n END_IF\n201:\n StopExecute:=FALSE; //跳转回去\n state:=0;\n END_CASE```	程序逻辑区

7）增加运动控制功能

增加运动控制功能有四个小项：① 工作台零点设置；② 工作台位置的绝对移动；③ 工作台自动查找零点；④ 工作台回零。在 PLC 中继续添加 HMI 控件，如图 3-47 所示，新增运动控制界面控件及其链接的变量见表 3-19。添加如表 3-20 所示的变量声明和程序，参考第 1 章 PLC 项目运行的方法，运行并测试程序，观察工作台的移动。

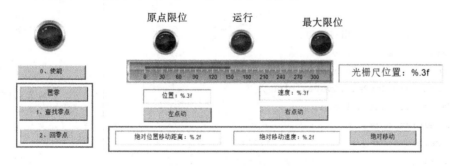

图 3-47　增加运动控制的 HMI 界面

表 3-19　新增运动控制界面控件及其链接的变量

控　　件		链接的变量/执行 ST 代码
Button	置零	main. SetPositionExecute：＝true；
	1、查找零点	main. FindZeroExecute：＝true；

续表

控　件		链接的变量/执行 ST 代码
Button	2、回零点	main. SetAbsolutePosition：＝0； main. TarVbsVelo：＝10； main. MoveAbsolute Execute：＝true ；
	绝对移动	main. MoveAbsoluteExecute：＝not main. MoveAbsoluteExecute；
TextField	绝对位置移到距离	MAIN. SetAbsolutePosition
	绝对移动速度	MAIN. Tar_AbsVelo

表 3-20　一维工作台运动控制新增变量声明与程序

``
VAR
    Tar_RelVelo:LREAL:= 0;
    Tar_AbsVelo:LREAL:= 0;
    FindZeroExecute: BOOL:= 0;
    MoveBack:MC_MoveRelative;
    SetPosition:MC_SetPosition;
    SetPositionExecute:BOOL:= 0;
    MoveRelative:MC_MoveRelative;
    MoveRelativeExecute:BOOL:= 0;
    SetRelativePosition:LREAL:= 0;
    MoveAbsolute:MC_MoveAbsolute;
    MoveAbsoluteExecute:BOOL:= 0;
    SetAbsolutePosition:LREAL:= 0;
``
	变量声明区

``
IF JogForward THEN   //点动
      SetRelativePosition:= ABS(SetRelativePosition);
    ELSE
      SetRelativePosition:= -ABS(SetRelativePosition);
 	
END_IF
MoveRelative(//相对运动
    Axis:= Axis ,
    Execute:= MoveRelativeExecute ,
    Distance:= SetRelativePosition ,
    Velocity:= Tar_RelVelo ,
    Acceleration:=,
    Deceleration:=,
    Jerk:=,
    BufferMode:=,
    Options:=,
    Done=>,
    Busy=>,
    Active=>,
    CommandAborted=>,
``
	程序逻辑区

```
        Error=>,
        ErrorID=>);

IF MoveRelative.Done THEN
        MoveRelativeExecute:=FALSE;
END_IF

SetPosition(
        Axis:=Axis ,
        Execute:=SetPositionExecute,
        Position:= 0 ,
        Mode:= 0 ,
        Options:=,
        Done=>,
        Busy=>,
        Error=>,
        ErrorID=>);

IF SetPosition.Done THEN
        SetPositionExecute:= FALSE;
END_IF

MoveBack(
        Axis:= Axis ,
        Execute:= FindZeroExecute ,
        Distance:= -300 ,
        Velocity:= 50 ,
        Acceleration:=,
        Deceleration:=,
        Jerk:=,
        BufferMode:=,
        Options:=,
        Done=>,
        Busy=>,
        Active=>,
        CommandAborted=>,
        Error=>,
        ErrorID=>);

MoveAbsolute(
        Axis:=Axis ,
        Execute:=MoveAbsoluteExecute,
        Position:=SetAbsolutePosition ,
        Velocity:=Tar_AbsVelo ,
        Acceleration:=,
```

程序逻辑区

续表

	程序逻辑区
| ```
    Deceleration:=,
    Jerk:=,
    BufferMode:=,
    Options:=,
    Done=>,
    Busy=>,
    Active=>,
    CommandAborted=>,
    Error=>,
    ErrorID=>);

IF MoveAbsolute.Done OR  Stop.Done THEN   //执行完成后释放
    MoveAbsoluteExecute:= FALSE;
END_IF
``` | |

8）工进-快进-快退功能的实现

在图 3-47 所示 HMI 界面的基础上增加控件，如图 3-48 所示，新增位置控制界面控件及其链接的变量见表 3-21，添加如表 3-22 所示的变量声明和程序，用来设置快进、工进、快退的速度。

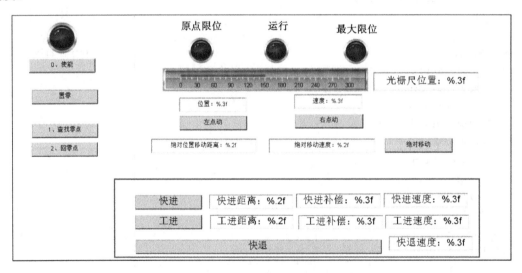

图 3-48　一维工作台位置控制的 HMI 界面

表 3-21　位置控制界面控件及其链接的变量

控　件		链接的变量/执行 ST 代码
Button	快进	main. state ：＝301；
	工进	main. state：＝302；
	快退	main. SetAbsolutePosition：＝0； main. Tar_AbsVelo：＝main. BackVelo； main. MoveBack：＝true；
```

续表

控　件		链接的变量/执行 ST 代码
Textfield	快进距离	MAIN. FastStep
	快进速度	MAIN. FastVelo
	工进距离	MAIN. WorkStep
	工进速度	MAIN. WorkVelo
	快退速度	MAIN. BackVelo

表 3-22　一维工作台位置控制新增变量声明与程序

``
VAR
state :INT;
    FastStep: LREAL:= 50;
    FastVelo: LREAL:= 100;
    WorkStep:LREAL:= 50;
    WorkVelo:LREAL:= 50;
    BackStep:LREAL;
    BackVelo:LREAL:= 100;
END_VAR
``
	变量声明区

``
//在上面 state 里面添加一个 301,302 进去
301:
    SetAbsolutePosition:= FastStep;   //快进
    Tar_AbsVelo:= FastVelo;
    MoveAbsoluteExecute:= NOT MoveAbsoluteExecute;
    state:= 0;
302:
    SetAbsolutePosition:= FastStep+ workstep;//工进·
    Tar_AbsVelo:= WorkVelo;
    MoveAbsoluteExecute:= NOT MoveAbsoluteExecute;
    state:= 0;
``
	程序逻辑区

9）下载并运行程序

点击 HMI 界面上的相关控件,观察工作台的移动,检查功能是否正常。

3.6.3　工作台力矩控制实验

1. 实验目的

（1）了解伺服控制器的力矩模式。

（2）掌握配置与使用力矩模式的基本方法。

2. 实验内容

设置驱动器为力矩模式,编写一维工作台的控制程序,实现一个基本的力矩阶跃信号,观察力矩和位置的变化,对力矩模式有一个基本的认知。

3. 实验设备(见表 3-23)

表 3-23　实验设备

设　　备	数　　量
一维工作台	1 台
PC 设备	1 台
嵌入式控制器 CX5140	1 台
TwinCAT 软件	1 套

4. 实验步骤

参考第 1 章的相关章节完成项目的创建与设备的扫描。

1) 力矩模式设置方法

首先需要在 PLC 中声明对应的变量,对于输出型的变量需要加上"AT %Q *"声明,对于输入型的变量需要加上"AT %I *"声明,如表 3-24 所示。

表 3-24　变量声明

Target_Torque_IO AT %Q* :INT; ACT_Torque_IO AT % I* :INT;	变量声明区

力矩模式下,需要设置设备的 Process Data。在 I/O 选项卡下,找到对应的设备,单击选中,从右侧的界面中找到"Process Data"选项,如图 3-49 所示。

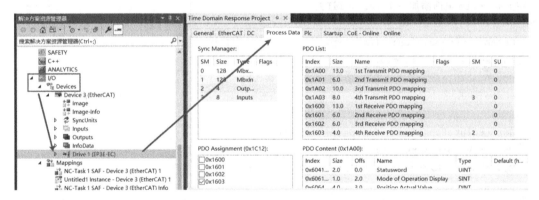

图 3-49　"Process Data"属性

在"Sync Manager:"选项卡中点击"Output"选项,勾选 0x1603,如图 3-50 所示,此时在资源管理器中将会出现"4th Receive PDO mapping"选项;同理点击"Inputs"选项,勾选 0x1A03,此时在资源管理器中将会出现"4th Transmit PDO Mapping"。

展开"4th Receive PDO Mapping"选项,将 NC 变量中的"TargetTorque"与 PLC 中的"Target_Torque_IO"相连接,如图 3-51 所示。同理展开"4th Transmit PDO Mapping",将 NC 中的"Torque Actual Value"变量与 PLC 中的"ACT_Torque_IO"相连接。

2) 力矩阶跃信号

添加如表 3-25 所示的变量声明和程序,创建几个基本的轴控制功能块,包括轴使能、读取轴位置、读取轴速度,并声明用于绑定期望力矩和实例力矩的变量。

参考"3.5.3　HMI 设计",在 PLC 中添加一个 Visualization。在 Visualization 中添加两

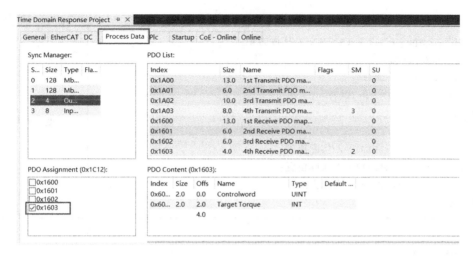

图 3-50　可连接变量图

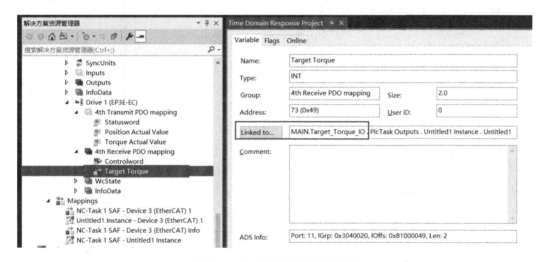

图 3-51　力矩模式下的变量绑定

个按钮：第一个按钮名称为"启动阶跃"，在右侧的属性栏的"输入配置"下的"OnMouseClick"中，点击"配置…"，添加"执行 ST 代码"，内容为"MAIN. Controlword ：＝10；"；第二个按钮名称为"返回边缘"，按上述操作，添加"执行 ST 代码"，内容为"MAIN. Controlword ：＝20；"。

表 3-25　一维工作台力矩控制变量声明与程序

PROGRAM MAIN
VAR
　　Axis:Axis_ref;
　　mc_power:MC_Power;
　　status :BOOL;
　　Axis_Enable:BOOL; //使能
　　mc_ReadActualVelocity:MC_ReadActualVelocity; //读速度
　　mc_ReadActualPosition: MC_ReadActualPosition; //读位置
　　Target_Torque_IO AT % Q*:INT; //目标力矩
　　Target_Torque :LREAL;
	变量声明区

| ```
    ACT_Torque_IO AT % I*:INT; //实际力矩
    t: LREAL :=0;
    Controlword: INT;
    StepHeight :INT :=100;
END_VAR
VAR
    ACT_Velocity:LREAL; //实际速度
    ACT_Position:LREAL; //实际位置
    Act_Torque:LREAL; //实际力矩
END_VAR
``` | 变量声明区 |
| ```
mc_power(
    Axis:=Axis,
    Enable:=Axis_Enable ,
    Enable_Positive:=Axis_Enable ,
    Enable_Negative:=Axis_Enable,
    Override:=100.0 ,
    BufferMode:=,
    Options:=,
    Status=>status,
    Busy=>,
    Active=>,
    Error=>,
    ErrorID=>);
mc_ReadActualPosition(
    Axis:=Axis ,
    Enable:=TRUE,
    Valid=>,
    Busy=>,
    Error=>,
    ErrorID=>,
    Position=>ACT_Position );

mc_ReadActualVelocity(
    Axis:=Axis,
    Enable:=Axis_Enable,
    Valid=>,
    Busy=>,
    Error=>,
    ErrorID=>,
    ActualVelocity=>ACT_Velocity);

Act_Torque:= INT_TO_LREAL(ACT_Torque_IO);
Target_Torque:= INT_TO_LREAL(Target_Torque_IO);
``` | 程序逻辑区 |

| ```
CASE Controlword OF
    0://defaulet
    Target_Torque_IO:=0;
    Axis_Enable:=FALSE;


    10:
    Axis_Enable:=TRUE;
    t:=0;
    IF mc_power.Status THEN
        Controlword:=101;
    END_IF
    101:
    t:=t+0.01;
    IF t>0.1 THEN
        Target_Torque_IO :=StepHeight;
        IF Target_Torque_IO>150 THEN
            Target_Torque_IO:=150;
        END_IF
        Controlword :=102;
    END_IF
    102:
    t:=t+0.01;

    IF t>5 THEN
        Controlword:=103;
    END_IF

    103:
    Axis_Enable:=FALSE;
    Controlword:=0;

    20://back to negative limit
    Axis_Enable:=TRUE;
    t:=0;
    IF mc_power.Status THEN
        Controlword:=201;
    END_IF
    201:
    t:=t+0.01;
    Target_Torque_IO:=-150;
    IF t> 10 THEN
        Controlword:=202;
    END_IF
    202:
    Axis_Enable:=FALSE;
    Controlword:=203;
``` | 程序逻辑区 |
```

续表

203: Controlword:=0; END_CASE	程序逻辑区

按上述操作编写程序并添加 HMI 完毕后，激活配置，并登录运行 PLC 程序，参考第 1 章 1.5 节，添加"Measure"项目，监控"ACT_Position"与"Target_Torque"，转到 Visualization 页面，点击"启动阶跃"按钮，观察变量变化曲线，如图 3-52 所示。

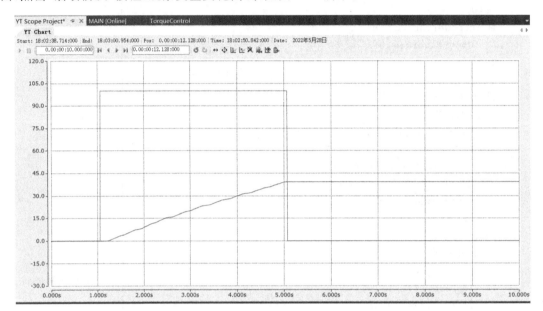

图 3-52　力矩阶跃信号与位置变化曲线

如果试验台处于最右边，可以点击"返回边缘"按钮，待试验台移动到中间后，再点击"启动阶跃"按钮。退出 PLC 登录，将上述程序的"StepHeight:= 100;"修改为"StepHeight := 120;"（注意不能超过 150），重新登录 PLC，再观察变量变化曲线，比较两个位移的大小。

3.6.4　时间响应与 PID 控制实验

1. 实验目的

（1）观察二阶系统在单位阶跃信号作用下的输出响应曲线。

（2）了解线性定常系统时域性能分析的基本内容，以及在单位阶跃信号输入下性能参数指标的规定及计算方法。

（3）掌握时域辨识二阶系统传递函数的方法。

（4）掌握 PID 控制器的基本原理及应用，了解各参数对系统输出的影响。

2. 实验内容

TwinCAT 为底层控制平台，操作 MATLAB 界面，完成一维工作台的时间响应控制操作，并从时域辨识一维工作台系统，操控完成一维工作台 PID 控制，并进行参数优化，获取最佳 PID 控制参数。

3. 实验设备

实验设备如表 3-23 所示。

4. 实验步骤

打开放置一维工作台的实验桌上的设备电源,指示灯亮,按下绿色启动按钮接通驱动器电源(见图 3-34),驱动器显示 EtherCAT 网络状态 Init。

1）启动 TwinCAT 平台

打开文件夹 C:\iCAT\一维工作台\Time Domain Response Project,双击"Time Domain Response Project. sln"选项打开工程项目。

2）激活配置并运行

按照第 1 章中的 1.4.5 节激活配置并运行。

3）打开 MATLAB 界面

启动 MATLAB,选择路径,切换到 C:\iCAT\一维工作台\HMI,右键点击"OneAxis_HMI_CX5140.mlapp",然后点击"运行"按钮,实验界面如图 3-53 所示。

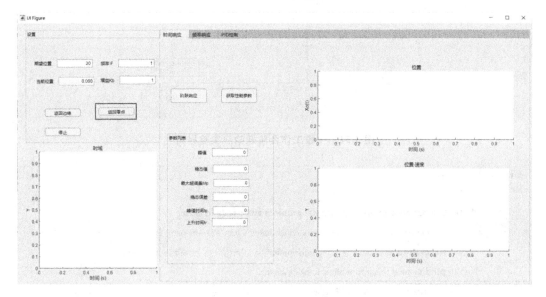

图 3-53　操作界面

4）时间响应

(1) 选择"时间响应"实验界面,点击"返回零点"按钮,观察一维工作台运动到中间位置。

(2) 点击"阶跃响应"按钮,观察一维工作台运动。

(3) 点击"获取性能参数"按钮,获取性能参数,并记录下来,如图 3-54 所示。

(4) 如果过程中出现了图 3-55 所示的错误,点击"Attempt to Continent"按钮即可。

(5) 修改 K_b 的值,重复步骤(1)～(3)的操作,记录如表 3-26 所示。

(6) 执行 time_kb. m 绘制 K_b 取不同值时的输出信号,如图 3-56 所示。K_b 分别等于 1、2、3、4 时,绘制一维工作台的时间响应图。

(7) 将系统视为欠阻尼二阶系统,根据最大超调量和峰值时间计算系统的无阻尼固有频率 ω_n 和阻尼比 ξ,并写出系统的传递函数。

5）PID 参数调节

将界面切换到"PID 控制"实验界面,注意调节 PID 参数时,增益 $K_b = 1$;

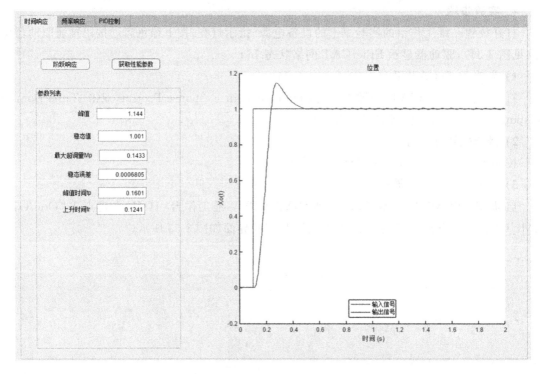

图 3-54　一维工作台阶跃响应实验界面

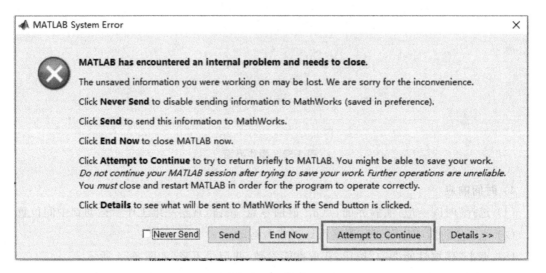

图 3-55　错误报告

表 3-26　记录表格

增益 K_b	最大超调量 M_p	峰值时间 t_p	上升时间 t_r
1			
2			
3			
4			

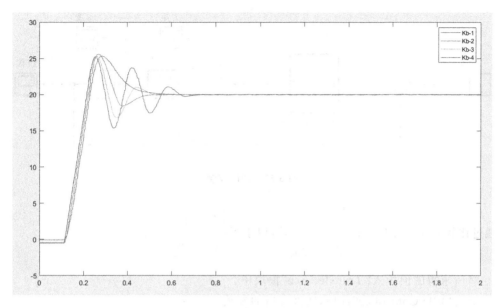

图 3-56　K_b 不同取值时一维工作台的时间响应图

（1）阶跃信号时间响应。

在信号类型上选择阶跃信号，修改 K_p、K_i、K_d 参数。每次实验之前都需要返回零点。在修改参数时，只需要改动一个参数，不改动另外两个参数，这样能够体现出每个参数对系统的作用。即在保持 K_i、K_d 值不变的前提下，变化 3 次 K_p 值，获取不同 K_p 值时的系统时间响应图，比较并说明 K_p 的作用。同理说明 K_i、K_d 的作用。

① 信号类型选择"阶跃信号"。

② 点击"返回零点"按钮。

③ 修改 PID 参数。

④ 点击"PID Step"按钮。

⑤ 修改参数，重复步骤（2）～（4）的操作。

K_p＝1,5,10，K_i＝0，K_d＝0；手绘实验结果（输入/输出曲线）。

K_p＝5，K_d＝0，K_i＝1,5,10；手绘实验结果（输入/输出曲线）。

K_p＝5，K_i＝0，K_d＝1,5,10；手绘实验结果（输入/输出曲线）。

（2）PID 参数优化。

① 打开 C:\iCAT\一维工作台\HMI 目录下的"PidTune. slx"文件，如图 3-57 所示，从辨识计算得到的传递函数中获取参数 K_m 和 T_m，填入"Transfer Fcn"模块中，其中 K_m 和 T_m 可以通过式（3.17）得到。

$$G_B(s) = \frac{\omega_n^2}{s^2 + 2\xi\omega_n s + \omega_n^2}$$

即

$$G_B(s) = \frac{\dfrac{K_m}{T_m}}{s^2 + \dfrac{1}{T_m}s + \dfrac{K_m}{T_m}} \tag{3.17}$$

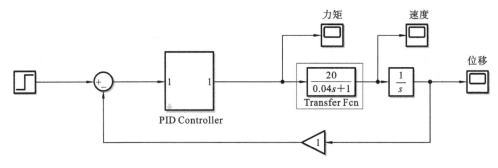

图 3-57　PID 控制

通过比较对应参数项，有
$$
\begin{cases}
\dfrac{K_\mathrm{m}}{T_\mathrm{m}} = \omega_\mathrm{n}^2 \\[2mm]
\dfrac{1}{T_\mathrm{m}} = 2\xi\omega_\mathrm{n}
\end{cases}
$$
，可以求得
$$
\begin{cases}
T_\mathrm{m} = \dfrac{1}{2\xi\omega_\mathrm{n}} \\[2mm]
K_\mathrm{m} = \dfrac{\omega_\mathrm{n}}{2\xi}
\end{cases}
$$
。

② 将所求得的值填入"Transfer Fcn"模块中。

③ 双击"PID Controller"选项，选择合适的参数。

④ 点击"Run"按钮。

⑤ 双击"位移 Scope"，查看位移。

⑥ 选择合适的 PID 参数，使得位移曲线平滑上升，没有超调。将此时的 PID 参数填入之前的实验界面中，点击"PID Step"按钮，绘制曲线。如果得不到仿真的曲线，则参照本章 3.3.4 小节的内容按规则调整。

⑦ 调整完毕后，记录此时的 PID 参数，绘制此时的输入/输出曲线。

$K_\mathrm{p} = $ _____，$K_\mathrm{i} = $ _____，$K_\mathrm{d} = $ _____；手绘实验结果（输入/输出曲线）。

3.6.5　频率响应与系统辨识实验

1．实验目的

（1）观察二阶系统在不同频率谐波输入下的运动状态。

（2）掌握二阶系统频率特性的图示方法。

（3）掌握二阶系统频率特性测试的基本原理。

（4）理解 Bode 图渐近线的意义。

2．实验内容

TwinCAT 为底层控制平台，操作 MATLAB 界面，完成一维工作台的频率响应控制操作，记录不同频率下的系统输出，从频域辨识一维工作台系统，并与时域辨识参数进行比较。

3．实验设备

实验设备如表 3-23 所示。

4．实验步骤

1）启动平台

按照前面实验提到的相关步骤启动 TwinCAT 和 MATLAB 平台。若已启动，则可跳过此步骤。

2）频率响应

（1）点击"返回零点"按钮。

（2）切换到"频率响应"tab 实验界面。

① 修改增益框 K_b 系数为 1。

② 修改频率 $F = 0.1, 0.5, 0.7, 1, 1.2, 1.5, 2, 3, 5, 10$。

③ 点击频率响应。

④ 待频率响应结束后，点击输出变量到工作区。

3）绘制 Bode 图和 Nyquist 图

完成第 2）步后，依次点击"Bode""0 dB 线""−40 dB 线""−90°线"和"Nyquist"按钮，如图 3-58 所示。

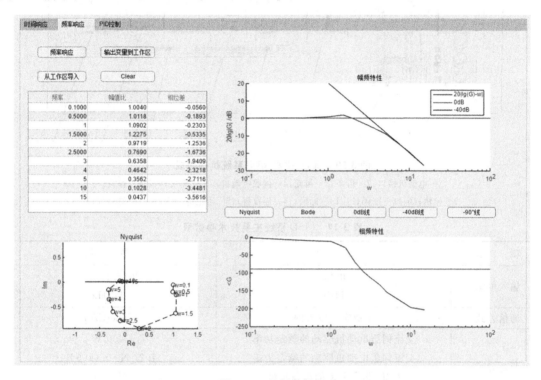

图 3-58　绘制结果图

实验结果 1：实验数据按照"信号频率""幅值比""相位差"三栏填表。

实验结果 2：逐点手绘 Bode 图及渐近线。

实验结果 3：逐点手绘 Nyquist 图。

5．思考题

(1) 根据已绘制的频率特性 Bode 图，再多测几组数据，求取 ω_r、ω_n，同时带入公式求解工作台的近似传递函数。

(2) 试与时域响应实验中得到的传递函数作比较。

3.7　弹簧-质量-阻尼控制系统实验

3.7.1　弹簧-质量-阻尼系统简介

弹簧-质量-阻尼（MSD）系统由交流伺服电动机、齿轮齿条驱动机构、直线滑轨导向机构、连杆机构、弹簧、质量块、数字式光栅尺、空气阻尼器、底座等组成，如图 3-59 所示。实验用到的 MSD 系统参数如表 3-27 所示。

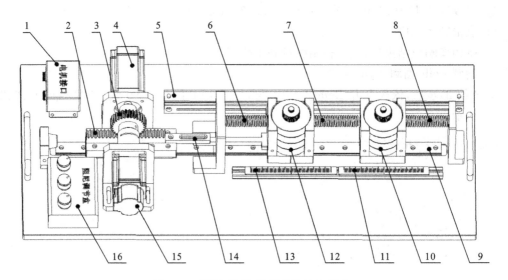

图 3-59　弹簧-质量-阻尼系统机构组成

1—电动机接口；2—齿条；3—齿轮；4—伺服电动机；5—光栅尺；6、7、8—弹簧；
9—导轨；10、12—砝码；11、13—标尺；14—连接杆；15—阻尼电动机；16—阻尼调节盒

表 3-27　MSD 系统主要技术参数表

项　目	属　性	参　数
输入电源	电压	220(±10%) V
	频率	50 Hz
通信方式	工业实时以太网	EtherCAT
驱动方式	交流伺服电动机驱动的额定功率	400 W
	交流伺服电动机驱动的额定力矩	1.27 N·m(100%)
	齿轮/齿条驱动的齿条长度	120 mm
	齿轮/齿条驱动的齿距/模数	1 mm
导向机构	微型滚珠线性滑轨长度	750 mm
位置反馈	光栅尺的工作电压	5 V
	分辨率	5 μm
弹簧	精度	±10 μm
	自由长度	80 mm
	容许载荷长度	32 mm
	容许位移量	48 mm
	弹簧线圈外径	20 mm
	弹性系数	500 N/m、980 N/m、2900 N/m
	材料	SUS304
质量块	质量	500 g/块
	每套设备配质量块数量	8 块
外形尺寸	长×宽×高	1100 mm×400 mm×260 mm
本体总质量	含 8 个质量块	24 kg

　　实验中使用单自由度弹簧-质量-阻尼系统,其抽象物理
模型如图 3-60 所示,即一个质量为 m 的滑块、一个刚度系数
为 k 的弹簧和一个阻尼系数为 c 的阻尼器。在质量块上作
用有随着时间变化的外力。在本实验中,这个外力是电动机
提供的力矩,通过齿轮和齿条作用将力矩转化为力作用在质
量块上。质量块、弹簧和阻尼器分别反映了系统的惯性、弹
性和耗能极值。任何具有惯性和弹性的系统,由于能量交互
可能产生机械振动。质量块是机械振动发生的主体,是机械
运动的对象,动力学方程主要针对质量块建立。

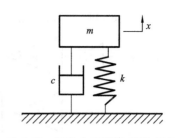

图 3-60　单自由度弹簧-质量-阻尼
系统物理模型

　　建立系统动力学的步骤如下。

　　(1)建立坐标系:通常可以将惯性坐标系原点选择为相对地面静止的点,画出惯性坐标系
的三个方向。

　　(2)画出受力图:以质量块为对象,外力方向与坐标系的方向一致,弹性力和阻尼力的方
向与坐标系的方向相反。

　　(3)根据牛顿第二定律列出方程:

$$m\ddot{x} + c\dot{x} + kx = f \tag{3.18}$$

$$G(s) = \frac{1}{ms^2 + cs + k}$$

变化为二阶系统标准形式得

$$G(s) = \frac{\dfrac{1}{m}}{s^2 + \dfrac{c}{m}s + \dfrac{k}{m}} = \frac{1}{k}\frac{\dfrac{k}{m}}{s^2 + \dfrac{c}{m}s + \dfrac{k}{m}}$$

$$G(s) = \frac{\omega_n^2}{s^2 + 2\xi\omega_n s + \omega_n^2} \tag{3.19}$$

式中:ω_n 为固有频率,即自然振荡频率,当弹簧受到外力拉伸,质量块偏离平衡位置且外力消
失时,质量块运动为等幅振荡;ξ 为阻尼比。

　　因此,固有频率和阻尼比与质量、刚度系数、阻尼系数有如下关系:

$$\omega_n = \sqrt{\frac{k}{m}} \tag{3.20}$$

$$\xi = \frac{c}{2m\omega_n} \quad \text{或} \quad \xi = \frac{c}{2\sqrt{mk}} \tag{3.21}$$

　　弹簧-质量-阻尼子系统的控制框图如图 3-61 所示。

　　传递函数中 k 为弹簧刚度系数,m 为质量,c 为阻尼系数。

　　当 $f(t)$ 处于以下三种状况时,动力学方程的求解过程如下。

1. 无阻尼自由振动

　　无阻尼时,阻尼系数 $c=0$;无外力时,$f(t)=0$,此时系统为自由振动。因此无阻尼自由振
动的动力学方程为

$$m\ddot{x} + kx = f \tag{3.22}$$

　　其解为

$$x = x(0) \cdot \cos(\omega_n t) + \frac{\dot{x}(0)}{\omega}\sin(\omega_n t) \tag{3.23}$$

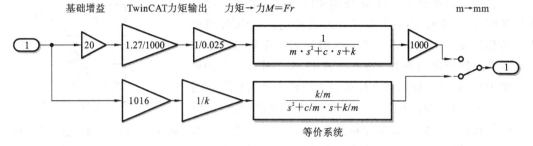

图 3-61　弹簧-质量-阻尼子系统的框图

式中：$x(0)$ 表示质量块 0 时刻的位移；$\dot{x}(0)$ 表示质量块零时刻的速度。

2. 阻尼自由振动

无外力作用下（自由振动），非零初始状态会引起的质量块运动为阻尼自由振动。此时对应的动力学方程为

$$m\ddot{x} + c\dot{x} + kx = f \tag{3.24}$$

非零初始状态包括初始位移和初始速度。欠阻尼（$\xi < 1$）情况下，初始位置引起的响应为

$$x(t) = \mathrm{e}^{-\xi\omega_n t} \frac{x(0)}{\sqrt{1-\xi^2}} \cos\left(\omega_n \sqrt{1-\xi^2}\, t - \arctan\frac{\xi}{\sqrt{1-\xi^2}}\right) \tag{3.25}$$

同样，欠阻尼（$\xi < 1$）情况下，初始速度引起的响应为

$$x(t) = \mathrm{e}^{-\xi\omega_n t} \frac{\dot{x}(0)}{\omega_n \sqrt{1-\xi^2}} \sin(\omega_n \sqrt{1-\xi^2}\, t) \tag{3.26}$$

由于是线性系统，满足叠加定律，在欠阻尼情况下，非零初始状态的响应为

$$x(t) = \mathrm{e}^{-\xi\omega_n t}\left[\frac{x(0)}{\sqrt{1-\xi^2}} \cos\left(\omega_n \sqrt{1-\xi^2}\, t - \arctan\frac{\xi}{\sqrt{1-\xi^2}}\right) + \frac{\dot{x}(0)}{\omega_n \sqrt{1-\zeta^2}} \sin(\omega_n \sqrt{1-\xi^2}\, t) \right] \tag{3.27}$$

符合这种规律的运动为简谐运动。

3. 阻尼受迫振动

欠阻尼情况下，任意输入 $f(t)$ 的响应为

$$x(t) = \int_{\tau=0}^{+\infty} \frac{f(\tau)}{m\omega_n \sqrt{1-\xi^2}} \mathrm{e}^{-\xi\omega_n(t-\tau)} \sin(\omega_n \sqrt{1-\xi^2}\,(t-\tau)) \mathrm{d}\tau \tag{3.28}$$

当输入力为简谐时，输入 $f(t) = f_0 \times \cos(\omega_0 t)$，质量块响应为

$$x(t) = \frac{f_0}{m \sqrt{(\omega_n^2 - \omega_0^2)^2 + (2\xi\omega_n)^2 \omega_0}} \cdot \cos\left(\omega_0 t - \arctan\frac{2\xi\omega_n\omega_0}{\omega_n^2 - \omega_0^2}\right) \tag{3.29}$$

输入 $f(t) = f_0 \times \cos(\omega_0 t)$ 的情况下，输出振幅和输入振幅的比值为

$$A = \frac{1}{m \sqrt{(\omega_n^2 - \omega_0^2)^2 + (2\xi\omega_n)^2 \omega_0^2}} \tag{3.30}$$

欠阻尼情况下，同样按照线性叠加原理，输入 $f(t) = f_0 \times \cos(\omega_0 t)$ 和非零初始状态的响应为

$$x(t) = \frac{f_0}{m \sqrt{(\omega_n^2 - \omega_0^2)^2 + (2\xi\omega_n)^2 \omega_0}} \cdot \cos\left(\omega_0 t - \arctan\frac{2\xi\omega_n\omega_0}{\omega_n^2 - \omega_0^2}\right)$$

$$+ \left[x(0) + \frac{2\xi\omega_n^3 + \omega_0 f_0}{k[(\omega_n^2 - \omega_0^2)^2 + (2\xi\omega_n)^2 \omega_0^2]} \right] \mathrm{e}^{-\xi\omega_n t} \cos(\omega_n \sqrt{1-\xi^2}\, t)$$

$$+\left[\frac{\dot{x}(0)+\xi\omega_n x(0)}{\omega_n\ \sqrt{1-\xi^2}}-\frac{\omega_n^2\omega_0 f_0\left[(\omega_n^2-\omega_0^2)^2-(2\xi\omega_n)^2\omega_0^2\right]}{k\omega_n\ \sqrt{1-\xi^2}\left[(\omega_n^2-\omega_0^2)^2+(2\xi\omega_n)^2\omega_0^2\right]}\right]e^{-\xi\omega_n t}\sin(\omega_n\ \sqrt{1-\xi^2}t)$$

$$(3.31)$$

4. 抗扰动设计

将单自由度弹簧-质量-阻尼系统结构中的弹簧和阻尼断开,仅仅保留滑块质量 m。位移输出受到外扰动 d 干扰,外干扰可以通过倾斜试验台实现。扰动情况下闭环控制系统原理框图如图 3-62 所示。

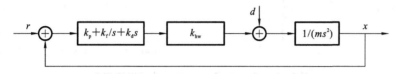

图 3-62　扰动情况下闭环控制系统原理框图

质量块上作用力与质量块加速度之间的关系为

$$m\ddot{x}=f+d \tag{3.32}$$

电控箱可以看做比例增益 k_{hw}:

$$f=k_{hw}u \tag{3.33}$$

其中,u 是控制器输出。

而 PID 控制为

$$k_p e+k_i\int edt+k_d\dot{e}=u \tag{3.34}$$

其中,e 是比较器输出,即参考输入与实际输出的偏差值,其表达式为

$$e=r-x \tag{3.35}$$

根据式(3.32)至式(3.35),可以得到闭环结构微分方程为

$$m\ddot{x}+k_{hw}k_d\ddot{x}+k_{hw}k_p\dot{x}+k_{hw}k_i x=k_{hw}k_d\ddot{r}+k_{hw}k_p\dot{r}+k_{hw}k_i r+d \tag{3.36}$$

对应的传递函数为

$$x(s)=\frac{k_{hw}k_d s^2+k_{hw}k_p s+k_{hw}k_i}{ms^2+k_{hw}k_d s^2+k_{hw}k_p s+k_{hw}k_i}r(s)$$

$$+\frac{s}{ms^2+k_{hw}k_d s^2+k_{hw}k_p s+k_{hw}k_i}d(s) \tag{3.37}$$

倾斜试验台引起的外扰动是由质量块的重力分量引起的,当质量块向一个方向运动时可以认为引起的外扰动是不变的。扰动抑制要求:随着时间增长,扰动项系数为零。

$$\lim_{s\to 0}\frac{s}{ms^3+k_{hw}k_p s+k_{hw}k_i}=0 \tag{3.38}$$

即只要积分因子 k_i 不为零,就可以实现扰动抑制。

3.7.2　控制模式与参数设置

1. 力矩模式设置

力矩模式下,需要设置设备的 Process Data。在 I/O 选项卡下,找到对应的设备,单击选中,从右侧的界面中找到"Process Data",如图 3-63 所示。在"Sync Manager:"中点击 Output,勾选 0x1603,此时在资源管理器中将会出现"4th Receive PDO mapping",展开选项,会出现可以连接的变量,如图 3-64 所示。

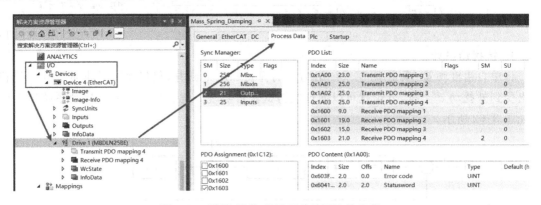

图 3-63　弹簧-质量-阻尼系统的可连接变量

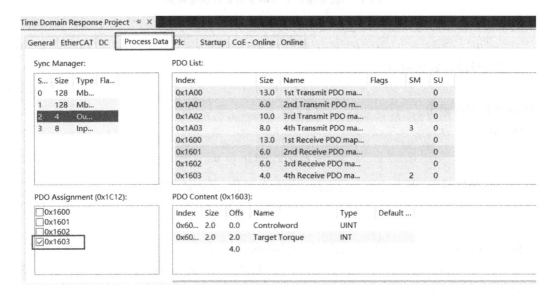

图 3-64　弹簧-质量-阻尼系统 Process Data 设置

将 PLC 中的变量与 NC 中的变量相连接,如图 3-65 所示。需要连接的变量有 Target torque、mode、max torque 和 max motor speed。

2. 编码器参数设置

对于不同的设备,其使用的电动机不同和传动结构不同,需要设置不同的编码器参数。在解决方案资源管理器下将 Axis 1 菜单展开,如图 3-66 所示,双击"Enc",得到如图 3-67 所示的编码器配置界面图,重点需要修改两个地方,如图 3-68 所示。

(1) Scaling Factor Numerator:电动机轴旋转一圈对应轴移动的距离。根据齿轮传动参数,齿轮齿条驱动机构中的齿轮模数为 1,一共 50 个齿,即 $m=1, z=50$,齿轮的直径是

$$d = mz = 50 \text{ mm}$$

即电动机旋转 1 圈,轴移动 πd,因此此处轴移动的距离为 $L = 50\pi = 157.08$ mm。

(2) Scaling Factor Denominator:电动机旋转一圈对应的编码器脉冲数。由于电动机配备的是 23 位绝对值编码器,因此一圈对应的脉冲数为 $2^{23} = 8388608$。

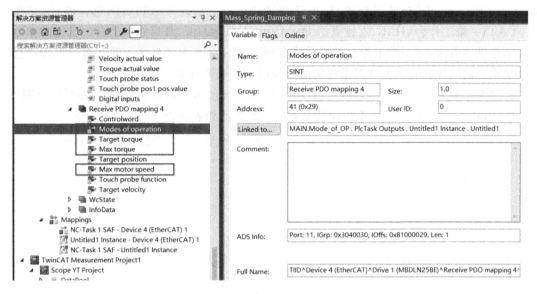

图 3-65　弹簧-质量-阻尼系统连接变量

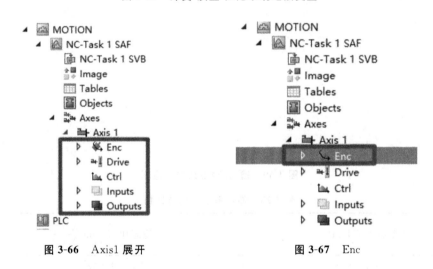

图 3-66　Axis1 展开　　　　　　　　　　　　　图 3-67　Enc

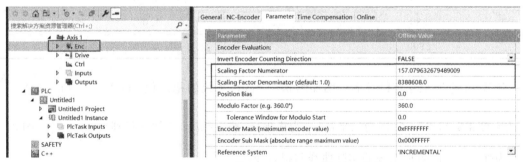

图 3-68　弹簧-质量-阻尼系统编码器配置界面

3.7.3　时间响应与增益系数估计实验

打开文件夹 C:\iCAT\弹簧质量阻尼系统\test3-5 弹簧质量阻尼\，双击 Time Domain

Response Project. sln 打开工程项目,激活登录并运行。启动 MATLAB,选择路径,切换到 C:\iCAT\一维工作台\HMI,右键点击 OneAxis_HMI. mlapp,然后点击运行。实验的基本操作界面与操作方法与"一维工作台控制系统实例"一致,在此不多赘述。其实验原理为通过计算变换系统的组件的相关参数对系统的阶跃响应差异来进行系统分析。

以弹性系数 $k=500$ N/m 为例,实验结果如图 3-69 所示。调换弹簧,其弹性系数分别为 $k=980$ N/m,$k=2900$N/m,其不同弹性系数的稳态比值如表 3-28 所示。

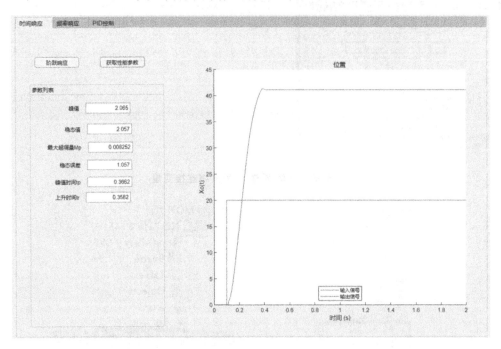

图 3-69   输入/输出结果示意图

表 3-28   弹性系数与稳态比值

弹性系数 k/(N/m)	稳态比值 $\lim\limits_{t \to +\infty} \dfrac{X_o(t)}{X_i(t)}$
500	2.057
980	1.091
2900	0.3693

弹簧-质量-阻尼系统的控制框图如图 3-70 所示,系统的稳态值 $\lim\limits_{t \to +\infty} X(t) = \lim\limits_{s \to 0} G(s) = \dfrac{K_b}{k}$ (k 为刚度系数),以 $\lim\limits_{s \to 0} G(s)$ 为纵坐标,$\dfrac{1}{k}$ 为横坐标,按 $y=ax+b$ 拟合得到 $\begin{cases} a=1017 \\ b=0.031 \end{cases}$。图 3-71 所示为弹簧-质量-阻尼系统的实际曲线与拟合曲线。

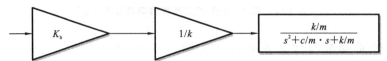

图 3-70   弹簧-质量-阻尼系统控制框图

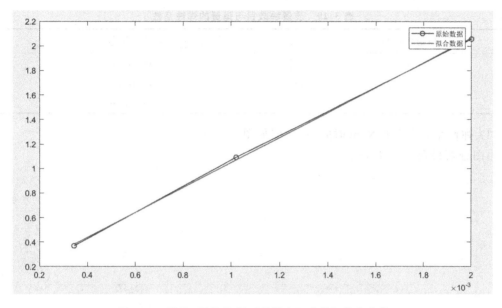

图 3-71　弹簧-质量-阻尼系统的实际曲线与拟合曲线

弹簧-质量-阻尼系统的 K_b 可经过理论计算得到,其增益过程图如图 3-72 所示。当给定输入参数时,经过一个基础增益($K_1=20$)后,输出为最大力矩的千分比,因为所使用的电动机的最大力矩为 $1.27\ N·m$,所以力转化为力矩时的增益系数为 $K_2=\dfrac{1.27}{1000}$;由于 $T=Fr$,r 为齿轮半径($r=25\ mm$),因此力矩转化为力的增益系数 $K_3=\dfrac{1}{0.025}$;系统的输出单位为 m,将其转化为 mm,则 $K_4=1000$,于是

$$K_b=K_1K_2K_3K_4=20\times\frac{1.27}{1000}\times\frac{1}{0.025}\times1000=1016$$

可见,所求 K_b 与实际测得的增益系数非常接近。

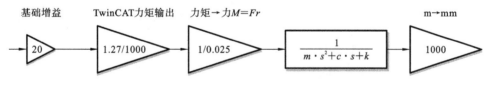

图 3-72　弹簧-质量-阻尼系统增益过程图

读者可以变换阻尼以及变换质量块的数量来分析系统模型。

3.7.4　频率响应与系统辨识实验

从系统模型的分析中,可以得到下列计算公式:

$$\omega_n=\sqrt{\frac{k}{m}} \tag{3.39}$$

式中:m 为质量;k 为弹簧的刚性系数。

1. 变换弹性系数

本实验的目的在于分析比较修改变换弹性系数下系统的频率响应差异,从而得到系统的数学模型。实验条件如表 3-29 所示。

表 3-29   质量块数目与弹簧的弹性系数

质量块数目	弹 性 系 数
4	500 N/m
4	980 N/m
4	2900 N/m

（1）弹性系数为 500 N/m 时的 Bode 图如图 3-73 所示。

由图分析得到：$\omega_n = 1.78$。

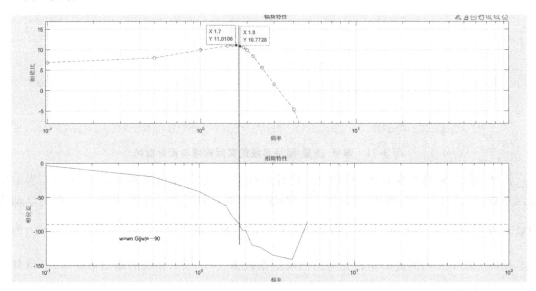

图 3-73   弹性系数为 500 N/m 时的 Bode 图

（2）弹性系数为 980 N/m 时的 Bode 图如图 3-74 所示。

由图分析得到：$\omega_n = 2.6$。

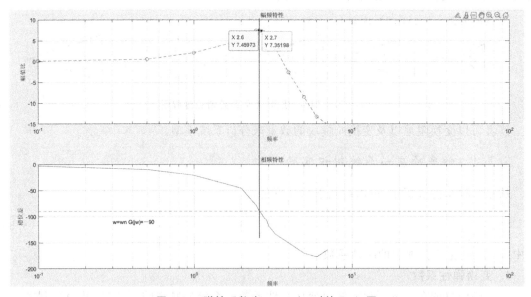

图 3-74   弹性系数为 980 N/m 时的 Bode 图

（3）弹性系数为 2900 N/m 时的 Bode 图如图 3-75 所示。

由图分析得到：$\omega_n = 4.48$。

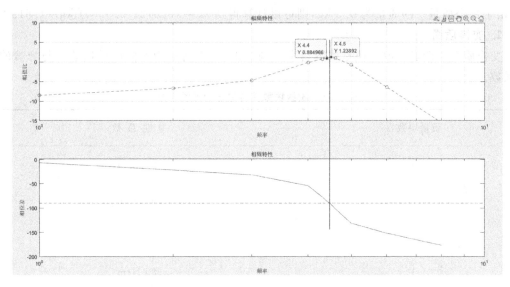

图 3-75　弹性系数为 2900 N/m 时的 Bode 图

将上述实验结果汇总于表 3-30 中。

表 3-30　结果汇总

质量块数目	弹簧弹性系数/(N/m)	ω_n/Hz
4	500	1.78
4	980	2.6
4	2900	4.48

由 $\omega_n = \sqrt{\dfrac{k}{m}}$，有 $\omega_n^2 = \dfrac{1}{m}k$，以 ω_n^2 为纵坐标，k 为横坐标，可以画出如图 3-76 所示的原始数

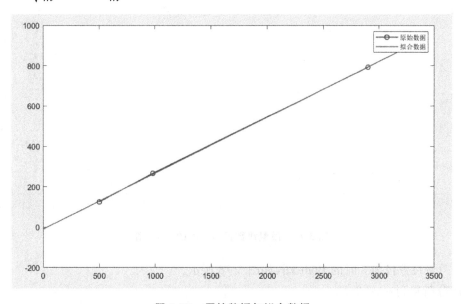

图 3-76　原始数据与拟合数据

据和实际拟合数据图。按 $y = ax + b$ 拟合得到 $\begin{cases} a = 0.2768 \\ b = -9.339 \end{cases}$，则 $m = \dfrac{1}{a} = \dfrac{1}{0.2768}$ kg $= 3.61272$

kg，由于每个质量块的质量为 0.5 kg，则可以计算得到 $m_0 = (3.612 - 0.5 \times 4)$ kg $= 1.612$ kg。

2. 变换质量

变换质量一般通过改变质量块数目来实现。表 3-31 所示为不同质量块数目与弹簧的弹性系数。

表 3-31　质量块数目与弹簧的弹性系数

质量块数目	弹 性 系 数
4	980 N/m
3	980 N/m
2	980 N/m
1	980 N/m
0	980 N/m

（1）质量块数目为 4 时的 Bode 图如图 3-77 所示。

由图分析得到：$\omega_n = 2.6$。

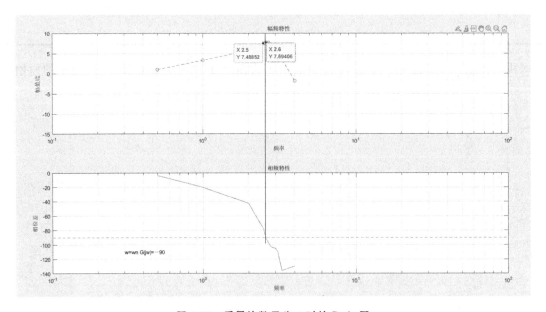

图 3-77　质量块数目为 4 时的 Bode 图

（2）质量块数目为 3 时的 Bode 图，如图 3-78 所示。

由图分析得到：$\omega_n = 2.84$。

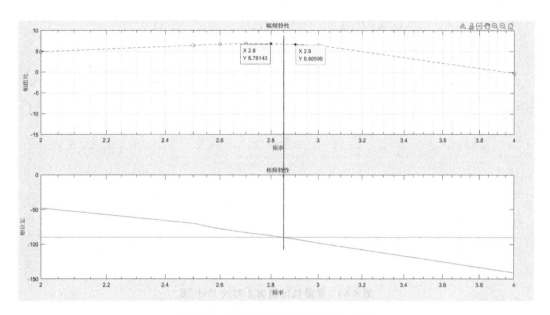

图 3-78　质量块数目为 3 时的 Bode 图

（3）质量块数目为 2 时的 Bode 图如图 3-79 所示。

由图分析得到：$\omega_n = 3.1$。

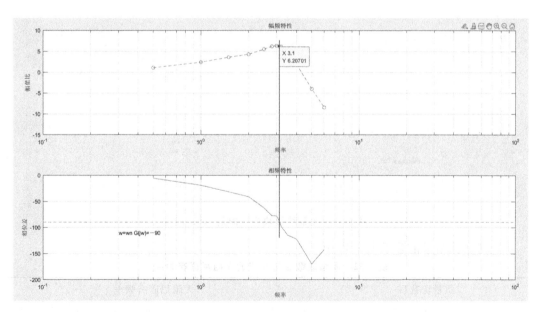

图 3-79　质量块数目为 2 时的 Bode 图

（4）质量块数目为 1 时的 Bode 图如图 3-80 所示。

由图分析得到：$\omega_n = 3.35$。

（5）质量块数目为 0 时的 Bode 图如图 3-81 所示。

由图分析得到：$\omega_n = 3.8$。

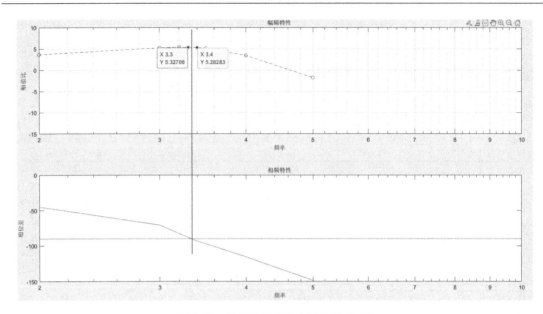

图 3-80　质量块数目为 1 时的 Bode 图

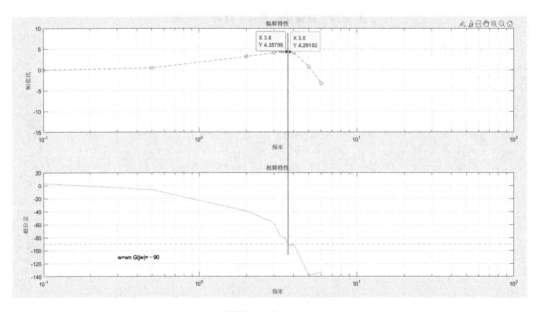

图 3-81　质量数目块为 0 时的 Bode 图

将上述实验结果汇总于表 3-32 中。

表 3-32　质量块数目与对应的无阻尼固有频率

质量块数目	无阻尼固有频率
4	2.6
3	2.84
2	3.1
1	3.35
0	3.8

由 $\omega_n = \sqrt{\dfrac{k}{m}}$，有 $\omega_n^2 = \dfrac{k}{m}$、$m = \dfrac{k}{\omega_n^2}$，则 $m_N - m_0 = k\left(\dfrac{1}{\omega_n^2} - \dfrac{1}{\omega_0^2}\right)$，将数据整理结果汇总于表 3-33 中。以 $(m_N - m_0)$ 为因变量，以 $\left(\dfrac{1}{\omega_N^2} - \dfrac{1}{\omega_0^2}\right)$ 为自变量，按一次函数 $y = ax + b$ 进行拟合。

表 3-33　数据整理结果

质量块数目 N	$(m_N - m_0)/\mathrm{kg}$	ω_n/Hz	$\dfrac{1}{\omega_N^2} - \dfrac{1}{\omega_0^2}$
0	0	3.8	0.0000
1	0.5	3.35	0.0005
2	1	3.1	0.0009
3	1.5	2.84	0.0014
4	2	2.6	0.0020

拟合图如图 3-82 所示，拟合得到 $\begin{cases} a = 1021 \\ b = 0.027 \end{cases}$，可知 $k = a = 1021$。将 $k = 1021$ 代入 $N = 0$ 时计算式中，可以计算得到 $m_0 = \dfrac{k}{\omega_{n0}^2} = \dfrac{1021}{(3.8 \times 2 \times 3.1415926)^2} = 1.79101$，综合实验数据，可以得到系统的初始质量 $m_0 = \dfrac{1.79101 + 1.612}{2}\ \mathrm{kg} = 1.7015\ \mathrm{kg}$。

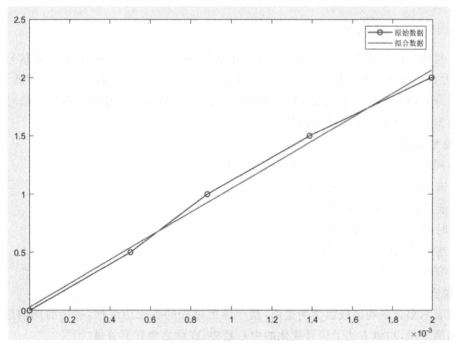

图 3-82　原始数据与拟合数据

第 4 章　机电系统检测基础

随着计算机技术和信号处理技术的发展,在机电系统检测中,数字信号处理方法得到广泛的应用,已成为机电系统中的重要部分。由传感器获取的检测信号大多数为模拟信号,在进行数字信号处理之前,一般要对信号作预处理和数字化处理,检测中的模拟信号处理过程如图 4-1 所示。而数字式传感器则可直接通过接口与计算机连接,将数字信号送给计算机进行信号分析、处理、显示。本章先介绍机电检测系统的基本概念和理论,再以多个实验实例展示 TwinCAT 3 在模拟传感器数据采集、数字传感器数据采集、信号分析方面的应用流程。

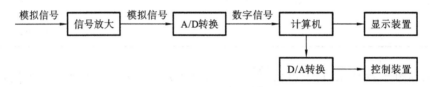

图 4-1　检测中的模拟信号处理过程

4.1　信号分析

4.1.1　信号时域分析

信号时域分析又称为波形分析或时域统计分析,通过信号的时域波形可计算信号的均值、均方值、方差等统计参数。信号的时域分析很简单,用示波器、万用表等普通仪器就可以进行分析。信号时域分析的一个重要功能是根据信号的分类和各类信号的特点确定信号的类型,然后再根据信号类型选用合适的信号分析方法。

1. 信号类型

以不同的角度来看待信号,可以将信号分为:

(1) 确定性信号与非确定性信号;

(2) 能量信号与功率信号;

(3) 时限信号与频限信号;

(4) 连续时间信号与离散时间信号;

(5) 物理可实现信号。

2. 均值

均值表示集合平均值或数学期望值,基于随机过程的各态历经性,可用时间间隔 T 内的幅值平均值表示,均值表达了信号变化的中心趋势,或称之为直流分量。

3. 均方值

信号的均方值表达了信号的强度,其正平方根值又称为有效值,也是信号平均能量的一种表达,在工程信号测量中一般仪器的表头示值显示的就是信号的均方值。

4. 方差

方差是实际值与期望值之差平方的平均值,而标准差是方差算术平方根,方差反映了信号绕均值的波动大小程度。

5. 周期

对周期信号来说,可以用时域分析来确定信号的周期,也就是计算相邻的两个信号波峰的时间差。

4.1.2　信号相关分析

统计学中用相关系数来描述变量 x、y 之间的相关性,是两随机变量之积的数学期望,称为相关性,表征了 x、y 之间的关联程度。如果所研究的随机变量 x、y 是与时间有关的函数,即 $x(t)$ 与 $y(t)$,这时可以引入一个与时间 τ 有关的量 $\rho_{xy}(\tau)$,该量称为相关系数,其表达式为

$$\rho_{xy}(\tau) = \frac{\int_{-\infty}^{+\infty} x(t)y(t-\tau)\mathrm{d}t}{\left(\int_{-\infty}^{+\infty} x^2(t)\mathrm{d}t \int_{-\infty}^{+\infty} y^2(t)\mathrm{d}t\right)^{\frac{1}{2}}} \tag{4.1}$$

式(4.1)中假定 $x(t)$ 与 $y(t)$ 是不含直流分量(信号均值为零)的能量信号。分母部分是一个常量,分子部分是时移 τ 的函数,反映了二个信号在时移中的相关性,称为相关函数。因此相关函数定义为式(4.2)。

$$R_{xy}(\tau) = \int_{-\infty}^{+\infty} x(t)y(t-\tau)\mathrm{d}t \tag{4.2}$$

计算时,令 $x(t)$、$y(t)$ 两个信号之间产生时差 τ,再相乘和积分,就可以得到 τ 时刻两个信号的相关性。连续变化参数 τ,就可以得到 $x(t)$、$y(t)$ 的相关函数曲线。

相关函数具有如下性质:① 自相关函数是偶函数;② 当 $\tau=0$ 时,自相关函数具有最大值;③ 周期信号的自相关函数仍然是同频率的周期信号,但不保留原信号的相位信息;④ 两个同频周期信号的互相关函数仍然是同频率的周期信号,且保留了原信号的相位信息;⑤ 两个非同频率的周期信号互不相关;⑥ 随机信号的自相关函数将随 τ 的增大快速衰减。

相关函数描述了两个信号或一个信号自身波形不同时刻的相关性(或相似程度),揭示了信号波形的结构特性,通过相关分析我们可以发现信号中许多有规律的东西。

4.1.3　信号频域分析

信号频域分析是用傅里叶变换将时域信号 $x(t)$ 变换为频域信号 $X(f)$,以频率作为自变量对其他量进行重新排列的分析,从而帮助人们从另一个角度来了解信号的特征。

对模拟信号采用连续谱分析方法,对数字信号采用离散谱分析方法。前者的数学工具是傅里叶变换(Fourier transform,FT)和傅里叶级数(Fourier series,FS),后者的则是离散傅里叶变换(discrete Fourier transform,DFT)。

1. 离散傅里叶变换

离散傅里叶变换(DFT)是为适应计算机做傅里叶变换运算而引出的概念,因为计算机处理的数据都是离散的,不能直接处理连续信号。

DFT 的物理意义:离散傅里叶变换是将有限长度序列 $x(n)$ 的频谱 $X(\mathrm{e}^{\mathrm{j}\omega})$ 在 $[0,2\pi]$ 上的 N 点等间隔采样,也就是对序列频谱的离散化。离散傅里叶变换对的表达形式为式(4.3)和式(4.4):

$$X(k) = \sum_{n=0}^{N-1} x(n) \mathrm{e}^{-\mathrm{j}2\pi nk/N} \quad (k = 0,1,2,\cdots) \tag{4.3}$$

$$x(n) = \frac{1}{N} \sum_{n=0}^{N-1} X(k) \mathrm{e}^{\mathrm{j}2\pi nk/N} \quad (k = 0,1,2,\cdots) \tag{4.4}$$

其中：$x(n)$ 是长度为 N 的有限长度序列；$X(k)$ 为 $x(n)$ 的傅里叶变换，用三角函数形式可表示为

$$
\begin{aligned}
X(n \cdot \Delta f) &= a_n + \mathrm{j}b_n \\
&= \frac{2}{T} \sum_{k=0}^{N-1} x(k \cdot \Delta t) \cos(2\pi nk \Delta f \cdot \Delta t) \Delta t \\
&\quad + \mathrm{j} \frac{2}{T} \sum_{k=0}^{N-1} x(k \cdot \Delta t) \sin(2\pi nk \Delta f \cdot \Delta t) \Delta t
\end{aligned}
\tag{4.5}
$$

其中：$\Delta t = \dfrac{1}{F_s}$；$T = N \cdot \Delta t = N \cdot \dfrac{1}{F_s}$；$\Delta f = \dfrac{1}{T} = \dfrac{F_s}{N}$。$F_s$ 是采样频率，周期信号的频谱是线谱和离散谱，$X(f)$ 只能离散取值，频率取样点为 $\{0, \Delta f, 2\Delta f, 3\Delta f, \cdots\}$。其傅里叶系数的计算式如式(4.6)和式(4.7)所示：

$$a_n = \frac{2}{T} \sum_{k=0}^{N-1} x(k\Delta t) \cos(2\pi nk \Delta f \cdot \Delta t) \Delta t \tag{4.6}$$

$$b_n = \frac{2}{T} \sum_{k=0}^{N-1} x(k\Delta t) \sin(2\pi nk \Delta f \cdot \Delta t) \Delta t \tag{4.7}$$

2. 快速傅里叶变换

快速傅里叶变换(FFT)是实施离散傅里叶变换(DFT)的一种极其迅速而有效的算法。FFT 算法通过仔细选择和重新排列中间结果。在 DFT 公式中，cos 和 sin 有很多重复的计算，cos/sin 操作消耗的时间比加减乘除多。FFT 在速度上较之 DFT 有明显的优点，DFT 算法 9 秒内呼应 100 次，FFT 算法 1 秒内呼应 50000 次。忽略数学计算中精度的影响时，无论采用 FFT 还是 DFT，其计算结果都一样。

3. 信号的谐波分析

信号的频谱 $X(f)$ 代表了信号在不同频率分量处信号成分的大小，在许多场合，它能够提供比信号波形更直观，丰富的信息。例如，有一受噪声干扰的多频率成分周期信号，如图 4-2 所示，从信号波形上很难看出其特征，但从信号的功率谱上却可以判断出信号中有四个很明显的周期分量。

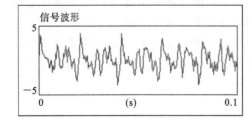 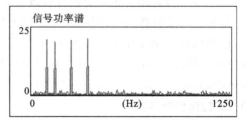

图 4-2　信号的功率谱分析

用 FFT 计算信号频谱的过程是，将采样信号 $x(k)$，$k = 0,1,2,3,\cdots,N-1$，经 FFT 变换转换到频域 $X(k)$，$k = 0,1,2,3,\cdots,N-1$，$X(k)$ 为复数，可按式(4.8)和式(4.9)转换为信号的幅值与相位，得到在频率点 $K\Delta f$ 的信号频率成分值，幅值谱的平方就是功率谱。

$$|X(k)|=\mathrm{Sqrt}(X_R^2(k)+X_I^2(k)) \tag{4.8}$$

$$Q(k)=\arctan(X_I(k)/X_R(k)) \tag{4.9}$$

4.2　信号转换

把连续时间信号转换为与其相对应的数字信号的过程称之为模-数(A/D)转换过程,反之则称为数-模(D/A)转换过程,它们是数字信号处理的必要程序。在进行 A/D 转换之前,一般会将模拟信号经抗频混滤波器预处理,变成带限信号,再经 A/D 转换成为数字信号,最后送入数字信号分析仪或数字计算机完成信号分析处理。如果需要,应再由 D/A 转换器将数字信号转换成模拟信号,去驱动计算机外围执行元件。

4.2.1　A/D 转换过程

A/D 转换过程包括了采样、量化、编码等过程,如图 4-3 所示。

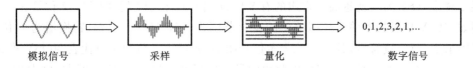

0,1,2,3,2,1,...
模拟信号
采样
量化
数字信号

图 4-3　A/D 转换的过程

1. 采样

采样又称为抽样,是利用采样脉冲序列 $p(t)$,从连续时间信号 $x(t)$ 中抽取一系列离散样值,使之成为采样信号 $x(nT_s)$ 的过程,$n=0,1,2,\cdots$。T_s 称为采样间隔或采样周期,$f_s=1/T_s$,f_s 称为采样频率。由于后续的量化过程需要一定的时间 τ,对于随时间变化的模拟输入信号,要求瞬时采样值在时间 τ 内保持不变,这样才能保证转换的正确性和转换精度,这个过程就是采样保持。正是有了采样保持,实际上采样后的信号是阶梯形的连续函数。

2. 量化

量化又称幅值量化,把采样信号 $x(nT_s)$ 经过舍入或截尾的方法变为只有有限个有效数字的数,这一过程称为量化。

若取信号 $x(t)$ 可能出现的最大值 A,令其分为 D 个间隔,则每个间隔长度为 $R=A/D$,R 称为量化增量或量化步长。当采样信号 $x(nT_s)$ 落在某一小间隔内,经过舍入或截尾方法而变为有限值时,则产生量化误差,如图 4-4 所示。

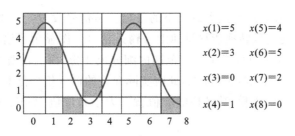

5
4
3
2
1
0
0 1 2 3 4 5 6 7 8
x(1)=5　x(5)=4
x(2)=3　x(6)=5
x(3)=0　x(7)=2
x(4)=1　x(8)=0

图 4-4　信号的等份量化过程

一般又把量化误差看成是模拟信号作数字处理时的可加噪声,故而又称之为舍入噪声或截尾噪声。量化增量 D 愈大,则量化误差愈大。量化增量的大小一般取决于计算机 A/D 卡的位数。例如，8 位二进制为 $2^8 = 256$，即量化电平 R 为所测信号最大电压幅值的 $1/256$。

3. 编码

编码是将离散幅值经过量化以后变为二进制数字的过程。以 4 位 A/D 转换为例，上述 8 个点分别编码如表 4-1。信号 $x(t)$ 经过上述变换以后，即变成了时间上离散、幅值上量化的数字信号。

表 4-1　编码结果

采样信号	$x(1)$	$x(2)$	$x(3)$	$x(4)$	$x(5)$	$x(6)$	$x(7)$	$x(8)$
二进制编码	0101	0011	0000	0001	0100	0101	0010	0000

4.2.2　A/D 转换器的技术指标

1. 分辨力

A/D 转换器的分辨力用其输出二进制数码的位数来表示。位数越多，则量化增量越小，量化误差越小，分辨力也就越高。常用的有 8 位、10 位、12 位、16 位、24 位、32 位等。

例如，某 A/D 转换器输入模拟电压的变化范围为 $-10\,\text{V} \sim +10\,\text{V}$，转换器为 8 位，如果第一位用来表示正、负符号，其余 7 位表示信号幅值，则最末一位数字可代表 80 mV 模拟电压（$10\,\text{V} \times 1/2^7 \approx 80\,\text{mV}$），即转换器可以分辨的最小模拟电压为 80 mV。而同样情况用一个 10 位转换器能分辨的最小模拟电压为 20 mV（$10\,\text{V} \times 1/2^9 \approx 20\,\text{mV}$）。具有某种分辨力的转换器在量化过程中由于采用了四舍五入的方法，因此最大量化误差应为分辨力数值的一半。如上 8 位转换器最大量化误差应为 40 mV（$80\,\text{mV} \times 0.5 = 40\,\text{mV}$）。实际上，许多转换器末位数字并不可靠，实际精度还要低一些。

2. 转换速度

转换速度是指完成一次转换所用的时间，即从发出转换控制信号开始，直到输出端得到稳定的数字输出为止所用的时间。转换时间越长，转换速度就越低。转换速度与转换原理有关，如逐位逼近式 A/D 转换器的转换速度要比双积分式 A/D 转换器的高许多。除此以外，转换速度还与转换器的位数有关，一般位数少的（转换精度差）转换器转换速度高。目前常用 A/D 转换器的转换位数有 8、10、12、14、16 位，其转换速度依转换原理和转换位数不同，一般在几微秒至几百毫秒之间。由于转换器必须在采样间隔 T_s 内完成一次转换工作，因此转换器能处理的最高信号频率就受到转换速度的限制。

3. 增益

增益表示输入信号被处理前放大或缩小的倍数。给信号设置一个增益值，你就可以实际减小信号的输入范围，使模数转换能尽量地细分输入信号。图显示了给信号设置增益值的效果。当增益＝1 时，模/数转换只能在 5 V 范围内细分成 4 份，而当增益＝2 时，就可以细分成 8 份，精度大大地提高了。但是必须注意，此时实际允许的输入信号范围为 0～5 V。一旦超过 5 V，当乘以增益 2 以后，输入模/数转换的数值就会大于允许值 10 V。信号设置增益值的效果如图 4-5 所示。

4.2.3　D/A 转换过程

D/A 转换器是把数字信号转换为电压或电流信号的装置，其过程如图 4-6 所示。

D/A 转换器一般先通过 T 型电阻网络将数字信号转换为模拟电脉冲信号，然后通过零阶

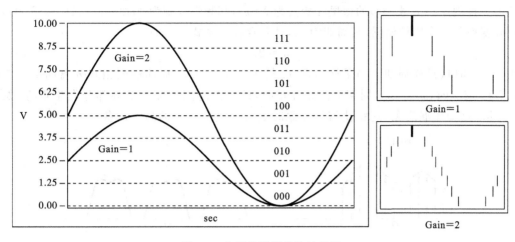

图 4-5 信号设置增益值的效果

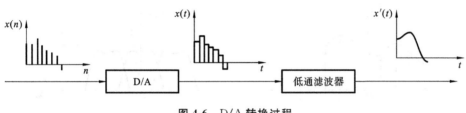

图 4-6 D/A 转换过程

保持电路将其转换为阶梯状的连续电信号。只要采样间隔足够密,就可以精确地复现原信号。为减小零阶保持电路带来的电噪声,还可以在其后接一个低通滤波器。

4.2.4 D/A 转换器的技术指标

1. 分辨力

D/A 转换器的分辨力可用输入的二进制数码的位数来表示。位数越多,则分辨力也就越高。常用的有 8 位、10 位、12 位、16 位、24 位、32 位等。12 D/A 转换器的分辨力为 $1/2^{12}=$ 0.024%。

2. 转换精度

转换精度定义为实际输出与期望输出之比。以全程的百分比或最大输出电压的百分比表示。理论上 D/A 转换器的最大误差为最低位的 1/2,10 位 D/A 转换器的分辨力为 1/1024,约为 0.1%,它的精度为 0.05%。如果 10 位 D/A 转换器的满程输出为 10 V,则它的最大输出误差为 10 V×0.0005=5 mV。

3. 转换速度

转换速度是指完成一次 D/A 转换所用的时间。转换时间越长,转换速度就越低。

4.2.5 采样定理

采样定理说明了一个问题,即对时域模拟信号采样时,应以多大的采样周期(或称采样时间间隔)采样,方不致丢失原始信号的信息,或者说,可由采样信号无失真地恢复原始信号。

1. 频混现象

频混现象又称频谱混叠效应,它是由于采样信号频谱发生变化,而出现高、低频成分发生混淆的一种现象。信号 $x(t)$ 的傅里叶变换为 $X(\omega)$,其频带范围为 $-\omega_m \sim \omega_m$;采样信号 $x(t)$ 的傅里叶变换是一个周期谱图,其周期为 ω_s,并且存在关系式(4.10):

$$\omega_s = 2\pi / T_s \qquad\qquad (4.10)$$

式中:T_s 为时域采样周期。当采样周期 T_s 较小时,$\omega_s > 2\omega_m$,周期谱图相互分离如图 4-7 所示;当 T_s 较大时,$\omega_s < 2\omega_m$,周期谱图相互重叠,即谱图之间高频与低频部分发生重叠,如图 4-8 所示,此即频混现象,这将使信号复原时丢失原始信号中的高频信息。

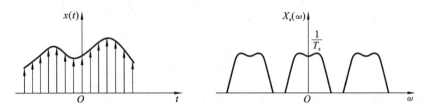

图 4-7 采样周期较小的谱图

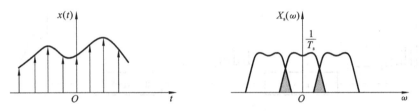

图 4-8 采样周期较大的谱图

从时域信号波形来看这种情况。图 4-9(a)是频率正确的情况,以及其复原信号;图 4-9(b)是采样频率过低的情况,复原的是一个虚假的低频信号。当采样信号的频率低于被采样信号的最高频率时,采样所得的信号中混入了虚假的低频分量,这种现象叫做频率混叠。

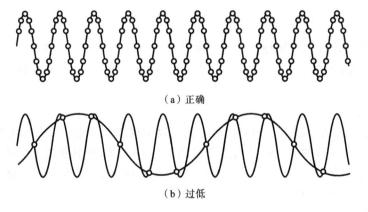

(a)正确

(b)过低

图 4-9 采样频率正确和采样频率过低

2. 采样定理

综合上述情况表明,如果 $\omega_s > 2\omega_m$,就不发生频混现象,因此须对采样脉冲序列的间隔 T_s 加以限制,即采样频率 ω_s(即 $2\pi / T_s$)或 f_s(即 $1/T_s$)必须大于或等于信号 $x(t)$ 中的最高频率 ω_m 的两倍,即 $\omega_s > 2\omega_m$ 或 $f_s > 2f_m$。

为了保证采样后的信号能真实地保留原始模拟信号的信息,采样信号的频率必须至少为原信号中最高频率成分的 2 倍。这是采样的基本法则,称为采样定理。

需要注意的是,在对信号进行采样时,满足了采样定理,只能保证不发生频率混叠,只能保证对信号的频谱做逆傅里叶变换时,信号可以完全变换为原时域采样信号 $x_s(t)$,而不能保证此时的采样信号能真实地反映原信号 $x(t)$ 的信息。工程实际中采样频率通常大于信号中最高频率成分的 3 到 5 倍。

4.3　信号调理

4.3.1　信号放大

集成运算放大器可以作为一个器件构成各种基本功能的电路。这些基本电路又可以作为单元电路组成电子应用电路。

1. 反相放大器

反相放大器是最基本的电路,如图 4-10 所示。其闭环电压增益 A_V 可以通过式(4.11)求得。

$$A_V = -\frac{R_F}{R_1} \tag{4.11}$$

反馈电阻 R_F 的取值不能太大,否则会产生较大的噪声及漂移,一般为几十千欧至几百千欧。R_1 的取值应远大于信号源 U_i 的内阻。

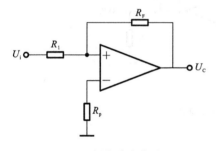

图 4-10　反向放大电路图

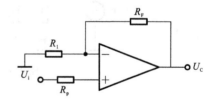

图 4-11　同相放大电路图

2. 同相放大器

同相放大器也是最基本的电路,如图 4-11 所示。其闭环电压增益 A_V 可以通过式(4.12)求得。同相放大器具有输入阻抗很高、输出阻抗很低的特点,广泛用于前置放大级。

$$A_V = 1 + \frac{R_F}{R_1} \tag{4.12}$$

3. 差动放大

当运算放大器的反相端和同相端分别输入信号 U_1 和 U_2,输出电压 U_o 通过式(4.13)可得。

$$U_o = -\frac{R_F}{R_1}U_1 + \left(1 + \frac{R_F}{R_1}\right)\left(\frac{R_3}{R_1 + R_3}\right) \tag{4.13}$$

当 $R_1 = R_2$,$R_F = R_3$ 时,运算放大器为差动放大器,其差模电压增益为

$$A_V = \frac{U_0}{U_2 - U_1} = \frac{R_F}{R_1} = \frac{R_3}{R_2} \tag{4.14}$$

其中可得输入电阻 $R_{id} = R_1 + R_2 = 2R_1$。

当 $R_1=R_2=R_F=R_3$ 时,运算放大器为减法器,输出电压 $U_o=U_2-U_1$。由于差动放大器具有双端输入、单端输出,共模抑制比较高($R_1=R_2$,$R_F=R_3$)的特点,通常用作传感放大器或测量仪器的前端放大器。

4. 交流放大

若只需要放大交流信号,可采用如图 4-12 所示的集成运放交流电压同相放大器(或交流电压放大器)。其中电容 C_1、C_2 及 C_3 为隔直电容,因此交流电压放大器无直流增益,其交流电压放大倍数可由式(4.15)求得。

$$A_V=1+\frac{R_F}{R_1} \tag{4.15}$$

其中电阻 R_1 接地是为了保证输入为零时,放大器的输出直流电位为零。交流放大器的输入电阻 $R_{id}=R_1$。R_1 不能太大,否则会产生噪声电压,影响输出。但 R_1 也不能太小,否则放大器的输入阻抗太低,将影响前级信号源输出。R_1 一般取几十千欧。耦合电容 C_1、C_3 可根据交流放大器的下限频率 f_L 来确定,即

$$C_1=C_3=(3\sim10)/(2\pi R_L f_L) \tag{4.16}$$

一般情况下,集成运放交流电压放大器只放大交流信号,输出信号受运放本身的失调影响较小。因此不需要调零。

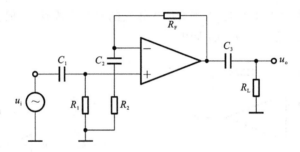

图 4-12 交流放大电路

4.3.2 电桥

电桥是将电阻、电感、电容等参量的变化转换为电压或电流输出的一种测量电路。按照敏感元件的个数及其所处桥臂的位置,电桥可以分为单臂电桥(见图 4-13)、半桥电桥(见图 4-14)和全桥电桥(见图 4-15),其变化的电阻分别为 1 个、2 个、4 个。

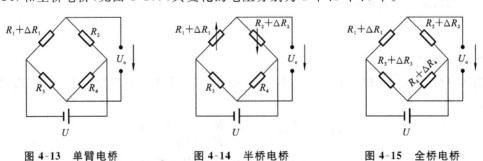

图 4-13 单臂电桥　　　　图 4-14 半桥电桥　　　　图 4-15 全桥电桥

按照激励电压性质,电桥可分为直流电桥和交流电桥。以直流电源供电的电桥称为直流电桥,以交流电源供电的电桥称为交流电桥。按照输出方式,电桥可分为平衡电桥和非平衡电桥,满足惠斯通电桥条件的就是平衡电桥,反之就是非平衡电桥。

直流电桥的基本形式如图 4-16 所示。R_1，R_2，R_3，R_4 为
电桥的桥臂电阻，R_L 为其负载(仪表内阻或其他负载)。

当 $R_L \to \infty$ 时，电桥的输出电压 U_o 为

$$U_o = E(R_2/(R_1+R_2)) - R_4/(R_3+R_4)) \qquad (4.17)$$

当电桥平衡时，$U_o = 0$，可得

$$R_1 R_4 = R_2 R_3 \quad 或 \quad R_1/R_2 = R_3/R_4 \qquad (4.18)$$

式(4.18)称为电桥平衡条件。平衡电桥的桥路中相邻
两桥臂的阻值之比应相等，桥路相邻两桥臂阻值之比相等方
可使流过负载电阻的电流为零。

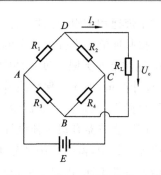

图 4-16　直流电桥的基本形式

4.3.3　信号滤波

滤波器是一种选频装置，可以使信号中特定的频率成分通过，而极大地衰减其他频率成
分。在测试装置中，利用滤波器的这种选频作用，可以滤除干扰噪声或进行频谱分析。滤波器
按照滤波频带可基本分为低通滤波器(见图 4-17)、高通滤波器(见图 4-18)、带通滤波器(见图
4-19)和带阻滤波器(见图 4-20)四种，还有多通带、多阻带两种特殊滤波器。

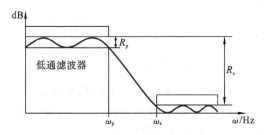

图 4-17　低通滤波器

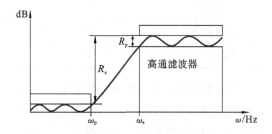

图 4-18　高通滤波器

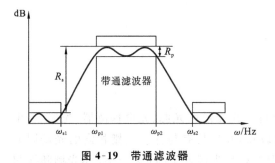

图 4-19　带通滤波器

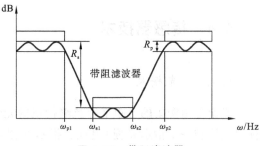

图 4-20　带阻滤波器

滤波器的主要参数如下所述。

R_p 为通带纹波，频响中通带的最大幅值和最小幅值之间的差值。正常的纹波一般小于
1 db。

R_s 为阻带衰减 dB 值，一般应大于 40。

ω_p 为通带截止频率。对低通滤波器，信号在低于通带截止频率时，衰减量必须小于通带
纹波 R_p。对高通滤波器，信号在高于通带截止频率时，衰减量需小于通带波纹。同样对于带
通滤波器和带阻滤波器，有类似的要求。

ω_s 为阻带截止频率。对于低通滤波器，信号在高于阻带截止频率时，衰减量必须大于阻
带衰减 R_s。对于高通滤波器，信号在低于阻带截止频率时，衰减量必须大于阻带衰减 R_s。同

样对于带通和带阻滤波器,有类似的要求。

按脉冲响应来分类数字滤波器的话,可分为有限长度脉冲响应(finite impulse response,FIR)滤波器与无限长度脉冲响应(infinite impulse response ,IIR)滤波器。IIR 滤波器阶数较低,设计简单,但无法保持线性相位。FIR 滤波器具有严格的线性相位,且总是稳定的,即使进行量化操作,但是其滤波器阶数高于 IIR,且有较大延时。

FIR 滤波器有很多种设计方法,比如窗函数法、频率样本法、离散最小二乘法、最大最小波动法等。其中,窗函数法又分矩形窗、三角窗、汉宁窗、哈明窗、布莱克曼窗、凯泽窗等函数法。窗函数特性不同,需要根据设计需求选取,窗函数特性参考表 4-2。选好窗函数类型后,就可以进行滤波器设计。

表 4-2　六种窗函数特性表

窗函数	旁瓣峰值/dB	近似过渡带宽	精确过渡带宽	阻带最小衰减/dB
矩形窗	-13	$4\pi/N$	$1.8\pi/N$	21
三角窗	-25	$8\pi/N$	$6.1\pi/N$	25
汉宁窗	-31	$8\pi/N$	$6.2\pi/N$	44
哈明窗	-41	$8\pi/N$	$6.6\pi/N$	53
布莱克曼窗	-57	$12\pi/N$	$11\pi/N$	74
凯泽窗($\beta=7.865$)	-57		$10\pi/N$	80

IIR 滤波器设计一般采用以模拟滤波器为基础的设计方法,先设计一个模拟滤波器原型,比如巴特沃斯低通滤波器、切比雪夫 I 型低通滤波器、切比雪夫 II 型低通滤波器、椭圆低通滤波器,再采用脉冲响应不变法或双线性变换法由模拟滤波器变换为数字滤波器。如需设计高通、带通或带阻滤波器,还需要进行频带变换。

4.4　传感器技术

4.4.1　光栅尺

光栅是由密集的等距平行狭缝构成的光学器件。光栅尺由光源、光电探测器、光栅(一个标尺光栅和一个指示光栅)组成。指示光栅通常较短,并且具有与标尺光栅相同的光栅周期(狭缝中心到相邻狭缝中心的距离)。在测量过程中,标尺光栅处于静止状态,指示光栅随被测物体移动。当两个光栅以一定角度重叠时,会形成莫尔条纹(莫尔图案)。莫尔条纹是平行狭缝间干涉的视觉效果。当两光栅间的夹角改变时,莫尔条纹的宽度也随之改变。如果将光栅连接到轴上,则可以通过测量条纹宽度的变化来检测轴的微小转动。光栅传感器也可以用来测量线位移。顶部光栅的线性移动会导致莫尔条纹的移动。如果两个光栅之间的夹角很小,则条纹宽度远大于光栅周期。测量莫尔条纹的运动比测量光栅的微小运动容易得多。因此,光栅传感器的作用就像一个光放大器,可提高测量精度,实现精确位移测量。

4.4.2　电阻应变片

电阻应变片是用于测量应变的元件,它能将机械构件上应变的变化转换为电阻变化。电阻应变片是由直径为 0.02~0.05 mm 的康铜丝或镍铬丝绕成栅状(或用很薄的金属箔腐蚀成栅状)夹在两层绝缘薄片中(基底)制成的,用镀银铜线与应变片丝栅连接,作为电阻片引线。当金属丝在承受应力而发生机械变形的过程中,电阻率 ρ、长度 L、截面积 S 三者都要发生变化,从而必然会引起金属丝电阻值的变化。只要能测出电阻值的变化,便可知道金属丝的应变情况。这种转换关系为 $\Delta R/R = K_e \cdot \varepsilon$。其中 ΔR 为金属丝电阻值得变化量;K_e 为金属材料的应变灵敏度系数,在弹性极限内基本为常数,ε 为金属材料的应变值。

在实际应用中,将金属电阻应变片粘贴在传感器弹性元件或被测机械零件的表面。当传感器中的弹性元件或被测机械零件受作用力产生应变时,粘贴在其上的应变片也随之发生相同的机械变形,引起应变片电阻发生相应的变化。这时,电阻应变片便将力学量转换为电阻的变化量输出。

4.4.3　磁电转速传感器

磁电转速传感器是自感式速度传感器,它利用电磁感应把被测的位移转换成线圈自感系数的变化,再由电路转换为电压或电流的变化量输出,实现非电量到电量的转换。它由电枢(又称为衔铁)、线圈及其缠绕的铁芯组成,电枢与被测结构相连,可垂直移动,随着电枢的运动,电枢与铁芯之间的气隙发生变化,从而进一步改变磁路的磁阻和线圈的电感。自感式速度传感器中的被测对象(如齿轮等)充当电枢,当每个齿经过时,电枢与铁芯之间的距离发生变化,从而得到周期性的脉冲信号。磁电转速传感器测量示意图如图 4-21 所示。

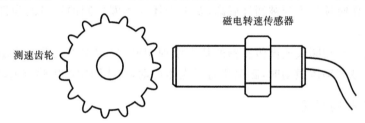

图 4-21　磁电转速传感器测量示意图

4.4.4　电涡流传感器

电涡流传感器是一种非接触的线性化传感器。根据法拉第电磁感应定律,当导体放置在具有时变磁场的空间时,导体内部会产生电动势和相应的电流。由于电流是以封闭的涡流形式流动,因此称为涡流,涡流强度受线圈与导体之间的距离、导体的电导率和磁导率,以及激励信号的频率等诸多因素的影响。涡流式传感器可用作类似于自感式传感器的位移传感器测量轴中心轨迹,这一轨迹在与轴线垂直的平面内。因此要求在该平面内的两个垂直方向上安装电涡流传感器对轴振动进行测量。整个测量装置如图 4-22 所示,可同时检测轴心在 x 和 y 方向上的振动,可以确定 X 和 Y 信号的相对频率成分,可以通过键相标记,使用轨迹来确定相对于转速的振动频率。还可以通过添加其他量纲,多个轨迹大大丰富了可用于轴系诊断的信息,对轴的不平衡、不对中、轴承磨损、轴裂纹及发生摩擦等机械问题的早期判定,可提供关键的信息。

4.4.5　振动速度传感器

振动速度传感器是惯性式传感器。利用电磁感应原理将质量块与壳体的相对速度变换成

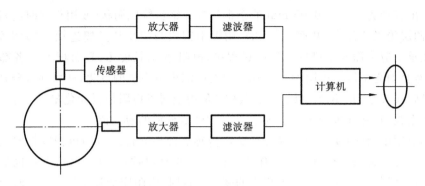

图 4-22 轴心轨迹测量装置示意图

电压信号输出,它分为动圈式和动磁式两种。

惯性式的动圈式传感器内部有一块磁钢,它与外壳相对位置固定并形成磁回路。线圈通过刚度小的弹簧片连在外壳上,可在磁钢与外壳之间的磁场中运动。线圈还通过芯杆固连一个阻尼环,阻尼环在磁场中运动时会产生反电动势起到阻尼作用,同时也增加了可动部分的质量。测振时传感器固定在被测物体上,线圈因与壳体的相对运动切割磁力线,产生感应电动势。输出电压与相对运动的速度呈线性关系。

另一种结构的磁电式传感器属于绝对式传感器,不同的是线圈固联在一个顶杆上。使用时,顶杆压在被测件上,壳体不动,顶杆带动线圈切割磁力线产生正比于相对速度的感应电动势。为了保证工作时顶杆不与被测件脱离,要求壳体与线圈之间的弹簧的弹性力必须大于线圈顶杆的惯性力。

动磁式传感器与动圈式速度传感器的基本原理相同,差别在于运动的线圈改换为运动的磁钢。当壳体随被测物体振动时,磁钢相对于壳体运动,在线圈中产生感应电动势。

4.4.6 光电编码器

光电编码器通过光电转换,可将输出轴的角位移、角速度等机械量转换成相应的电脉冲以数字量输出(REP),主要用于测量转速,其技术参数主要有每转脉冲数和供电电压等。一般光电编码器输出有 A、B 两相信号,两相信号序列相位差为 90 度,通过这两相脉冲不仅可以测量转速,还可以判断旋转的方向。此外,每转一圈还输出一个零位脉冲 Z。编码器每旋转一周发出一个脉冲,称为零位脉冲或标识脉冲。零位脉冲用于决定零位置或标识位置。不论旋转方向如何,均应准确测量零位脉冲,零位脉冲均被作为两个通道的高位组合输出。由于通道之间的相位差的存在,零位脉冲仅为脉冲长度的一半。

4.5 信号检测实例

下面介绍利用 TwinCAT 软件及模块实现机电信号检测的实验案例。实验设计时应使 TwinCAT 与检测系统的结合由浅入深。其中 4.5.1 节实验涉及 TwinCAT 软件、模块和传感器,4.5.2 节实验涉及专用测量 ELM 系列传感器,4.5.3 节实验通过调理电路进行称重实验,4.5.4 节实验详述了 4.5.3 节实验的 TwinCAT 设计开发过程,4.5.5 节实验则是用 TwinCAT 结合上位机软件 Python 实现数据采集系统的开发过程(采集对象为双通道信号发生器)。

4.5.1　传感器模拟量输入模块测量实验

1. 实验目的

（1）了解磁电传感器、电涡流传感器、振动速度传感器的基本原理与信号特点。

（2）掌握模拟量模块的基本使用方法。

（3）熟悉 TwinCAT 获取传感器信号的流程。

2. 实验内容

编写 TwinCAT 项目程序，在 PLC 中声明相关变量，与模拟量输入模块的通道进行绑定，建立 TwinCAT Measurement 中的 Scope XY 图以及 YT Scope 图对传感器数据进行采集和展示。

3. 实验设备（见表 4-3）

表 4-3　传感器测量普通模块实验设备

设　　备	数　　量
转子轴承实验台	1 台
PC 设备	1 台
嵌入式控制器 CX5140	1 台
EL3004 模拟量输入模块	1 个
EL3632 模拟量输入模块	1 个
TwinCAT 软件	1 套

实验所用转子轴承实验台为多功能轴承转子实验台，实验台和传感器相关介绍和参数参见"第 5 章　智能控制与感知系统"。

电涡流信号的采集，使用 BECKHOFF EL3004 模拟量输入模块，端子如图 4-23 所示，它的输入电压为 ±10 V，12 位分辨率，有 4 个单端输入，一个公共的接地电位，端子模块的各个

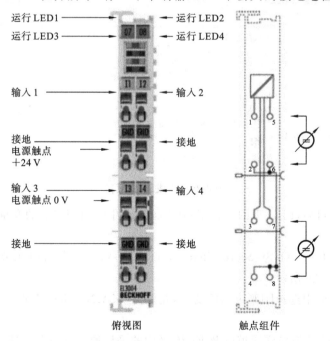

图 4-23　EL3004 模块端子图

电源触点互相连接,所有输入端参考接地均为 0 V 电源触点,模块的信号状态通过 LED 指示。

振动速度传感器信号获取采用 BECKHOFF EL3632 模拟量输入模块,它是两通道模拟量输入端子模块,支持超采样记录,默认测量范围±5 V 时的采样频率达到 25 kHz,设置 ±250 mV 测量范围时的采样频率为 10 Hz,16 位分辨率。

4. 实验步骤

参考第 5 章完成实验台的电气连线,两个电涡流传感器分别连接 EL3004 的通道 1 和通道 2,磁电传感器连接 EL3632 通道 1,振动速度传感器连 EL3632 通道 2。参考第 1 章的相关章节完成项目的创建与设备的扫描,然后进行变量声明、变量绑定、建立 TwinCAT Measurement 项目,最后启动转子实验台,观察波形。具体操作如下所述。

1) 变量声明(见表 4-4)

表 4-4　传感器测量普通模块变量声明

VAR
　　AIch1AT % I*　:INT; //3004 ch1
　　AIch2AT % I*　:INT; //3004 ch2
　　IEch1AT % I*　:INT; //3632 ch1
　　IEch2AT % I*　:INT; //3632 ch2
END_VAR
	变量声明区

2) 生成 PLC 项目

在声明变量后,右键点击 PLC 项目,然后点击生成,如图 4-24 所示。

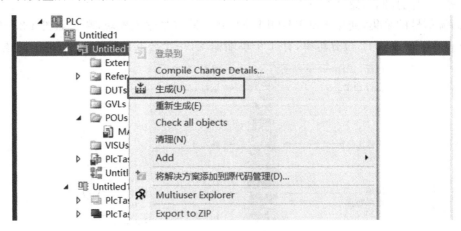

图 4-24　生成 PLC 项目

在成功生成项目后,PLC 下的 Untitled1 Instance 中将出现对应的变量,如图 4-25 所示。

3) 绑定变量

展开 EL3004 下的 AI Standard Channel 1,点击 Value,在右侧出现的选项卡中点击 "Linked to",如图 4-26 所示。

在弹出的对话框中选择刚刚声明的变量,此处为"MAIN. AIch1",点击"OK"完成绑定,如图 4-27 所示。

对于 EL3004 的其他采样通道以及 EL3632 中的采样通道均按照上述方法一一绑定。

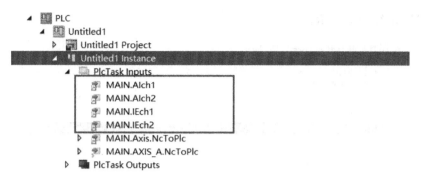

图 4-25　相应变量

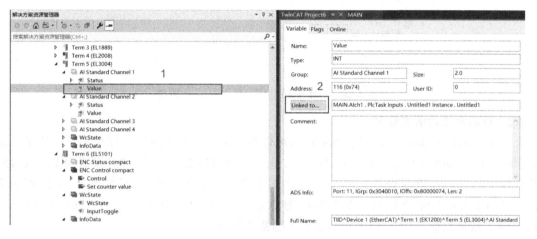

图 4-26　绑定变量的方法

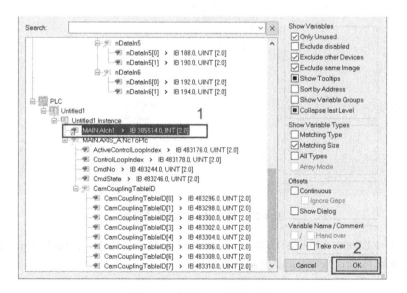

图 4-27　选择 PLC 中的变量

4) 建立 TwinCAT Measurement 项目

参考第 1 章的相关内容，依次添加"Scope XY Project""YT Scope Project"。在"Scope XY Project"项目下添加"AIch1""AIch2"变量，在"YT Scope Project"项目下添加"IEch1"

"IEch2"变量,如图 4-28 所示。

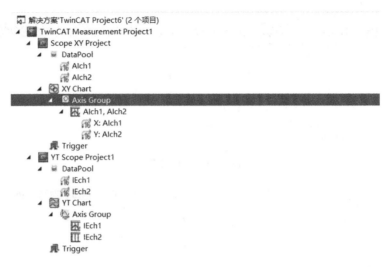

图 4-28　添加 TwinCAT Measurement 项目

5) 启动转子轴承实验台

关于控制转子轴承实验台转动的方法,可以参考第 5 章相关内容。打开 iCAT/转子实验台/test4-1Measure-ST 文件夹下的 Test4-1. sln 工程项目,激活配置,并登录启动 PLC 程序,将程序中的 Enable 变量设置为 TRUE,启动转子轴承实验台。观察采样波形,图 4-29 所示为 EL3632 Channel1 波形数据,其波形图为磁电速度传感器波形图。图 4-30 为 EL3632 Channel2 波形数据,其波形图为振动速度传感器波形图。

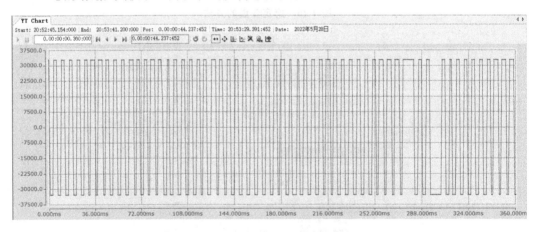

图 4-29　磁电速度传感器波形图

图 4-31 为 EL3004 Channel1 和 Channel2 波形数据,其中 X 轴为 Channel1,Y 轴为 Channel1,二者所绘制的 XYScope 即轴心轨迹图。

4.5.2　传感器测量专用模块测量实验

在 4.5.1 节中,使用模拟量输入模块完成了传感器数据的采集与可视化,对于采样精度要求不高的数据采集,基本的模拟量输入模块是足够的,对于采样频率要求大于 1 kHz 的测量环境,则使用前缀为 ELM 的测量专门模块。本小节将介绍 ELM 测量专用模块的配置方法。

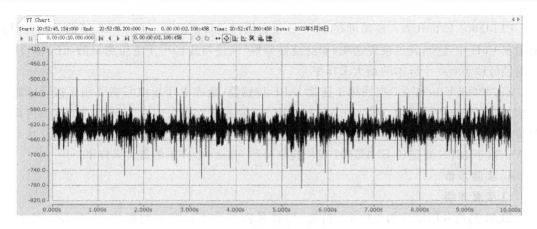

图 4-30　振动速度传感器波形图

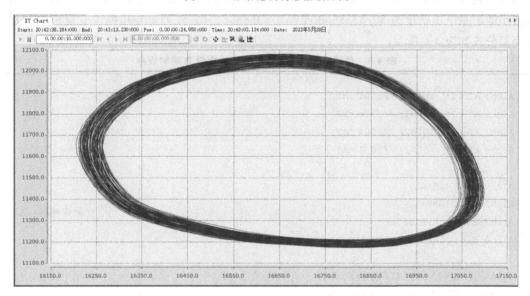

图 4-31　双通道电涡流传感器——轴心轨迹图

1. 实验目的

掌握 ELM 测量专用模块的使用方法。

2. 实验内容

设置 ELM 测量专用模块的 CoE 参数，正确采集传感器信号。

3. 实验设备（见表 4-5）

表 4-5　传感器 ELM 测量专用模块实验设备

设　　备	数　　量
转子轴承实验台	1 台
PC 设备	1 台
嵌入式控制器 CX5140	1 台
ELM3004 模块	1 个
ELM3602 模块	1 个
TwinCAT 软件	1 套

ELM3004 EtherCAT 模块可在 11 个测量范围内灵活测量 20 mV 至 30 V 的电压。测量范围在 CoE 中选择，其他设置选项（如滤波器参数）也是如此。用于电压测量的 ELM3004 模块提供每秒 10000 个样本的最大采样率。

ELM3602 EtherCAT 模块用于连接 IEPE 传感器（集成电子压电），主要用于振动诊断和声学。恒流馈电可设置为 0/2/4 mA。在 CoE 中，输入特性也可以在 0 至 10 Hz 范围内灵活调节。在电压测量模式下，可调节 12 个不同的测量范围，从 ±20 mV 到 ±10 V，以及从 0 到 20 V。用于 IEPE 测量的 ELM3602 模块提供每秒 50000 个样本的最大采样率。

4. 实验步骤

1）变量声明

ELM 测量专用模块为 24 bits 精度，而符号占一个 bit，有效数据为 23 个 bit，因 $2^{23}=8388608$，输入范围为 ±30 V 或者 0 到 5 V，根据量程的不同，最小电压测量精度不同，故可得到最小的测量电压精度为 30/8388608 或者 5/8388608。ELM 测量专用模块变量声明和程序及换算公式如表 4-6 所示。

表 4-6　传感器 ELM 测量专用模块变量声明和程序

| ```
AIch1 AT %I*  :DINT; //3004 ch1
AIch2 AT %I*  :DINT; //3004 ch2
AIch3 AT %I*  :DINT; //3004 ch3
AIch4 AT %I*  :DINT; //3004 ch4

AIch1_data :LREAL;
AIch2_data :LREAL;
AIch3_data :LREAL;
AIch4_data :LREAL;

channel1 AT%I*  :DINT; //3632 ch1
channel2 AT%I*  :DINT; //3632 ch2
channel1_data :LREAL;
channel2_data :LREAL;
``` | 变量声明区 |
| ```
channel1_data :=DINT_TO_LREAL(channel1)/8388608.0* 5;
channel2_data :=DINT_TO_LREAL(channel2)/8388608.0* 5;

AIch1_data :=DINT_TO_LREAL(AIch1)/8388608* 30;
AIch2_data :=DINT_TO_LREAL(AIch2)/8388608* 30;
AIch3_data :=DINT_TO_LREAL(AIch3)/8388608* 5;
AIch4_data :=DINT_TO_LREAL(AIch4)/8388608* 10;
``` | 程序逻辑区 |

2）生成 PLC 项目

参考 4.5.1 小节中的生成 PLC 项目。

3）扫描设备与设置参数

参考 4.5.1 小节中的扫描设备，根据表 4-7 绑定变量。激活配置切换到运行模式。

表 4-7　ELM 测量专用模块变量绑定与参数设置

模块通道	变量绑定	传感器	电压特性	CoE 参数设置
ELM 3004 ch1 与 ch 2	AIch1 与 AIch2	电涡流传感器	−2～−18 V（负特性输出）	1—U±30 V
ELM 3004 ch3	AIch3	磁电转速传感器	0～5 V	15—U 0···5 V
ELM3004 ch4	AIch4	扭矩传感器	0～10 V	14—U 0···10 V
ELM3602 ch1	channel1	振动速度传感器	±5 V	98　IEPE±5 V
ELM 3602 ch2	channel2	振动加速度传感器	满量程输出电压±5 V	98　IEPE±5 V

点击 ELM3004-0000 设备，选择 CoE-Online 选项卡，找到 8000:0 索引，展开索引，如图 4-32 所示。双击 Interface，会弹出一个对话框，如图 4-33 所示。

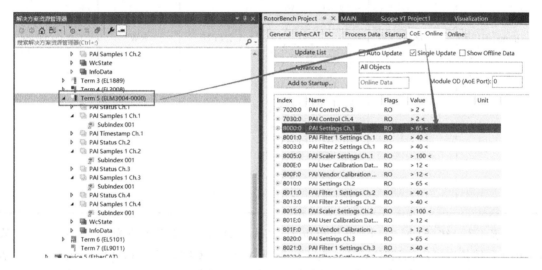

图 4-32　ELM3004 测量专用模块 CoE-Online 选项卡

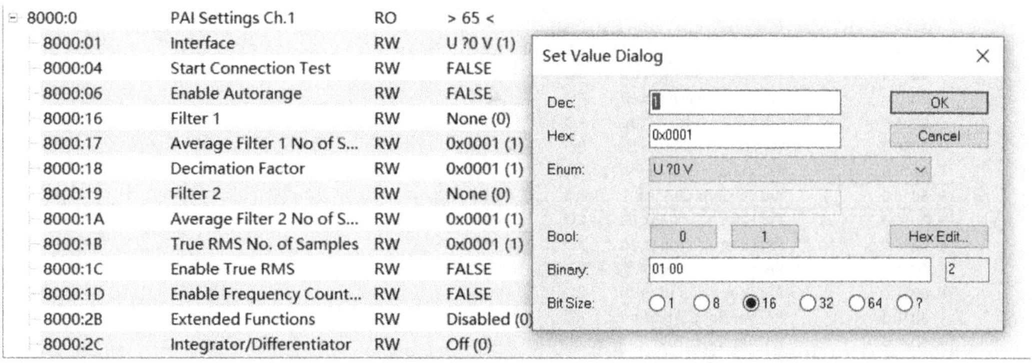

图 4-33　ELM3004 测量专用模块 CoE-Online 选项参数设置对话框

由于编码的问题，这里的±会显示为"?"，ELM300x 的手册中关于 80n0:01 的范围定义如表 4-8 所示。

表 4-8　ELM3004 测量专用模块采样通道设置

索引(hex)	名　　称	含　　义	数据类型	参数描述	缺省值
80n0:0	PAI Settings（通道设置）Ch. [n+1]	UINT8	RO	0x41（65 dec）	
80n0:01	接口	Selection of the measurement configuration（测量范围设置）: 0—None 1—U±30 V 2—U±10 V 3—U±5 V 4—U±2.5 V 5—U±1.25 V 6—U±640 mV 7—U±320 mV 8—U±160 mV 9—U±80 mV 10—U±40 mV 11—U±20 mV 14—U 0···10 V 15 —U 0···5 V	UINT16	RW	0x0000（0 dec）

由表 4-7 可知，ELM 的 ch1 电压范围为 -2～-18 V，因此设置值为"1—U±30V"。从 8010:0 开始依次可以找到"PAI Setting Ch. 2""PAI Setting Ch. 3"和"PAI Setting Ch. 4"。结合表 4-7 传感器的电压特性和表 4-8 通道设置内容给所有通道设置正确的参数，如图 4-34 所示。

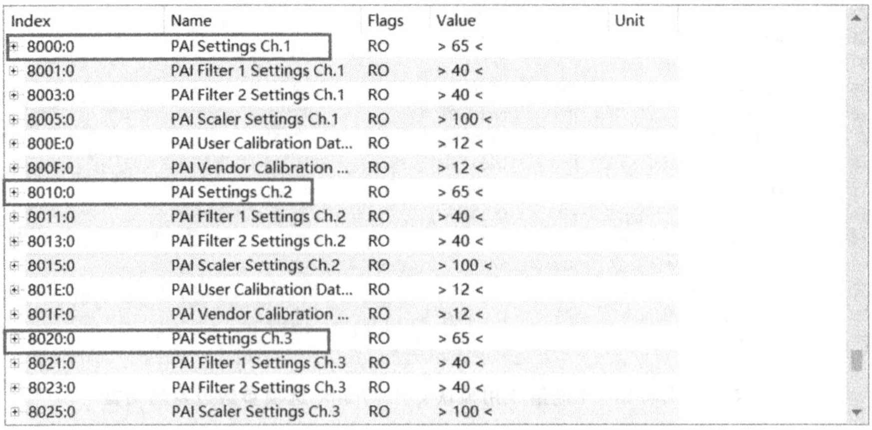

Index	Name	Flags	Value	Unit
⊞ 8000:0	PAI Settings Ch.1	RO	> 65 <	
⊞ 8001:0	PAI Filter 1 Settings Ch.1	RO	> 40 <	
⊞ 8003:0	PAI Filter 2 Settings Ch.1	RO	> 40 <	
⊞ 8005:0	PAI Scaler Settings Ch.1	RO	> 100 <	
⊞ 800E:0	PAI User Calibration Dat...	RO	> 12 <	
⊞ 800F:0	PAI Vendor Calibration ...	RO	> 12 <	
⊞ 8010:0	PAI Settings Ch.2	RO	> 65 <	
⊞ 8011:0	PAI Filter 1 Settings Ch.2	RO	> 40 <	
⊞ 8013:0	PAI Filter 2 Settings Ch.2	RO	> 40 <	
⊞ 8015:0	PAI Scaler Settings Ch.2	RO	> 100 <	
⊞ 801E:0	PAI User Calibration Dat...	RO	> 12 <	
⊞ 801F:0	PAI Vendor Calibration ...	RO	> 12 <	
⊞ 8020:0	PAI Settings Ch.3	RO	> 65 <	
⊞ 8021:0	PAI Filter 1 Settings Ch.3	RO	> 40 <	
⊞ 8023:0	PAI Filter 2 Settings Ch.3	RO	> 40 <	
⊞ 8025:0	PAI Scaler Settings Ch.3	RO	> 100 <	

图 4-34　ELM3004 测量专用模块通道设置参数

对于 ELM3602 模块，ELM360x 的手册中关于 80n0:01 的范围定义如表 4-9 所示。

表 4-9　ELM3602 测量专用模块采样通道设置

索引（hex）	名　　称	含　　义	数据类型	参数描述	缺省值
80n0:0	PAI Settings（通道设置）Ch.［n+1］	UINT8	RO	0x41（65 dec）	
80n0:01	Interface	Selection of the measurement configuration（测量范围设置）： 0—None 97—IEPE±10 V 98—IEPE±5 V 99—IEPE±2.5 V 100—IEPE±1.25 V 101—IEPE±640 mV 102—IEPE±320 mV 103—IEPE±160 mV 104—IEPE ±80 mV 105—IEPE±40 mV 106—IEPE±20 mV 107—IEPE 0…20 V 108—IEPE 0…10 V	UINT16	RW	0x0000（0 dec）

按照上面介绍的方法，根据表 4-7 所示传感器的电压特性和表 4-9 所示的通道设置内容给 ELM3602 的两个通道设置参数。

4）启动转子轴承实验台

参考 4.5.1 小节启动转子轴承实验台，并在 Scope 中添加变量监控。AIch1_data 和 AIch2_data 的轴心轨迹如图 4-35 所示，AIch3_data 磁电转速如图 4-36 所示，AIch4_data 扭矩信号如图 4-37 所示。

ELM3602 模块的 channel1_data 振动加速度信号如图 4-38 所示，channel2_data 振动速度信号如图 4-39 所示。

5）变换采样频率的方法

点击设备节点，切换到"Process Data"选项卡，在"PDO Assignment（0x1C13）:"区域勾选 0x1A02～0x1A06，可以发现左侧的设备树中出现了"PAI Sample 2 ch.1～PAI Sample 10 ch.1"，如图 4-40 所示。

展开 PAI Samples 10 Ch.1 的节点，可以发现下面有 SubIndex 001～SubIndex 010，即在一个 PLC 周期内，可以采样到 10 个值（见图 4-41），若 PLC 周期设置为 1 ms，则采样频率为 10 kHz。

在 PLC 的变量声明区新增一个数组的声明，生成项目，在 Instance 下会多出一组数组变量，将变量两两绑定，如表 4-10 所示。

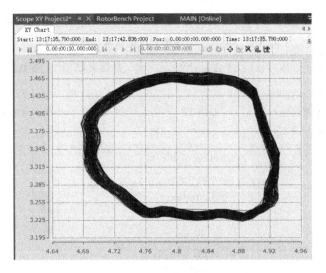

图 4-35　ELM3004 模块测量轴心轨迹

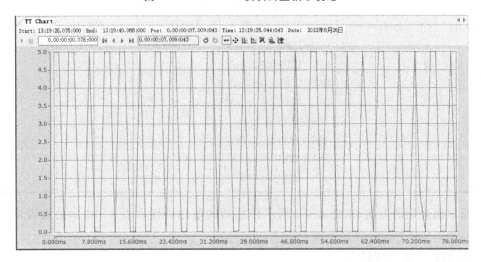

图 4-36　ELM3004 模块测量磁电转速

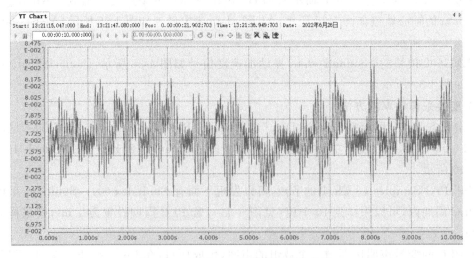

图 4-37　ELM3004 模块测量扭矩信号

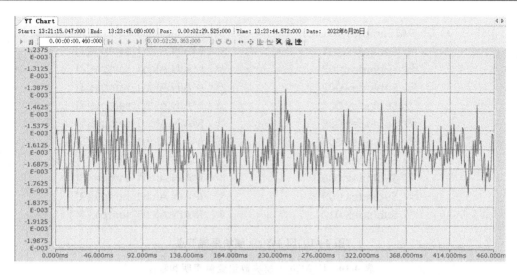

图 4-38 ELM3602 模块测量振动加速度信号

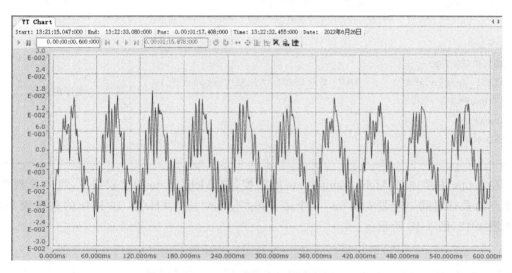

图 4-39 ELM3602 模块测量振动速度信号

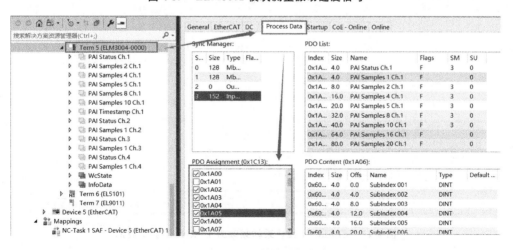

图 4-40 ELM3004 模块采样频率设置

▲ 🖳 PAI Samples 10 Ch.1	▲ 🖳 MAIN.AIch1_sample
🔧 SubIndex 001	🔧 MAIN.AIch1_sample[1]
🔧 SubIndex 002	🔧 MAIN.AIch1_sample[2]
🔧 SubIndex 003	🔧 MAIN.AIch1_sample[3]
🔧 SubIndex 004	🔧 MAIN.AIch1_sample[4]
🔧 SubIndex 005	🔧 MAIN.AIch1_sample[5]
🔧 SubIndex 006	🔧 MAIN.AIch1_sample[6]
🔧 SubIndex 007	🔧 MAIN.AIch1_sample[7]
🔧 SubIndex 008	🔧 MAIN.AIch1_sample[8]
🔧 SubIndex 009	🔧 MAIN.AIch1_sample[9]
🔧 SubIndex 010	🔧 MAIN.AIch1_sample[10]

图 4-41　ELM3004 模块采样节点

表 4-10　ELM3004 模块数组变量声明和程序

AIch1_sample AT %I* :ARRAY[1..10] OF DINT;	变量声明区

``
i:=1;
WHILE i<11 DO
AIch1_sampledata[i] := DINT_TO_LREAL(AIch1_sample[i])/
8388608*30;
i:=i+1;
END_WHILE
``
	程序逻辑区

在 Scope 中添加对 AIch1_sampledata 的监控，与 AIch2_data 的比较如下，可以发现两者单个点的采样时间一个是 0.1 ms，一个是 1 ms，分别对应 1 kHz 和 10 kHz 的采样频率，分别如图 4-42、图 4-43 所示。

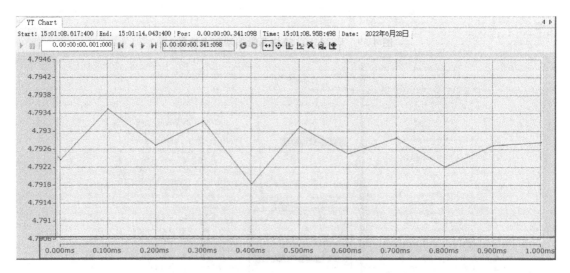

图 4-42　ELM3004 模块采样频率为 10 kHz 的测量波形

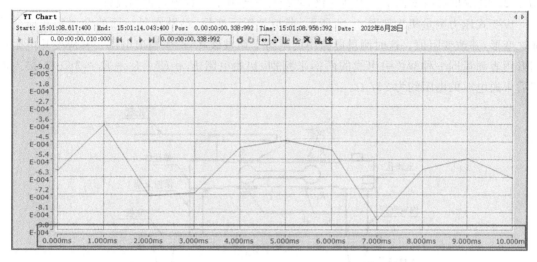

图 4-43　ELM3004 模块采样频率为 10 kHz 的测量波形

4.5.3　电桥称重操作实验

1. 实验目的

（1）了解直流电桥原理以及单臂、半桥、全桥测量电路，能够解释三类测量电路输出灵敏度、非线性误差、温度误差存在差异的原因。

（2）了解金属箔式应变片的应变效应，能够结合案例说明应变片如何在相应领域实现测量作用。

（3）了解应变力传感器的应用，能够进行电路标定和相关误差计算分析。

2. 实验内容

使用电桥性能实验模块对砝码进行质量测量，绘制质量与电压之间的变化关系图，计算系统的灵敏度，完成标定实验，计算非线性误差。

3. 实验设备（见表 4-11）

表 4-11　电桥称重实验设备

设　　备	数　　量
电桥性能实验模块	1 台
砝码	1 盒
万用表	1 台
PC 设备	1 台
嵌入式控制器 CX5140	1 台
EL3004 模拟量输入模块	1 个
TwinCAT 软件	1 套

实验所用电桥电路为直流全桥电路，其原理在 4.3.2 小节中已有介绍，在全桥测量电路中，将受力性质相同的两应变片接入电桥对边，受力性质不同的接入邻边，应变片初始阻值：$R_Q = R_1 = R_2 = R_3 = R_4$，其变化值 $\Delta R_Q = \Delta R_1 = \Delta R_2 = \Delta R_3 = \Delta R_4$ 时，其桥路输出电压：$U_o =$

$EK\varepsilon/2$。其输出灵敏度比半桥提高一倍,非线性误差和温度误差均得到改善。

应变式压力测量机构如图 4-44 所示,薄板受压后变形,粘贴在另一面的金属箔式应变片随之变形,并改变阻值。这时测量电路中的电桥平衡被破坏,产生输出电压。其应变片电阻可用万用表测量同一种颜色引出线的两端来判别,初始电阻 $R_1 = R_2 = R_3 = R_4 \approx 350\ \Omega$,接入电路后未通电时的电阻约为 $267\ \Omega$。

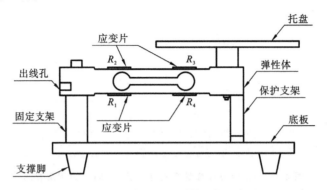

图 4-44　应变式压力测量机构示意图

实验的信号调理电路如图 4-45、图 4-46 所示,由两部分组成,前一部分是由三个运放构成的仪表放大电路,后一部分是反相比例放大电路,将仪表放大电路的输出电压进一步放大。仪表放大电路中,通过电桥调零 R28 旋钮调整 100 Ω 电位器实现平衡电桥,通过“放大倍数调节”Rg 旋钮调整 1 kΩ 电位器实现运放的增益调节。在反向放大电路中,通过“放大倍数调节”R40 旋钮调整 100 kΩ 电位器实现运放的增益调节,通过“输出调零”R42 旋钮调节 10 kΩ 的电位器实现整个放大电路的输出调零。

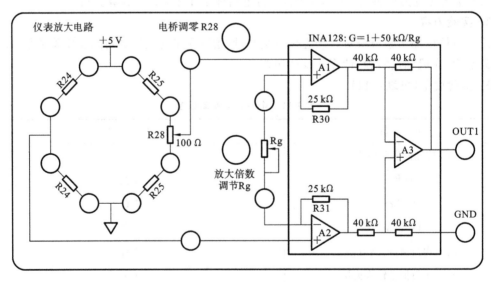

图 4-45　仪表放大电路原理图

4. 实验步骤

1) 应变片电阻测量

称重台应变片电阻分别为 R24(绿色)、R25(黑色)、R26(红色)、R27(蓝色)。未通电(电源

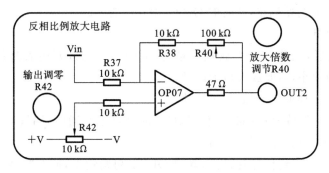

图 4-46　反相比例放大电路原理图

开关灯灭)时用万用表测量同一种颜色的两个测点,阻值均约为 267 Ω。

2) 电桥调零

给电桥性能实验模块通电,调节"电桥调零"R28 旋钮使电桥电压为 0.0 mV。

3) 一级放大调节初值设置

根据同向放大器的增益计算公式(4.12)有:A1=(1+2×R30/Rg)。其中 R30=25 kΩ 为固定值,Rg 为 0~1 kΩ 电位器。当 Rg 调为 0 时增益最大,放大器为饱和输出,输出电压约为电源电压。

为避免饱和输出,需首先将一级放大倍数调节 Rg 旋钮顺时针调节至最大阻值(约为 1 kΩ)此时 A1 最小,A1≈(1+50/1)=51。

验证增益是否为 51 的方法包括以下 4 步。

(1) 保持 Rg 顺时针到顶,电阻最大,断电测量 Rg 电阻,应约为 1000 Ω。

(2) 通电,用万用表测量电桥电压,调节"电桥调零"旋钮,使得电压显示为 0.010 V。

(3) 测量 GND 和 OUT1 之间的电压,显示为 0.510 V,即表明一级放大倍数为 0.510/0.010=51 倍,实测值可能为(51±2)倍。

(4) 验证完毕需恢复电桥调零。

4) 二级放大调节初值设置

二级放大即反向比例调节,二级放大的增益为-A2=-(R38+R40)/E37,其中 R38=R37=10 kΩ 固定电阻值,R40 为 0~100 kΩ 电位器,因此-A2 最大为-11,最小为-1。

为了避免饱和输出,需先将"二级放大倍数调节"电位器(R40)逆时针调整到最小值 0,此时增益为-1,其含义是:若 OUT1 电压增大 1 V,则 OUT2 电压减少 1 V。

验证增益是否为-1 的方法:先测量记录 OUT1 与 GND 间电压 V10、OUT2 与 GND 间的电压 V20,改变电桥调零 R28 旋钮,再次测量记录 OUT1 和 OUT2 的电压值 V11 和 V21,验证 V11-V10=-(V21-V20)是否成立。验证完毕需重复电桥调零的动作恢复电桥调零。

5) 输出调零

根据反向放大器的增益计算公式(4.11),若二级相对于一级输出放大-1 倍,则 OUT2 应与 OUT1 大小相等、方向相反。

因此在一级电位器最大(1 kΩ)、二级电位器最小(0 Ω)的条件下,记录 OUT1,然后测量 OUT2,调整"OUT2 输出调零"旋钮,使得电压示数为与 OUT1 的示数大小相等、方向相反,即实现输出调零。

至此,完成了电调初始调整,此时的 OUT2 增益应为－51。

6）称重增益调节

电桥调零完成后,在称重台上放置质量为 100 g 的砝码,万用表测得原始输出可能为 0.1～0.2 mV,该值太小,需要放大显示记录。

调节流程(注意不要调错旋钮)如下所述。

(1) 不放置砝码,保持 Rg 为最大值 1 kΩ(顺时针极限),通电,测量 OUT1,调节"电桥调零"R28 旋钮,使得 OUT1 输出为±5 mV。

(2) 放置 100 g 砝码到桥臂托盘上,观测 OUT1 初始输出,调节"一级放大倍数调整"Rg 旋钮(注意观察调节时读数的变化特点),继续测量 OUT1,使得取放砝码时的电压变化为 0.200 V 左右(相对于初始输出,试分析此时的一级增益)。

(3) 测量 OUT2 的输出,调节"二级放大倍数调节"R40 旋钮,使得取放砝码时 OUT2 的输出值变化(多次取放砝码)0.50 V 左右,即二级增益为－2.5。

调好后保持一级放大 Rg 旋钮、二级放大 R40 旋钮、输出调零 R42 旋钮不变。

7）称重记录

在托盘上放置不同的砝码,读取输出端 OUT2 电压值,将结果填入实验数据表中。

8）TwinCAT 进行称重台标定

(1) 用 BNK 线将电桥模块的 OUT2 连接到实验台采集接口模块的 CH6,打开电桥。

(2) 打开 C:\iCAT\电桥称重\Weight_EL 文件夹下的"Weight. sln",参考第 1 章下载执行程序,点击 PLC 项目下的"Visualization",切换到计算界面,如图 4-47 所示。

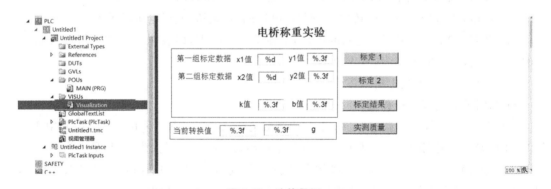

图 4-47　计算界面

(3) 不放置砝码,第一组标定数据 X1 值为 0 g,待"当前转换值(y)"的变化较小时,点击"标定 1",得到一个 y1 值。y1 正常值应该为－10～＋10,若 y1 值过大,则系统可能没有正常运行。

(4) 放置较大质量的砝码,例如 500 g 等,在第二组标定数据 X2 值中输入对应的克数,等待约 10 秒,待"当前转换值(y)"的变化较小时,点击"标定 2",得到一个 y2 值,y2 值应与 y1 值有较大差异,否则应怀疑系统有异常。

(5) 点击"标定结果",会显示计算得到的 k 值和 b 值。记录实验数据。

(6) 放置不同砝码组合,变更负载质量,点击"实测质量",记录砝码质量及对应的虚拟仪器系统测量值。注意拍照记录保存实验数据。图 4-48 所示为一组示例结果。

图 4-48　电桥称重测量示例

9）实验数据处理

（1）填写全桥测量时输出电压与对应砝码的质量值，如表 4-12 所示，并根据表绘制电压重量变化曲线图，计算灵敏度 $S1=\Delta V/\Delta M$（输出电压变化量与质量变化量之比）。

表 4-12　输出电压与对应砝码质量值

质量/g						
输出电压/mV						

（2）完成标定实验，填写表 4-13 和表 4-14，并计算非线性误差。

表 4-13　标定实验记录表 1

称重质量 1/g		电压输出值 1/mv	
称重质量 2/g		电压输出值 2/mV	
标定的 k 值		标定的 b 值	

表 4-14　标定实验记录表 2

标准质量/g	20	50	100	200	300	400
称重结果/g						

4.5.4　电桥称重设计实验

1. 实验目的

（1）了解电桥称重实验台的基本原理，学习电桥称重的基本操作方法。

（2）掌握使用模拟量输入模块采集传感器信号的基本方法。

（3）掌握使用 HMI 设计控制界面的基本方法。

2. 实验内容

本实验是在 TwinCAT 上开发上一个实验所用的称重标定软件，现场电桥称重环节是为了调试和验证软件的正确性。程序开发的主要流程如下：在 PLC 中声明相关变量，与 EL3004 的通道 1 进行绑定，建立 TwinCAT HMI，与 PLC 中的变量进行绑定。要求根据两次的模拟输入量与对应的砝码重量进行标定，计算标定之后的斜率和截距，并根据当前的模拟输入量计算实测质量。

3. 实验设备(见表 4-15)

表 4-15 实验设备

设　备	数　量
电桥性能实验模块	1 台
砝码	1 盒
万用表	1 台
PC 设备	1 台
嵌入式控制器 CX5140	1 台
EL3004 模拟量输入模块	1 个
TwinCAT 软件	1 套

4. 实验步骤

参考第 1 章的相关章节完成项目的创建与设备的扫描,然后进行变量声明、绑定、搭建 HMI、定义按钮逻辑等操作,然后下载执行 PLC 程序,检验程序逻辑。

1) 变量声明和程序(见表 4-16)

表 4-16 变量申明和程序

``
VAR
    AIch1 AT%I*   :INT;
    AIch1_value :LREAL;
    x1 :LREAL :=0;
    x2 :LREAL :=0;
    y1 :LREAL :=0;
    y2 :LREAL :=0;
    k :LREAL :=0;
    b :LREAL :=0;
    m :LREAL :=0;
END_VAR
``
	变量声明区

``
//int 的范围为 -32767~32767,需要将其转化到 -10 V~10 V 范围内。
AIch1_value :=10* INT_To_LREAL(AIch1)/32768;
``
	程序逻辑区

2) 绑定变量

参考 4.5 节中的"传感器测量实例",完成 EL3004 下的"AI Standard Channel 1"与"AIch 1"的绑定。

3) 建立 TwinCAT PLC HMI 项目

参考第 3 章的相关内容,搭建出 HMI 界面,并将 HMI 界面上的相关输入区域与刚刚声明的 PLC 变量相连接,如图 4-49 所示。

4) 定义按钮逻辑

图 4-49 所示 HMI 界面中的每个按钮,均可在"OnMouseClick"中定义相关操作逻辑,输入配置均为"执行 ST 代码",其中各按钮对应的操作内容如表 4-17 所示。

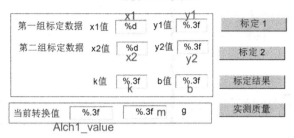

图 4-49　电桥称重 HMI 界面与对应变量

表 4-17　HMI 中各按钮操作内容

按　　钮	内　　容
标定 1	MAIN.y1 :=MAIN.AIch1_value;
标定 2	MAIN.y2 :=MAIN.AIch1_value;
标定结果	MAIN.k := (MAIN.y1-MAIN.y2)/(MAIN.x1-MAIN.x2);
实测质量	MAIN.m = (MAIN.AIch1_value-MAIN.b)/MAIN.k;

5）检验程序逻辑

下载并执行 PLC 程序,依照电桥称重操作实验中的相关步骤完成称重台标定实验,检验测量得到的砝码重量与砝码实际重量之间的误差。

4.5.5　TwinCAT 数据采集实验

实验内容是将 TWinCAT 采集到的数据通过 ADS 通信发送给 Python 程序。TwinCAT 只负责数据采集,而复杂的数据处理(时域特征分析、频域分析等)以及数据存储则由 Python 程序完成,这样可以充分发挥两者的优势,降低编程的难度。用到的相关设备如表 4-18 所示。

表 4-18　TwinCAT 数据采集实验设备

设　　备	数　　量
PC 设备	1 台
信号发生器	1 台
嵌入式控制器 CX5140	1 台
EL3004 模拟量输入模块	1 个
ELM 3004 模拟量输入模块	1 个
TwinCAT 软件	1 套
Python 软件	1 套

1. 采集模块参数设置

主要对采样频率、采样点数、采样通道等参数进行说明。

1）EL3004 模块

EL3004 模块的采样频率由 PLC 的周期决定,在 TwinCAT 项目下找到"Plc Task",更改

"Cycle ticks",1 ms 对应 1000 Hz,如图 4-50 所示。

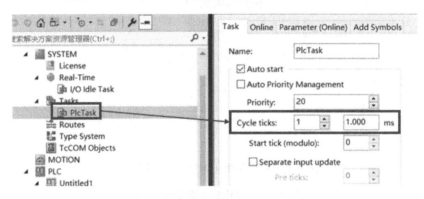

图 4-50 EL3004 模块更改"Cycle ticks"

确定采样点数,EL3004 采集卡任一通道在一个 PLC 周期内都只能获取一个 INT 类型数据,即 1 秒内的采样点数在数值上与采样频率相等。一个通道就是一个输入,每个 PLC 周期都会刷新各通道数值。

确定采样通道,EL3004 拥有 4 个通道,即 4 个输入,当需要获取对应通道的数据时,在 PLC 程序中创建输入变量与通道链接即可,参见 4.5.1 小节"传感器测量实例——模拟量输入模块"。

2) ELM3004 模块

相较于 EL3004 模块,ELM3004 模块支持更高的采样频率。可以在 PLC 的周期固定时,通过选择不同的超采样方案,设置不同的采样频率。ELM3004 拥有 4 个通道,当需要获取对应通道的数据时,在 PLC 程序中创建输入变量与通道链接即可,参见 4.5.2 小节"传感器测量实例——测量专用模块"。

2. PLC 程序设计

参考第 1 章的相关章节完成项目的创建与设备的扫描,然后进行变量声明、绑定等操作,其中 nCh1、nCh2 为原始通道 1 的输入,nCh1_real、nCh2_real 为转换后得到的实际数据大小,nCh1_array、nCh2_array 是最近 1 s 时间内采集到的数据组成的数组。将变量 nCh1、nCh2 分别与 EL3004 的通道 1 和通道 2 绑定。编写具体程序如表 4-19 所示,然后登录下载执行 PLC 程序,检验程序逻辑。

表 4-19 EL3004 模块采集变量声明和程序

``
VAR
    CH1 AT%I* :INT;
    CH1_real :LREAL;
    CH1_array :ARRAY[0..999] OF LREAL;
    CH2 AT%I* :INT;
    CH2_real :LREAL;
    CH2_array :ARRAY[0..999] OF LREAL;
    i:INT :=0;
END_VAR
``
	变量声明区

续表

``
CH1_real :=10*CH1/32767.0;
CH2_real :=10*CH2/32767.0;
CH1_array[999] :=CH1_real;
CH2_array[999] :=CH2_real;
FORi :=0 to 998 BY 1 DO
    CH1_array[i] :=CH1_array[i+1];
    CH2_array[i] :=CH2_array[i+1];
END_FOR
``
	程序逻辑区

TwinCAT 与 Python 进行 ADS 通信所需的时间主要决定于通信的次数,而与通信的内容关系不大。两者进行一次通信大约需要 3 ms,而采集卡采样频率为 1000 Hz(1 ms)。如果每次通信只传递当前时刻采集到的数据,则会导致 Python 接收数据缺失,这是不允许的;否则信号分析的结果将会是错误的。所以定义数组,延长 TwinCAT 中采集卡数据完全刷新的周期,从而保证 Python 能够接收到采集卡采集到的所有数据。以当前 PLC 程序为例,数组长度为 1000,采样频率为 1 ms,故采集卡数据完全刷新一次需要 1 s 的时间,大于通信所需要的 3 ms,所以 Python 能够接收到完整的数据。

3. Python 程序设计

TwinCAT 与 Python 的通信通过 ADS 来实现,ADS 的相关介绍参见 1.1.3 小节的第 4 点。对于 Python,可以调用第三方库 pyads 来实现 Python 程序与 TwinCAT 的 PLC 程序之间的通信。pyads 库在 Windows 系统上使用的是 tcadsddll.dll 提供的程序编程接口,通过创建 PLC 对象,然后指定 PLC 程序的变量名称和类型就可以由 PLC 对象对变量进行读写,从而实现与 PLC 程序的通信。其中,PLC 对象由 TwinCAT 软件的 IP 地址 AMS Net Id 和 PLC 程序的端口号 Port 唯一确定。TwinCAT 与 Python 的 ADS 通信实现主要分三个步骤。

1) 获取 AMS Net Id

获取 AMS Net Id 有两种方式,方式一如图 4-51 所示,方式二如图 4-52 和图 4-53 所示。

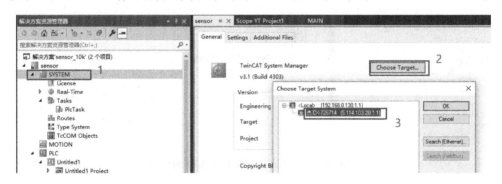

图 4-51　TwinCAT 获取 AMS Net Id 方式一

2) 获取端口

TwinCAT 获取 PLC 程序的端口,如图 4-54 所示。

3) 编写 Python 程序

得到 AMS Net Id 和端口(Port)之后,就可以通过 Python 的 pyads 库创建 PLC 对象,再通过指定 PLC 程序的变量名称和类型就可以由 PLC 对象对变量进行读写,从而实现与 PLC 程序的通信。使用 pyads 库要先进行安装:打开命令提示符(CMD),输入 pip install pyads,回

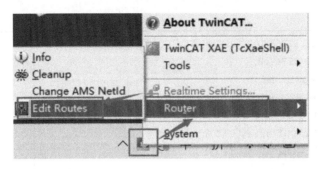

图 4-52　TwinCAT 获取 AMS Net Id 方式二操作

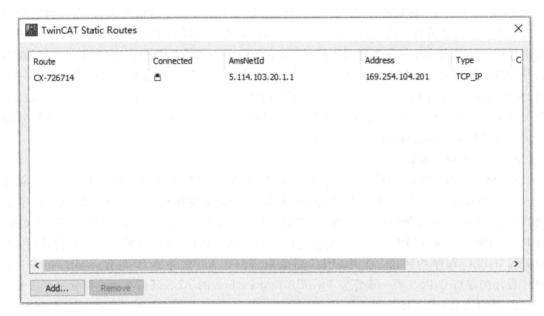

图 4-53　TwinCAT 获取 AMS Net Id 方式二结果

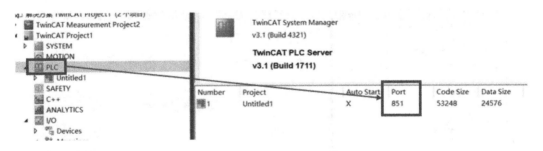

图 4-54　TwinCAT 获取 PLC 程序的端口

车,之后就会进行 pyads 库的安装。安装成功后,在 Python 程序中使用 pyads 库,使用前要先进行导入:import pyads。pyads 库的常用函数和数据如表 4-20 所示。

表 4-20　pyads 的常用函数和类型数据

常 用 函 数	功　能	参　数	说　明
pyads. Connection （AMSNetId,Port）	连接并创建 PLC 对象	AMSNetId(str)	TwinCA 的 AMSNetId
		Port(int)	PLC 程序的端口 Port

类 型 数 据	说　　明
pyads. PLCTYPE_BOOL	PLC 程序的 BOOL 变量类型
pyads. PLCTYPE_INT	PLC 程序的 INT 变量类型
pyads. PLCTYPE_LERAL	PLC 程序的 LERAL 变量类型
pyads. PLCTYPE_ARR_LERAL	PLC 程序的数组类型,元素为 LERAL 类型

PLC 对象的常用方法如表 4-21 所示。

表 4-21　PLC 对象的常用方法

方　　法	功　　能	参　　数	说　　明
open( )	打开通信	无	
close( )	关闭通信	无	
read_by_name(x,type)	读取 PLC 程序的变量值	x(str)	变量名称
		type	变量数据类型
write_by_name(x,val,type)	更改 PLC 程序的变量值	x(str)	变量名称
		val	需要更改的值
		type	变量数据类型

　　打开编写 Python 程序的编辑器,创建一个 ADS. py 文件,输入表 4-22 中的程序并保存。ADS. py 程序的功能是连接 PLC 程序并读取 PLC 程序变量 CH1_array 和 CH2_array 的值,即通道 1 和通道 2 的数据,然后绘制它们的图像。运行 ADS. py 程序,如果运行正确,则会显示出两个通道数据的图像,通道 1 和通道 2 的信号分别是一个正弦波和一个方波,如图 4-55 所示,根据图像从而判断数据是否正确。Python 在正确获取到通道数据之后,可以对数据进行保存以及各种分析(如 FFT 分析、时域特征分析等)。

表 4-22　pyads 程序

```
import pyads
import matplotlib as mpl
import matplotlib.pyplot as plt
mpl.rcParams["font.sans-serif"]=["SimHei"]
mpl.rcParams["axes.unicode_minus"]=False
AMSNetId='5.68.190.7.1.1'
Port=851
PLC=pyads.Connection(AMSNetId,Port)#连接 PLC
PLC.open()#打开通信
Data_CH1=PLC.read_by_name('MAIN.CH1_array', pyads.PLCTYPE_ARR_LREAL(1000))#读取
Data_CH2=PLC.read_by_name('MAIN.CH2_array', pyads.PLCTYPE_ARR_LREAL(1000))
plt.plot(Data_CH1,label='CH1')#绘制数据图像
plt.plot(Data_CH2,label='CH2')
plt.legend()
plt.show()#显示图像
PLC.close()#关闭通信
```

4. MATLAB 程序接口

MATLAB 中的 M 文件需要直接和 PLC 进行 ADS 通信时,需要编写一个 MEX 接口文

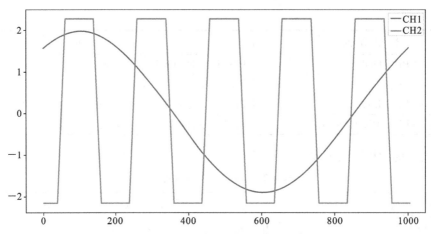

图 4-55 Python 程序采集双通道信号波形图

件,通过此接口文件调用 TwinCAT 软件平台的 TcADSDLL. dll 文件,然后才能调用 TcADSDLL. dll 文件中的功能函数,实现与 PLC 进行 ADS 通信。

MEX 从字面上是 MATLAB 和 Executable 两个单词的缩写。MEX 文件是一种可在 MATLAB 环境中调用的 C 语言(或 fortran)衍生程序,经 MATLAB 编译器处理而生成的二进制文件。在 Windows 系统下,MEX 文件是对 VS 下开发的源文件(C++开发的文件后缀为 cpp)进行编译后,形成的一个 mexw32 或 mexw64 文件,它是可以被 MATLAB 解释器自动装载并执行的动态链接程序,类似 Windows 下的 dll 文件。M file 可以通过文件名直接调用 MEX 文件。

本书中提及的与 TwinCAT 进行 ADS 通信的 MEX 文件是 MatlabTwincatWriteAds. mexw64 和 MatlabTwincatReadAds. mexw64 两个文件。

MatlabTwincatWriteAds. mexw64 用于写入 PLC 变量,其函数参数包括 NetId 地址、Twincat 数据类型和变量名、写入的数值或字符串、写入的元素个数等,如表 4-23 所示。atlabTwincatReadAds. mexw64 用于读取 PLC 变量,其函数参数包括 NetId 地址、Twincat 数据类型和变量名、读取元素的个数等,如表 4-24 所示。

表 4-23 MATLAB 与 TwinCAT ADS 通信(PLC 变量写入)

```
NetId=[192,168,0,130,1,1];
%参数:
%1.NetId 地址
%2.twincat 里面的数据类型('lreal/int/bool/string/matrix/matint')
%3.twincat 里面的变量名('MAIN.......')
%4.要输入的数值、字符串(8 个)
%5.lreal/int/bool/string 时,0~8 中的任一值。matrix/matint 时,写入元素的个数

MatlabTwincatWriteAds(NetId,'lreal','MAIN.inoutput_matrix[2]',4,0);
%写 int 类型 (UINT、DINT)
MatlabTwincatWriteAds(NetId,'int','MAIN.inoutput_int',4,0);
%写 bool(0:false,else:true)
MatlabTwincatWriteAds(NetId,'bool','MAIN.inoutput_bool',1,0);
%写字符串
MatlabTwincatWriteAds(NetId,'string','MAIN.inoutput_string','beckhoff',0);
%写矩阵
MatlabTwincatWriteAds(NetId,'matrix','MAIN.inoutput_matrix',[5 5 5 1 6],5);
%写 int 类型的矩阵
MatlabTwincatWriteAds(NetId,'matint','MAIN.inoutput_matrixint',[9 9 9 9 9],5);
```

表 4-24　MATLAB 与 TwinCAT ADS 通信(PLC 变量读取)

```
NetId=[192,168,0,130,1,1];
%参数：
%1.NetId地址
%2.twincat里面的数据类型('lreal/int/bool/string/matrix/matint')
%3.twincat里面的变量名('MAIN.......')
%4.lreal/int/bool/string类型时,无效。matrix/matint时,为读取元素的个数

%读bool
o_bool=MatlabTwincatReadAds(NetId,'bool','MAIN.inoutput_bool',0);
%读lreal
o_lrel=MatlabTwincatReadAds(NetId,'lreal','MAIN.inoutput_lreal',0);
%读矩阵的某一个
o_matrix= MatlabTwincatReadAds(NetId,'lreal','MAIN.inoutput_matrix[2]',0);
%读int
o_int=MatlabTwincatReadAds(NetId,'int','MAIN.inoutput_int',0);
%读字符串
o_string=MatlabTwincatReadAds(NetId,'string','MAIN.inoutput_string',0);
%读矩阵
o_matrix1=MatlabTwincatReadAds(NetId,'matrix','MAIN.inoutput_matrix',5);
% 读 int 类型的矩阵
o_matrixint=MatlabTwincatReadAds(NetId,'matint','MAIN.inoutput_matrixint',5)
```

参照 4.5.5 小节的第 3 点"Python 程序设计"获取 TwinCAT 的 AMS Net Id 和 PLC 程序的端口,打开 MATLAB 程序,在命令行中输入以下命令,显示通道 1 的信号如图 4-56 所示。

```
NetId=[5,68,190,7,1,1];
array=MatlabTwincatReadAds(NetId,'matrix',' MAIN.CH1_array',1000);
plot(array)
```

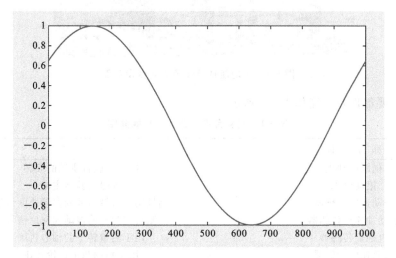

图 4-56　MATLAB 程序采集单通道信号波形图

第5章 智能控制与感知系统

本章主要介绍 TwinCAT 3 伺服电动机的速度模式和力矩模式两种控制方式,控制对象为智能控制与感知实验台。它是多功能轴承转子实验台的升级,实验台具有结构简单,拓展方便、操控适宜的特点。不仅可对轴系和滚动轴承的结构进行了解,灵活配置振动、转速、位移等机械参量传感器,而且可模拟转子升降速瞬态过程及稳态运行工况,进行轴系和滚动轴承的状态监测与故障诊断分析。

控制系统向下延伸,支持系统建模,根据输入力矩参数、输出位置数据和响应时间等实验数据,通过 MATLAB 系统辨识工具箱识别了系统的传递函数,并采用粒子群算法,寻找最优的 PID 参数,实现实验台转速的精确控制。此外,控制系统还向上延伸,支持智能感知、开放自动化和数据驱动应用的模块化,通过工业实时以太网 EtherCAT 与边缘计算系统集成,构成智能控制与感知系统。

5.1 实验台简介

5.1.1 轴承转子实验台结构

实验的设备多功能轴承转子实验台,是一款小型化的机电综合测控实验设备,可进行伺服电动机转速控制、轴承故障诊断、振动噪声分析等多种类型的实验。其结构如图 5-1 所示。

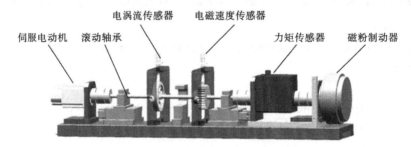

图 5-1 多功能轴承转子实验台设备图

实验台主要部件及功能如表 5-1 所示。

表 5-1 实验台主要部件及功能介绍

部 件 名 称	用 途
伺服电动机	用于实验台主轴的旋转
滚动轴承	支撑实验台主轴
振动速度传感器	测量实验台轴承处的振动速度信号
振动加速度传感器	测量实验台的振动加速度信号
电涡流传感器	用于测量转子的轴心轨迹
电磁速度传感器	用于精确测量齿轮转速
力矩传感器	用于测量轴末端的转矩
磁粉制动器	用于实验台的工况模拟

5.1.2　实验台测控系统

实验台测控系统如图 5-2 所示,主要部件参数如表 5-2 所示。

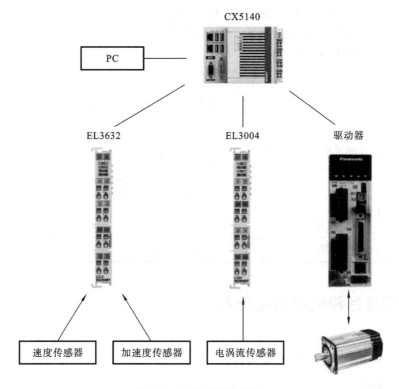

图 5-2　实验台测控系统

表 5-2　实验台主要部件技术参数

名　　称	简　　介	主　要　参　数
速度传感器		灵敏度:400 cm/s 频率范围:10~1000 Hz 测量方式:绝对
加速度传感器		灵敏度:3~4 pc/ms^2 频率:1~10000 Hz 极限加速度 5000 m/s^2
电涡流传感器		量程:1.5 mm 灵敏度:8 mv/μm 分辨率:1 μm 频率范围:4000 Hz
伺服电动机	MSMF042L1U2M	额定输入:三相 121 V 2.4 A 额定功率:400 W 额定转速:3000 r/min 额定转矩:1.27 N·m

名　称	简　介	主 要 参 数
EL3632	EtherCAT 端子模块 EL3632 能够直接连接带 IEPE 接口的加速计	输入数量:2 转换时间:20 μs 测量范围:默认 ±5 V up to 25 kHz，±250 mV up to 10 Hz 测量误差:<±0.5 %（DC；满量程）
EL3004	4 通道模拟量输入模块	输入点数:4(单端) 8(单端) 内部阻抗:>130 kΩ 输入滤波极限频率:1 kHz(4)，500 Hz(8) 分辨率:12 位 转换时间:0～500 μs(4)，0～1 ms(8) 测量误差:<±0.75%
CX5140	倍福工控机	详见设备说明书
驱动器	MBDLN25BE	详见设备说明书

5.2　实验台建模与控制仿真

5.2.1　实验台建模与识别

1. 实验台建模

转子系统的转速控制在伺服电动机的力矩模式下进行,系统的输入是力矩,输出是转速(角速度),参考第 3 章图 3-4 直流电动机模型。电压与转角之间的传递函数可以简化为式(3.6)。力矩在电源频率不变的情况下正比于电压,而转角是角速度的积分,故转子伺服控制系统以惯性环节 $\dfrac{K}{\tau_1 S+1}$ 来等效。

考虑到机械传动部件的影响,机械传动部分等效为纯滞后环节 $e^{-\tau_2 S}$,可知系统的开环传递函数为式(5.1),系统的开环传递函数框图如图 5-3 所示。

$$G(S)=\frac{K}{\tau_1 S+1}\times e^{-\tau_2 S} \tag{5.1}$$

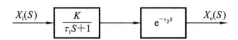

图 5-3　系统开环传递函数框图

2. 实验台系统参数辨识

在辨识系统之前,需要获得阶跃响应的输入力矩数据和输出位置数据以及它们对应的时间点。在 TwinCAT 中给予系统一个阶跃信号,阶跃力矩大小为 76.2 N·mm,用 TwinCAT 的 Scope 功能记录系统的输入和输出,并输出为 CSV 文件,文件截图如图 5-4 所示。

1	0	0.000197	0	0
2	1	0.000197	1	0
3	2	0.001357	2	0
4	3	0.001357	3	0
5	4	0.001131	4	0
6	5	0.001131	5	0
7	6	-0.00025	6	0
8	7	-0.00025	7	0
9	8	-0.0014	8	0
10	9	-0.0014	9	0
11	10	-0.00117	10	0
12	11	-0.00117	11	0
13	12	0.000816	12	0
14	13	0.000816	13	0
15	14	-0.00051	14	0
16	15	-0.00051	15	0
17	16	-0.00043	16	0
18	17	-0.00043	17	0
19	18	-0.00036	18	0
20	19	-0.00036	19	0
21	20	0.0003	20	0
22	21	0.0003	21	0
23	22	0.000846	22	0
24	23	0.000846	23	0

图 5-4　系统阶跃响应输入/输出数据截图

将数据导入 MATLAB 中,可以通过系统辨识工具箱来分析得到系统的传递函数。在 MATLAB 中导入数据,并画出系统的时域波形,如图 5-5 所示。

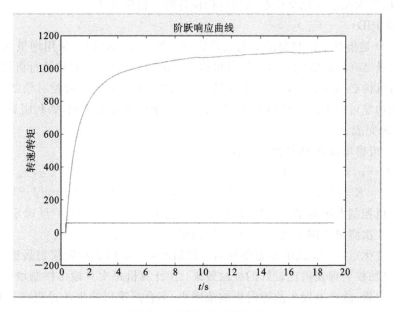

图 5-5　阶跃响应时域波形

将数据导入 MATLAB 系统辨识工具箱中,零点设置为 0 个,极点设置为 1 个,辨识后得到的结果为 $G(s) = \dfrac{K_p}{1 + T_{p1} \cdot s} \cdot \exp(-T_d \cdot s)$,其中 $K_p = 17.889$,$T_{p1} = 1.4601$,$T_d = 0$。由系统辨识结果可以知道,系统的滞后环节为零,系统辨识的拟合度高达 84.71%,拟合度较高,具有可信性,故系统可认为是一个一阶系统,传递函数可以近似为式(5.2)。

$$G(s) = \frac{17.889}{1 + 1.4601S} \tag{5.2}$$

5.2.2　经典 PID 控制

1. 位置式 PID

基本 PID 控制器的理想算式为式(5.3)。

$$u(t) = K_{\mathrm{p}}\left[e(t) + \frac{1}{T_s}\int_0^t e(t)\,\mathrm{d}t + T_{\mathrm{d}}\frac{\mathrm{d}e(t)}{\mathrm{d}t}\right] \tag{5.3}$$

式中：$u(t)$ 为控制器(也称调节器)的输出；$e(t)$ 为控制器的输入(常常是设定值与被控量之差，即 $e(t) = r(t) - c(t)$)；K_{p} 为控制器的比例放大系数；T_{i} 为控制器的积分时间；T_{d} 为控制器的微分时间。

设 $u(k)$ 为第 k 次采样时刻控制器的输出值，可得离散的 PID 算式为

$$u(k) = K_{\mathrm{p}}e(k) + K_{\mathrm{i}}\sum_{j=0}^{k} e(j) + K_{\mathrm{d}}\left[e(k) - e(k-1)\right] \tag{5.4}$$

式中：K_{i} 为积分系数，$K_{\mathrm{i}} = \dfrac{K_P T}{T_{\mathrm{i}}}$；$K_{\mathrm{d}}$ 为微分系数，$K_{\mathrm{d}} = \dfrac{K_{\mathrm{p}} K_{\mathrm{d}}}{T}$。

由于计算机的输出 $u(k)$ 直接控制执行机构(如阀门)，$u(k)$ 的值与执行机构的位置(如阀门开度)一一对应，所以通常称式(5.4)为位置式 PID 控制算法。

位置式 PID 控制算法的缺点：当前采样时刻的输出与过去的各个状态有关，计算时要对 $e(k)$ 进行累加，运算量大；而且控制器的输出 $u(k)$ 对应的是执行机构的实际位置，如果计算机出现故障，$u(k)$ 的大幅度变化会引起执行机构位置的大幅度变化。

2. 增量式 PID

增量式 PID 是指数字控制器的输出只是控制量的增量 $\Delta u(k)$。采用增量式算法时，计算机输出的控制量 $\Delta u(k)$ 对应的是本次执行机构位置的增量，而不是对应执行机构的实际位置，因此要求执行机构必须具有对控制量增量的累积功能，才能完成对被控对象的控制操作。执行机构的累积功能可以采用硬件的方法实现；也可以采用软件来实现，如利用算式 $u(k) = u(k-1) + \Delta u(k)$ 来完成。

由式(5.2)可得增量式 PID 控制算式(5.5)。

$$\begin{aligned}\Delta u(k) &= u(k) - u(k-1)\\ &= K_{\mathrm{p}}\left[e(k) - e(k-1)\right] + K_{\mathrm{i}}e(k) + K_{\mathrm{d}}\left[e(k) - 2e(k-2) + e(k-1)\right]\end{aligned} \tag{5.5}$$

一般计算机控制系统的采样周期 T 在选定后就不再改变，所以，一旦确定了 K_{p}、T_{i}、T_{d}，只要使用前后 3 次测量的偏差值即可由式(5.3)求出控制增量。

增量式算法优点：① 算式中不需要累加。控制增量 $\Delta u(k)$ 的确定仅与最近 3 次的采样值有关，容易通过加权处理获得比较好的控制效果；② 计算机每次只输出控制增量，即对应执行机构位置的变化量，故机器发生故障时影响范围小，不会严重影响生产过程；③ 手动切换为自动时冲击小，当控制从手动向自动切换时，可以做到无扰动切换。

5.2.3　基于粒子群算法的 PID 参数自整定

1. 粒子群原理

粒子群算法是一种应用广泛的优化迭代算法，其优点是收敛速度较快，参数少，算法简单易实现。如图 5-6 所示，鸟群中的鸟可以用来理解粒子群算法的概念，假设每个粒子对应于鸟

群中鸟,每只鸟都有可能找到食物,但是不一定是森林中最大的食物。每只鸟都在自己规划的方向上搜索食物,在搜索食物的过程中,每只鸟不知道最大的食物的位置,只知道它的方向以及自己在地图上所处的位置,但每只鸟之间可以共享信息,这样鸟群里的所有鸟就都知道最大的食物所处的方向。每只鸟在信息共享的基础上规划自己下一次的搜索方向,这样,在搜索一段时间后,所有鸟都会聚集在最大的食物所在的位置(全局最优解)。

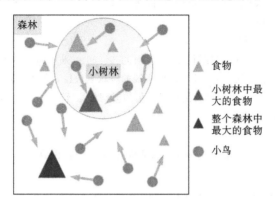

图 5-6　鸟群捕食

2. 适应度函数选择

在 PID 参数优化整定中,令种群的粒子数为 S,而 PID 控制器的三个参数组成了每个粒子的位置矢量,即粒子位置矢量的维数 $D=3$。

为了衡量 PID 闭环控制的效果,需要规定一个评价标准,本实验中选取了调节时间 t_s 和超调量 σ 作为比较依据,并规定评价函数为

$$f_{\text{acccss}} = \ln\left(\frac{t_s}{5\times10^{-2}}+1\right) + \ln\left(\frac{\sigma}{10^{-4}+1}\right) \tag{5.6}$$

为了得到更好的控制效果,自然是希望评价函数越小越好,相应的自适应度函数越高越好,所以可以令自适应度函数 $F=f_{\text{access}}$。

查阅相关文献,有作者为了体现综合性能,提出基于系统的偏差 $e(t)=r(t)-y(t)$ 和时间 t 之间的形式,如表 5-3 所示。在控制过程中,期望这些积分值越小越好。

表 5-3　偏差积分

名　　称	积　分　形　式
平方偏差积分(ISE)	$\text{ISE} = \int_0^\infty e(t)^2 \,\mathrm{d}t$
时间平方偏差积分(ITSE)	$\text{ITSE} = \int_0^\infty te(t)^2 \,\mathrm{d}t$
绝对偏差积分(IAE)	$\text{IAE} = \int_0^\infty |e(t)| \,\mathrm{d}t$
时间绝对偏差积分(ITAE)	$\text{ITAE} = \int_0^\infty t|e(t)| \,\mathrm{d}t$

3. 粒子群优化控制仿真

1) 定义适应度函数

在 MATLAB 中定义适应度函数,将系统辨识得到的系统的传递函数应用到粒子群算法

中,关键代码如表 5-4 所示。

表 5-4 定义适应度函数

```
function y1=PIDfitness(x)
sys0=tf(17.889,[14.601 1]);%在此处输入系统的传递函数
PIDsys=tf([x(3) x(1) x(2)],[1 0]);%PID 传递函数
sope=ss(PIDsys*sys0);
sys=feedback(sope,1);%构建闭环系统
[y,t]=step(sys,0:0.05:50);%阶跃信号,采样时间 0~50 s,采样周期 0.05 s
ess=y-1;%误差,注意:若系统不是一阶系统,系统的阶跃响应稳定值不一定为 1
t1=t(find(abs(y-1)<0.01));%存放接近目标值的时间的矩阵
sigma=max(ess);%最大超调量
ts=t1(1);%调节时间
y1=(log(ts*20+1)+log(sigma*10^4+1));%适应度函数(评价函数)
end
```

2) 编写 MATLAB 主程序

粒子群主程序执行流程如下所述。

第一步,初始化粒子群参数,如粒子群的规模、粒子三个维数,代码如表 5-5 所示。

表 5-5 主程序初始化粒子群参数代码

```
clear;
ParticleSize=30;%粒子群的规模即粒子数,可以自由选取
ParticleDim=3;%粒子的维数分别为 PID 三个参数,故维度为 3
Inter_max=100;%迭代次数。迭代次数越大,迭代时间越久
eps=0.0001;
Kp_min=0;%kp 的最小值
Kp_max=7.8;%kp 的最大值
Ki_min=0.1;%ki 的最小值
Ki_max=2.0;%ki 的最大值
Kd_min=0;%kd 的最小值
Kd_max=1.2;%kd 的最大值
PIDscope=[Kp_min Kp_max;Ki_min Ki_max;Kd_min Kd_max];%PID 参数的范围
Vscope=[-Kp_max Kp_max;-Ki_max Ki_max;-Kd_max Kd_max]*0.15;%速度的范围为 PID 参数范围的 0.1~0.2
```

第二步,随机初始化每个粒子的位置和速度,代码如表 5-6 所示。

表 5-6 粒子位置和速度初始化

```
X=zeros(ParticleSize,ParticleDim);
V=zeros(ParticleSize,ParticleDim);
for i=1:ParticleDim
    X(:,i)=PIDscope(i,1)+(PIDscope(i,2)-PIDscope(i,1))*rand;%位置初始化
    V(:,i)=Vscope(i,1)+(Vscope(i,2)-Vscope(i,1))*rand;%速度初始化
end
```

续表

```
Pbest=X;%初始化每个粒子的最优数组
f_Best=zeros(1,Inter_max);%存放每一次迭代的最佳适应度
f_Pbest=zeros(1,ParticleSize);
for i=1:ParticleSize
    f_Pbest(i)=PIDfitness(X(i,:));%每个粒子初始最优适应度为其自身适应度
end
g=find(min(f_Pbest));%找出所有初始粒子中的最优适应度
Gbest=X(g,:);%将所有粒子中最优适应的粒子赋值给 Gbest
```

根据粒子群公式来更新位置和速度信息。其中:Pbest 为每个粒子的最优数组;Gbest 为所有粒子中最优适应的粒子

第三步,开始主循环,如表 5-7 所示。

表 5-7　主循环代码

```
w=1;%初始化参数
c1=1;
c2=1;

for k=1:Inter_max   %主循环开始

for i=1:ParticleSize
%根据 PSO 公式求出速度进化值
V(i,:)=w*V(i,:)+c1*rand.*(Pbest(i,:)-X(i,:))+c2*rand.*(Gbest-X(i,:));
%添加速度范围限制
V(i,:)=(V(i,:)>Vscope(:,2)').*Vscope(:,2)'+(V(i,:)>=Vscope(:,1)'…
&V(i,:)<=Vscope(:,2)').*V(i,:)+(V(i,:)<Vscope(:,1)').*Vscope(:,1)';
%根据 PSO 公式求出粒子的位置进化值
X(i,:)=X(i,:)+V(i,:);
%添加位置范围限制
X(i,:)=(X(i,:)>PIDscope(:,2)').*PIDscope(:,2)'+(X(i,:)>=PIDscope(:,1)'…
& X(i,:)<=PIDscope(:,2)').*X(i,:)+(X(i,:)<PIDscope(:,1)').*PIDscope(:,1)';
```

更新自身最优解和全局最优解

```
%自身最优更新
if PIDfitness(X(i,:))<f_Pbest(i)
Pbest(i,:)=X(i,:);
f_Pbest(i)=PIDfitness(X(i,:));
end
%全局最优更新
if f_Pbest(i)<f_Gbest
Gbest=Pbest(i,:);
f_Gbest=f_Pbest(i);
end

end

w=w-k/Inter_max*0.7*w;%随着迭代次数增加减少惯性因子 w
```

循环结束后,最终得到模型最佳的 PID 控制参数,粒子群优化的 PID 参数就存储在变量 Gbest 中,绘图程序如表 5-8 所示,迭代过程中的 PID 参数整定和适应度函数曲线如图 5-7 所示。

表 5-8　绘图程序

```
%绘制 PID 参数整定图
subplot(2,1,1)
plot3(X(:,1),X(:,2),X(:,3),'o');
drawnow();
xlim([eps Kp_max])
ylim([eps Ki_max])
zlim([eps Kd_max])
xlabel('Kp');
ylabel('Ki');
zlabel('Kd');
axis tight
title('PID 参数整定');
%绘制适应度函数曲线图
f_Best(k)=PIDfitness(Gbest);
subplot(2,1,2)
plot(f_Best);
title('适应度函数曲线');
drawnow();
```

```
end%主循环结束
```

将粒子群算法寻优得到的 PID 参数在 MATLAB 中进行 PID 闭环控制仿真,输入式 (5.2)中得到的实验台的传递函数,在 MATLAB 中画出其单位阶跃响应的曲线,如图 5-8 所示。由仿真效果图可知,粒子群算法得到的 PID 参数有较好的仿真效果,粒子群算法起到了 PID 参数寻优的作用。粒子群主程序执行流程可参见图 5-9。

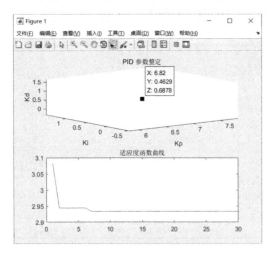

图 5-7　粒子群算法寻优图

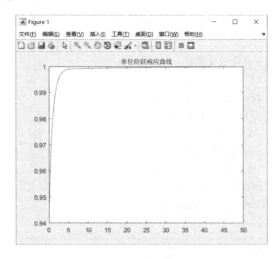

图 5-8　PID 仿真效果图

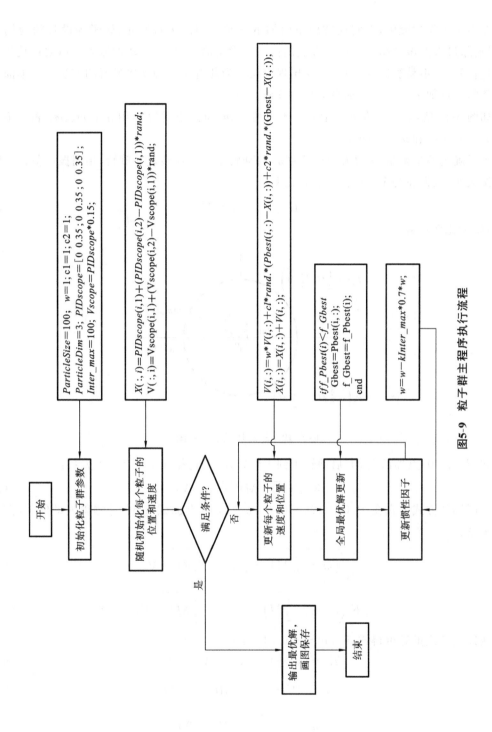

图5-9　粒子群主程序执行流程

5.3 轴系动平衡分析

在实际工作过程中,人们通常用单面加重三元作图法进行叶轮、转子等设备的现场动平衡,以消除过大的振动超差。这一方法的优点是设备简单,只需一块测振表。但缺点是作图分析的过程复杂,不易被掌握,而且容易出现错误。为此选用一种简单易行的方法——单面现场动平衡的三点加重法来进行轴系动平衡分析。

如图 5-10 所示,假设在转子上有一不平衡量 m,所处角度为 α,用分量 m_x、m_y 表示不平衡量。$m_x = m\cos\alpha$ 和 $m_y = m\sin\alpha$。

为了确定不平衡量 m 的大小和位置 α,启动转子在工作转速下旋转,用测振设备在一固定点测试振速,设振速为 V_0,则存在下列关系

$$K\sqrt{m_x^2 + m_y^2} = V_0 \tag{5.7}$$

式中:K 为比例系数。

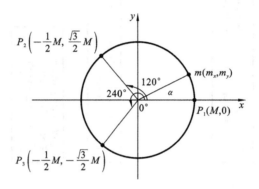

图 5-10　三点加重法示意图

在 $P_1(\alpha=0)$ 点加试重 M,启动转子到工作转速,测得振速 V_1,有如下关系:

$$K\sqrt{(m_x + M)^2 + m_y^2} = V_1 \tag{5.8}$$

用同样的方式分别在 $P_2(\alpha=120°)$ 和 $P_3(\alpha=240°)$ 点加试重 M,并测得振动值 V_2、V_3,有如下关系:

$$\sqrt{\left(m_x - \frac{1}{2}M\right)^2 + \left(m_y + \frac{\sqrt{3}}{2}M\right)^2} = V_2 \tag{5.9}$$

$$K\sqrt{\left(m_x - \frac{1}{2}M\right)^2 + \left(m_y - \frac{\sqrt{3}}{2}M\right)^2} = V_3 \tag{5.10}$$

从以上三式推导可得式(5.11)至式(5.13):

$$K^2 = (V_1^2 + V_2^2 + V_3^2 - 3V_0^2)/3M^2 \tag{5.11}$$

$$m_x = (V_1^2 - V_0^2)/2MK^2 - \frac{1}{2}M \tag{5.12}$$

$$m_y = \frac{1}{2\sqrt{3}MK^2}(V_2^2 - V_3^2) \tag{5.13}$$

以及

$$m = \sqrt{m_x^2 + m_y^2} \tag{5.14}$$

$$\alpha = \tan^{-1}(m_y/m_x) \tag{5.15}$$

经过化简可得

$$\frac{m_y}{m_x} = \frac{\sqrt{3}(v_2^2 - v_3^2)}{2v_1^2 - v_2^2 - v_3^2} \tag{5.16}$$

由式(5.16)可以发现角度只与速度有关,而与试重 M
无关:

当 $v_2 = v_3$ 时, $\alpha = 0°$;

当 $v_1 = v_2$ 时, $\alpha = 60°$;

当 $v_1 = v_3$ 时, $\alpha = -60°$;

即由 m_x、m_y 计算不平衡质量 m 和位置 α。

关于位置角 α 的正负含义,如图 5-11 所示。在实际
测量过程中,可以将转子转动的方向定义为正方向,选定
$0°$、$120°$、$240°$ 后,计算得到的位置角即相对于 $0°$ 的偏移
角度。

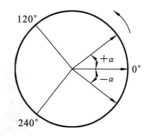

图 5-11　转子不平衡方向判定

5.4　滚动轴承故障分析

5.4.1　IEPE 加速度传感器

IEPE 加速度传感器是一种压电式加速度传感器。压电式加速度传感器又称压电式加速
度计,它也属于惯性式传感器。它利用了压电晶体的压电效应,在加速度计振动时,质量块加
在压电元件上的力也随之变化,若振动频率远远小于加速度计的固有频率,压电元件就会产生
与被测加速度成正比的电荷量。

压电加速度计主要由压电元件、质量块和附加件构成,附加件包括压紧弹簧和机座。在结
构上有外缘固定型、中间固定型、倒置中间固定型、剪切型、弯曲型等。

压电传感器可以看成电荷源,也可以看成电压源。对于某种压电材料的加速度计,质量越
大,灵敏度越高,但传感器的固有频率会下降。传感器的固有频率越高,则其可测频率的范围
越宽,目前可测的最低频率达 0.1 Hz。

5.4.2　滚动轴承故障特征频率

滚动轴承故障类型可分为轴承内圈故障、轴承外圈故障和滚动体故障,如图 5-12 所示。

当有故障的滚动轴承的另一工作面通过缺陷点时,将产生微弱的冲击脉冲信号。随着
滚动轴承的旋转,工作表面周期性接触并受到缺陷点的冲击,从而产生周期性冲击振动信
号。当缺陷点位于不同部件的工作表面时,冲击振动信号的周期频率不同,该频率称为滚
动轴承的故障特征频率。轴承的故障特征频率可以根据轴承的几何参数及其运行时的转
速计算得出。

如果内圈滚道、外圈滚道或滚动体上有一处缺陷,则两个表面在缺陷处相接触就会发生冲
击,冲击的间隔频率见表 5-9。

· TwinCAT 机电控制与检测实验教程

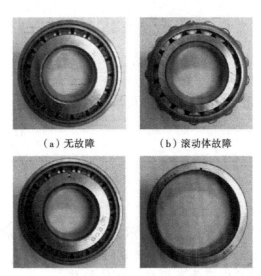

（a）无故障　　　　　（b）滚动体故障

（c）内圈故障　　　　　（d）外圈故障

图 5-12　滚动轴承故障类型示意图

表 5-9　由局部缺陷引起的冲击振动间隔频率

缺 陷 位 置	冲击振动发生的间隔频率/Hz
轴承内圈	$f_i = \dfrac{\lvert n_i - n_c \rvert}{2 \times 60}\left(1 + \dfrac{d\cos\alpha}{D_m}\right)z$
轴承外圈	$f_e = \dfrac{\lvert n_i - n_e \rvert}{2 \times 60}\left(1 - \dfrac{d\cos\alpha}{D_m}\right)z$
滚动体冲击单侧滚道	$f_{01} = \dfrac{\lvert n_i - n_e \rvert}{2 \times 60}\dfrac{D_m}{d}\left(1 - \dfrac{d^2}{D_m^2}\cos^2\alpha\right)$
滚动体冲击两侧滚道	$f_{02} = \dfrac{\lvert n_i - n_e \rvert}{60}\dfrac{D_m}{d}\left(1 - \dfrac{d^2}{D_m^2}\cos^2\alpha\right)$
保持架与外圈摩擦	$f_{em} = \dfrac{\lvert n_i - n_e \rvert}{2 \times 60}\left(1 - \dfrac{d\cos\alpha}{D_m}\right)$
保持架与内圈摩擦	$f_i = \dfrac{\lvert n_i - n_e \rvert}{2 \times 60}\left(1 + \dfrac{d\cos\alpha}{D_m}\right)$

　　如果滚动轴承在运行时外圈保持静止,轴承内圈与轴一起做同步旋转运动,于是表 5-9 可更新为表 5-10。轴承的基本参数可见表 5-11。

表 5-10　外圈静止时由局部缺陷引起的冲击振动间隔频率

缺 陷 位 置	冲击振动发生的间隔频率/Hz
轴承内圈	$f_i = \dfrac{n}{2 \times 60}\left(1 + \dfrac{d\cos\alpha}{D_m}\right)z$
轴承外圈	$f_e = \dfrac{n}{2 \times 60}\left(1 - \dfrac{d\cos\alpha}{D_m}\right)z$
滚动体冲击单侧滚道	$f_{01} = \dfrac{n}{2 \times 60}\dfrac{D_m}{d}\left(1 - \dfrac{d^2}{D_m^2}\cos^2\alpha\right)$

缺 陷 位 置	冲击振动发生的间隔频率/Hz
滚动体冲击两侧滚道	$f_{02}=\dfrac{n}{60}\dfrac{D_{m}}{d}\left(1-\dfrac{d^{2}}{D_{m}^{2}}\cos^{2}\alpha\right)$
保持架与外圈摩擦	$f_{em}=\dfrac{n}{2\times60}\left(1-\dfrac{d\cos\alpha}{D_{m}}\right)$
保持架与内圈摩擦	$f_{i}=\dfrac{n}{2\times60}\left(1+\dfrac{d\cos\alpha}{D_{m}}\right)$

表 5-11　轴承参数

轴承代号	轴承中径 D/mm	公称接触角 α	球径 D_{m}/mm	球数 Z
6200	20	0°	4.762	8

实验台使用的轴承为 NSK6200 轴承,查《机械设计手册》,可以得到轴承的基本参数,如表 5-11 所示。实验场景中,轴承外圈静止。将参数代入表 5-10 的公式中,计算可以得到实验轴承故障的特征频率(见表 5-12)。

表 5-12　实验轴承故障频率

频 率 项	频　率
外圈故障特征频率	$f_{BPFO}=\dfrac{8}{2}\left(1-\dfrac{4.762}{20}\right)f_{f}=3.0476f_{f}$
内圈故障特征频率	$f_{BPFI}=\dfrac{8}{2}\left(1+\dfrac{4.762}{20}\right)f_{f}=4.9524f_{f}$
滚动体故障特征频率	$f_{BSF}=\dfrac{20}{2\times4.762}\left(1-\left(\dfrac{4.762}{20}\right)^{2}\right)f_{f}=1.98091f_{f}$

5.4.3　稳定转速下轴承故障分析

有故障的轴承在稳定转速状态下,其工作表面周期性地通过缺陷点,此时实验台的振动主要是由轴承故障造成的,振动信号也具有周期性,即此时的振动信号是稳态信号。在稳态信号下进行轴承故障诊断只需要采用频谱分析,求出振动信号的特征频率,即可知道轴承故障类型。

为了弥补幅值谱和功率谱在信号分析中的不足之处,本实验同时采用幅值谱、功率谱和倒频谱分析实验台的振动加速度信号,下面简要介绍倒频谱在信号分析中的作用。

倒频谱是指具有时间维度的信号对数功率谱的倒数。为了区别于通常频率的频谱,它有时被称为时间谱。倒频谱和对数功率谱是一对傅里叶变换,就像自相关函数和功率谱是一对傅里叶变换一样。不同之处在于,倒频谱是对数坐标系下功率谱的傅里叶逆变换,而自相关函数是线性坐标系下功率谱的傅里叶逆变换。

倒频谱分析是一种二次分析技术,其结果是对功率谱的对数值进行傅里叶逆变换。其计算公式为

$$C_{\alpha}(t)=|F^{-1}\{\log[S_{xx}f(x)]\}| \tag{5.17}$$

式中：F^{-1} 为傅里叶逆变换。

　　这种分析方法受传感器测点位置和传输路径的影响较小，可以将原始谱图上的边带谱线族简化为一条谱线，从而提取和分析原始谱图上肉眼难以识别的周期性信号。然而，在取多段平均功率谱的对数后，功率谱中与调制边频带无关的噪声和其他信号的权重因子也被放大了，降低了信噪比。

　　用一组模拟信号来观察倒频谱的作用，将一组高频（主频为 50/100/200 Hz）信号和一组低频（主频为 5/10/20 Hz）信号进行调制，画出低频、高频和调制信号的时域图和频谱图，如图 5-13 所示。

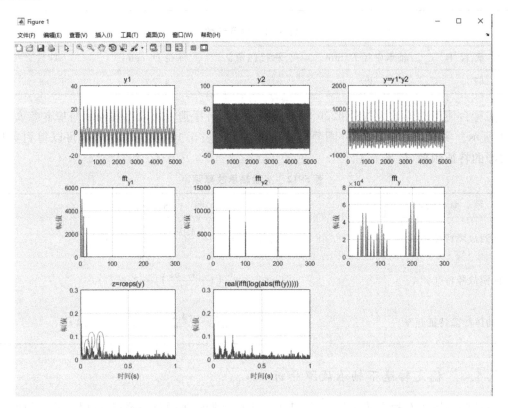

图 5-13　倒频谱仿真

　　由图 5-13 的标圈处可以看到三个峰值，时间分别为 0.05 s、0.1 s 和 0.2 s，对应频率为 20 Hz、10 Hz 和 5 Hz，正是调制信号的低频分量，该分量在频谱图中以边频带的形式出现，无法看出其对应频率值，而在倒频谱中能轻易展现。在轴承故障诊断过程中，当轴承不同部位同时出现故障时，轴承对应的故障特征频率有可能会相差较大，此时低频特征频率就会以边频带的形式出现在频谱图上而很难被发现，故采用倒频谱可以将低频清晰地显现出来。

　　所用的滚动轴承型号为 NSK6200，可换装轴承内圈上有裂纹的轴承。在测试过程中，设置转子转速为 600 r/min，采集实验台的振动加速度数据，在 MATLAB 中分别画出其幅值谱、功率谱以及倒频谱。如图 5-14 所示，在轴承转速为 600 r/min 时，从幅值谱和功率谱中能够很清楚地看出振动加速度信号的特征频率为 10 Hz。查表 5-12 可得，此时的轴承故障特征频率为 $4.9524 \times (600/60) = 49.524 (\text{Hz})$，实际信号的特征频率与理论的轴承故障特征频率相差不到 1 Hz，由此可初步推断轴承内圈有损坏。从倒频谱中也可以清楚地看出信号在时间轴上存在对应的峰值,峰值对应的时间为 0.02 s,与幅值谱和功率谱的结果相一致。

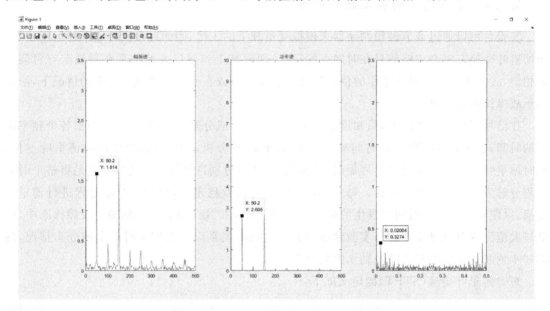

图 5-14 600 r/min 时振动加速度信号分析

一个转速下的数据也许不能说明问题,为了提高实验的可信度,实验分别采集轴承转速为 600 r/min、1200 r/min 以及 1500 r/min 时的振动加速度信号并进行频谱分析,导出信号在 MATLAB 中画出其功率谱。如图 5-15 所示,在转速分别为 600 r/min、1200 r/min 以及 1500 r/min 时,实际振动加速度信号的基频分别为 50.2 Hz、100.4 Hz 和 124.5 Hz,考虑到转子在实际运转过程中的转速有波动且与计算转速有一定的误差,故得到的振动信号的基频与计算值存在一定误差。实际基频与计算出来的理想基频相差不到 1 Hz,在误差可接受范围之内。

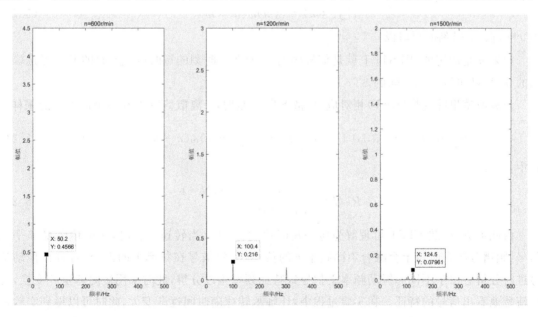

图 5-15 不同转速下振动加速度的功率谱图

5.4.4 变转速下的轴承故障分析

实验台可以通过调节磁粉制动器来模拟变负载下的工况,因而存在变转速下的运行状态。而傅里叶变换有时会忽略信号在时间上的信息,即时域上差异巨大的信号在频域上有可能非常相似,故傅里叶变换对非平稳的信号处理上有缺陷。故在实验台转速不稳定的情况下,滚动轴承故障诊断很难进行。

在信号不稳定的情况下,只知道信号包含哪些频率成分是不够的,还需要知道各个频率出现的时间,也就是说需要进行时间频率分析,简称时频分析。由此,出现了短时傅里叶变换。短时傅里叶变换的本质是对信号加窗、分割信号,然后分别进行傅里叶变换。它是将整个时域过程分解为无数等长的小过程。每个小过程的信号大致稳定,然后对每个小过程进行傅里叶变换,以便知道在某个时间点发生的频率。将时频分析应用于变转速下的轴承故障诊断中,能够较大范围内看到轴承转速与实验台振动信号之间的关系以及它们在时间上的分布情况,能够初步预测轴承是否有故障及轴承的故障类型。

短时傅里叶变换(STFT)的定义如下:

$$S_x(t,\omega) = \int_{-\infty}^{+\infty} x(\tau)\omega^*(\tau-t)\mathrm{e}^{-\mathrm{j}\omega\tau}\mathrm{d}\tau \tag{5.18}$$

式中:$\omega(t)$ 是一宽度合适的窗函数。

与此类似,可列出离散信号 $x(n)$ 的 STFT 为

$$S_x(n,\omega) = \sum_{m=-\infty}^{+\infty} x(m)\omega(n-m)\mathrm{e}^{-\mathrm{j}\omega m} \tag{5.19}$$

式中:$\omega(n)$ 是实数窗函数。

从傅里叶变换(FT)的角度来理解,定义序列

$$f_{n_0}(m) = x(m)\omega(n_0-m) \tag{5.20}$$

为 $x(n)$ 在 n_0 时刻的短时段。

如果 n 是固定的,则 STFT 就是信号序列 $x(n)$ 在 n 时刻的短时段 $f_n(m)$ 的 FT,当选取不同的 n 时,就可以得到不同的 STFT。

与离散傅里叶变换(DFT)相对应,离散 STFT 是时域-离散 STFT 在一个周期内的采样:

$$S_x(n,k) = S_x(n,\omega)\mid_{\omega=\frac{2\pi k}{N}} R_N(k) = \sum_{m=-\infty}^{+\infty} x(m)\omega(n-m)\mathrm{e}^{-\mathrm{j}\frac{2\pi}{N}mk}R_N(k) \tag{5.21}$$

式中:

$$R_N(k) = \begin{cases} 1 & k=0,1,\cdots,N-1 \\ 0 & \text{其他} \end{cases} \tag{5.22}$$

由此可见,离散 STFT 可理解为每一短时段的 DFT。当转速变化时,速度信号是非平稳信号,频谱分析在时域上会融合不同频率下的信号,导致信号在频率上的混合,若直接振动信号进行分析会由于不同的振动频率干扰导致特征频率难以分辨,此时采用短时傅里叶变换,可以清楚地看出信号的特征。在实验过程中,让轴承转速随时间逐渐变大,此时可以得到实验台的振动加速度的动态谱阵图。如图 5-16 所示,轴承处于非稳定转速状态下,实验台的振动加速度信号的特征频率与基频的倍率关系能够清楚地反映在时间轴上。

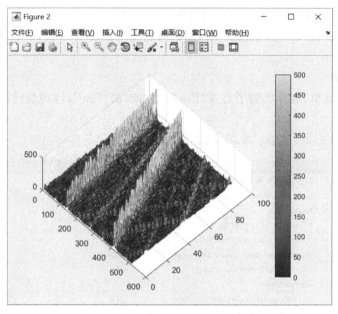

图 5-16　转速变化下的振动加速度谱阵分析图

5.5　智能控制与感知实验

5.5.1　转速控制实验

参考第 1 章的相关章节完成项目的创建。接着扫描驱动器，选择“I/O”子目录“Devices”菜单，点击右键选择“scan”菜单并确定。在“EtherCAT Driver(s) added”对话框中选择“NC Configuration”选项并点击“OK”按钮。在“Devices”菜单下，列出了所有从站，顺序与设备的物理连接顺序相同。在 MOTION 菜单下，自动添加一个轴 Axis 1 对应 Drive 1，就构成了轴承转子实验台中的伺服电动机。

1. 轴的配置

依次打开“MOTION”“NC-Task 1 SAF”“Axes”子目录，选择“Axis 1”，点击右键出现轴基本参数配置界面，如图 5-17 所示，需要重点修改以下参数。

General　Settings　Parameter　Dynamics　Online　Functions　Coupling　Compensation

	Parameter	Offline Value	Online Value	T.	Unit
-	Maximum Dynamics:				
	Reference Velocity	4400.0	4400.0	F	mm/s
	Maximum Velocity	4000.0	4000.0	F	mm/s
	Maximum Acceleration	40000.0	40000.0	F	mm/s2
	Maximum Deceleration	4000.0	4000.0	F	mm/s2
-	Default Dynamics:				
	Default Acceleration	4000.0	4000.0	F	mm/s2
	Default Deceleration	4000.0	4000.0	F	mm/s2
	Default Jerk	40000.0	40000.0	F	mm/s3

图 5-17　轴基本参数配置图

Maximum Velocity：最大速度通常设置为参考速度的 80%。

Position Lag Monitoring：位置误差监测。将这个功能设置为 FALSE，否则在运行过程中会经常报错停止。

2. 编码器参数

双击"Axis 1"菜单，展开得到子目录"Enc"，然后双击"Enc"，得到编码器的配置界面，如图 5-18 所示。

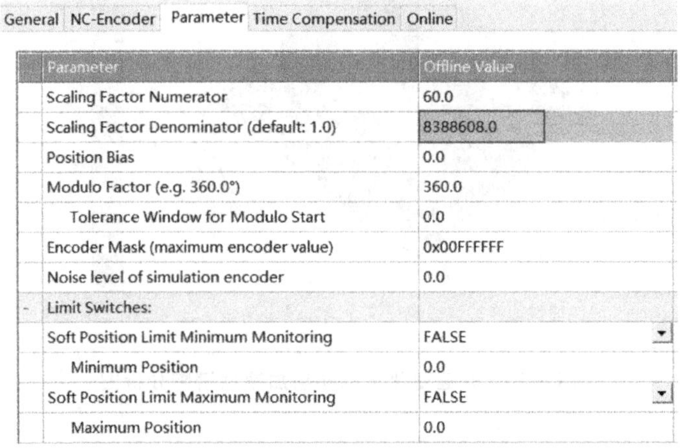

Parameter	Offline Value
Scaling Factor Numerator	60.0
Scaling Factor Denominator (default: 1.0)	8388608.0
Position Bias	0.0
Modulo Factor (e.g. 360.0°)	360.0
Tolerance Window for Modulo Start	0.0
Encoder Mask (maximum encoder value)	0x00FFFFFF
Noise level of simulation encoder	0.0
- Limit Switches:	
Soft Position Limit Minimum Monitoring	FALSE
Minimum Position	0.0
Soft Position Limit Maximum Monitoring	FALSE
Maximum Position	0.0

General　NC-Encoder　Parameter　Time Compensation　Online

图 5-18　编码器基本参数配置图

Scaling Factor Denominator：电动机旋转一圈对应的编码器脉冲数。由于电动机配备的是 23 位绝对值编码器，因此一圈对应脉冲数为 8388608。

Position Bias：位置偏移。通过软件方法更改编码器反馈零点时，修改此参数。

3. 轴的调试

在配置好所有参数后，按照以下步骤激活配置并进入运行模式。此时观察之前设置的参数，会有所不同。

如图 5-19 所示，Online Value 一列中会有数据，说明设置的参数已经生效。如果此时需要修改参数，请更改选中并下载，点击"OK"按钮重新配置生效，如图 5-20 所示。

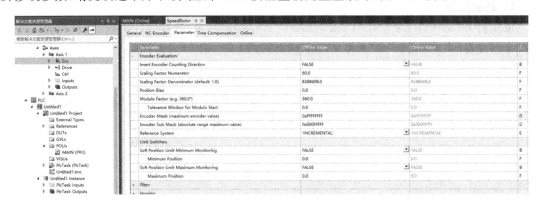

图 5-19　轴和编码器实配值图

进入运行模式后，观察界面右下角的 TwinCAT 图标会变成绿色，如果有任何错误，请查看错误列表代码和排查提示。正常进入运行模式后，进入调试界面（见图 5-21），各个主要部分的含义如图 5-22 所示。

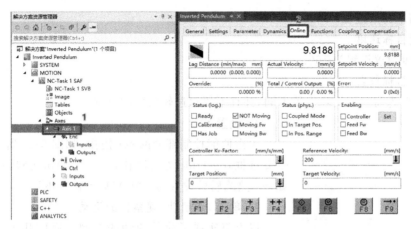

图 5-20　轴和编码器实配值修改图

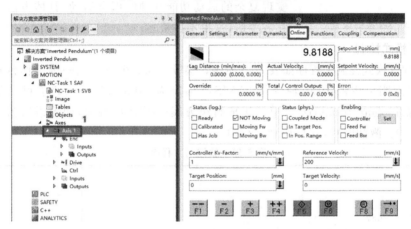

图 5-21　轴调试界面图

图 5-22　轴调试界面含义说明图

4．轴简单调试过程

1）设置目标速度

目标速度建议设置为 160。

2）设置目标位置

建议设置为与当前实际位置不同，并且不要超过软限位的位置。

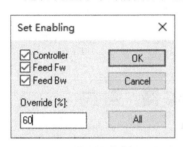

图 5-23　set 按钮设置

3）设置 SET

单击使能控制部分的 set 按钮，如图 5-23 所示。选中三个复选框，override 为速度比例，初期调试可设置小一点，比如 60，熟练后可设置为 100，然后点击"OK"。

4）单击 F5 启动，观察轴的运动

以上就实现了简单的轴的控制。后面几个选项卡还可实现复杂的运动功能和轴的耦合运动，具体方法可参考倍福官方手册，这里不再赘述。

5．速度模式控制

编写轴速度模式控制主程序如表 5-13 所示。参考 3.6.2 小节中的一维工作台轴变量绑定过程，将变量声明区中的 PLC 轴变量"AXIS_"绑定为"Motion""Axes"子目录下的 NC 轴"Axis1"。保存，点击"生成(B)"菜单、"生成解决方案(B)"选项编译，如无语法错误则编译成功后，错误为 0。激活配置，并切换到运行模式。

表 5-13　轴控制主程序

```PROGRAM MAIN VAR Axis:AXIS_REF; mc_Power: MC_Power;//使能 //读取转速 mc_ReadActualVelocity: MC_ReadActualVelocity; mc_MoveVelocity: MC_MoveVelocity;//设定转速 override:LREAL:=50; TarVelo:LREAL:=0; ActVelo:LREAL; Enable:BOOL; MaxSpeed :INT :=4000; END_VAR```	变量声明区
```mc_Power(Axis:=Axis, Enable:=Enable, Enable_Positive:=TRUE, Enable_Negative:=TRUE, Override:=override); override:=100*TarVelo/MaxSpeed; mc_MoveVelocity(```	程序逻辑区

续表

程序逻辑区

```
   Axis:=Axis,
   Execute:=mc_Power.Status ,
   Velocity:=MaxSpeed,
   Acceleration:=,
   Deceleration:=,
   Jerk:=,
   Direction:=MC_Direction.MC_Positive_Direction,
   BufferMode:=,
Options:=);

mc_ReadActualVelocity(
   Axis:=Axis,
   Enable:=mc_Power.Status,
   Valid=>,
   Busy=>,
   Error=>,
   ErrorID=>,
   ActualVelocity=>ActVelo);
```

在运行模式下,在变量编辑区域,修改 Enable 为"TRUE",并写入值,如图 5-24 所示。修改 TarVelo 变量的准备值为 1000,写入值,从而设置目标转速,此时电动机会启动到目标转速。至此利用 TwinCAT NC 完成速度控制。

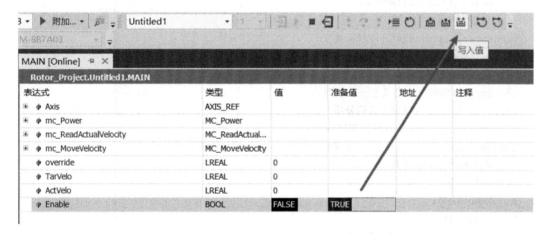

图 5-24　运行模式下变量编辑区域参数修改

6. 力矩模式控制

关于伺服电动机力矩模式的设定可参考本书第 3 章中的弹簧-质量-阻尼系统实例部分。本实例完成位置式 PID 控制算法在转子实验台上的应用。

1）添加程序

新建 PLC 后,在 PID 控制器中,存在偏差、积分、上一次的偏差、控制器输入(此处为电动机转矩)、控制器输出(此处为电动机转速)、Kp、Ki 和 Kd 等变量。添加程序如表 5-14 所示。

表 5-14　位置式 PID 控制转子转速程序

程序	说明

PROGRAM MAIN
VAR
　　AXIS_A: AXIS_REF;
　　MCPOWER: MC_Power ;//使能功能块
Axis_Enable:BOOL:=0;
　　errID:UDINT;
　　errID_d: lreal;
　　m_status :BOOL;
　　mc_readvelocity: MC_ReadActualVelocity ;//读取速度
　　override:LREAL:=50;
　　TarVelo:LREAL:=0;
　　ActVelo:LREAL;
END_VAR
VAR//力矩模式设定
　　Modes_operation AT %Q* :SINT:=10;
　　Target_torque AT %Q* :INT:=0 ;//目标转矩
　　MaxTorque AT %Q* :UINT　:=1000 ;//最大力矩
　　Maxspeed AT %Q* :UDINT　:=3600 ;//最大转速
　　actual_torque AT %I* :INT ;//实际转矩
　　PID_torque :INT:=0 ;//目标转矩
END_VAR
VAR
　　Controlword_Matlab:INT:=0;
　　t:LREAL;
　　target_velocity:LREAL ;//目标速度
　　System_Input:LREAL ;//系统输入
　　error:LREAL ;//定义偏差
　　LastError:LREAL ;//定义上一次偏差
　　integral:LREAL:=0 ;//定义积分项
　　Ts:lreal:=0.001 ;//PLC 的控制周期为 0.1 s
　　Torque_friction:INT:=70 ;//定义摩擦转矩(实际摩擦转矩需要测量确定)
　　//定义并初始化 PID 参数
　　Kp:LREAL:=1;
　　Ki:LREAL:=0.5;
　　Kd:LREAL:=0;
　　velocity:LREAL ;//用于储存实际速度
END_VAR
	变量声明区

//使能功能块 MCPOWER(　　Axis:=AXIS_A, 　　Enable:=Axis_Enable, 　　Enable_Positive:=TRUE, 　　Enable_Negative:=TRUE, 　　Override:=,	程序逻辑区

```
    BufferMode:=,
    Options:=,
    Status=>m_status,
    Busy=>,
    Active=>,
    Error=>,
    ErrorID=>errID);
    //LREAL_TO_INT
    errID_d :=UDINT_TO_LREAL(errID);
//读取速度
mc_readvelocity(
    Axis:=AXIS_A,
    Enable:=TRUE,
    Valid=>,
    Busy=>,
    Error=>,
    ErrorID=>,
    ActualVelocity=>velocity);
//控制状态机
CASE Controlword_Matlab OF
60://PID response
    Axis_Enable:=TRUE;
    t:=0;
    IF MCPOWER.Status THEN
        Controlword_Matlab:=601;
    END_IF
    601:
    t:=t+Ts;
    System_Input:=0;
    Target_torque:=0;
    error:=0;
    LastError:=0;
    integral:=0;
    LastError:=0;
    IF t>0.1 THEN
        Controlword_Matlab:=602;
    END_IF
    602:
    t:=t+0.001;

    System_Input:=target_velocity;
    error:=System_input-velocity;
    IF MCPOWER.Status THEN
        integral:=integral+ error;
    ELSE
```

程序逻辑区

续表

``
    integral:=0;
END_IF
PID_torque:=LREAL_TO_INT(Kp*(error+Ki*Ts*integral+ Kd*(error-
LastError)/Ts));
Target_torque :=PID_torque;
Lasterror:=error;
IF ABS(velocity)>Maxspeed THEN
    Controlword_Matlab:=603;
END_IF
603:
Axis_Enable:=FALSE;
t:=0;
Controlword_Matlab:=0;
integral:=0;
END_CASE
``
	程序逻辑区

2) 建立 TwinCAT PLC HMI

参考第 3 章相关内容,搭建一简易的 HMI 界面用于输入参数,将 HMI 界面上的相关输入区域与声明的 PLC 变量进行连接,如图 5-25 所示,力矩模式下 PID 转速控制控件及其连接的变量如表 5-15 所示。

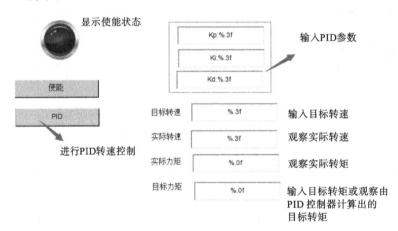

图 5-25　力矩模式下 PID 转速控制 HMI 界面

表 5-15　力矩模式下 PID 转速控制控件及其连接的变量

控　件		动作/属性	内　容
Lamp1	灯	Variable	MAIN. MCPOWER. Status
Button	使能	OnMouseClick/执行 ST 代码	MAIN. Axis_Enable:=not MAIN. Axis_Enable;
	PID	OnMouseClick/执行 ST 代码	MAIN. Controlword_Matlab:=60;
TextField	Kp	OnMouseClick/写变量	MAIN. Kp
	Ki	OnMouseClick/写变量	MAIN. Ki

控　　件		动作/属性	内　　容
TextField	Kd	OnMouseClick/写变量	MAIN. Kd
	目标转速	OnMouseClick/写变量	MAIN. target_velocity
	实际转速	Text variable	MAIN. Velocity
	实际力矩	Text variable	MAIN. Torque
	目标力矩	OnMouseClick/写变量	MAIN. Target_torque

注：若要人为设置目标力矩，请不要启动 PID 控制，开启 PID 控制后，目标力矩由 PID 控制器决定，不可人为进行更改。

点击"使能"，输入目标转速，点击"PID"按键，观察转速的变化。

5.5.2　振动加速度信号短时傅里叶变换及谱阵分析实验

1. 实验步骤

按下绿色按钮，打开设备电源，此时将打开驱动器电源，驱动器显示正常。

1）启动 TwinCAT 平台

打开 C:\iCAT\转子实验台\Motorbench\EL_torque\Motorbench_EL_torque\Motorbench_EL. sln 工程项目。

2）激活配置并运行

参考 1.4.5 小节，下载程序并运行。

3）打开 MATLAB 界面

启动 MATLAB，选择路径，切换到 C:\iCAT\转子实验台\Motorbench\EL_torque\Matlab_HMI，右键点击 RotorBench. mlapp，然后点击"运行"。

2. 振动加速度信号短时傅里叶变换及谱阵分析

1）设置转速

在如图 5-26 所示的 PID 控制界面中输入目标转速，先后点击"使能""PID"按钮。

2）振动加速度信号短时傅里叶变换及谱阵分析

待转速稳定后，点击"振动加速度"，切换到振动加速度分析窗口（见图 5-27）。

点击"开始读取"按钮，可对振动加速度进行傅里叶分析（见图 5-28）。

点击"开始/隐藏 STFT"按钮，可对振动加速度信号进行谱阵分析（见图 5-29）。

再次点击"开始/隐藏 STFT"按钮可停止谱阵分析并隐藏谱阵图窗口。

点击"停止读取"按钮，可停止数据的更新。

点击"输出结果到工作区"按钮，可截取点击时刻的数据并输出到 MATLAB 的工作区，以便对数据进一步分析（见图 5-30、图 5-31）。

5.5.3　轴系动平衡实验

轴系动平衡实验的实验步骤如下。

1）获取初始振动速度

启动实验台到稳定转速，待转速稳定后，点击"动平衡"按钮，切换到轴系动平衡实验窗口。点击"获取初始振动速度"按钮，获取无试重情况下的振动数据，然后停止运行。

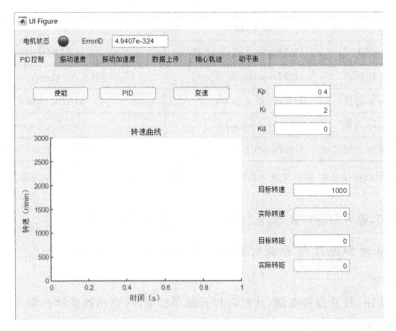

图 5-26　设定转速

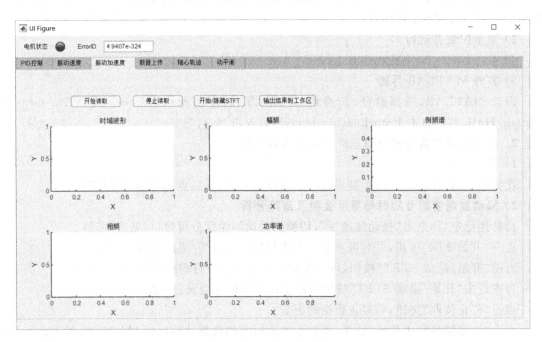

图 5-27　振动加速度分析

2）开始采集

取一个已知质量的螺钉,在 α 为 0 的点即 P1 点添加试重,填入试重的大小,启动实验台到稳定转速。点击"开始采集"按钮,待"振动速度传感器波形图"稳定后,点击"获取角度为 0 的振动数据"按钮,获取 α 为 0°的振动数据,然后停止运行。

3）获取角度为 120 的振动数据

取下该螺钉,从 0 位置开始逆时针方向转动 120°,固定螺钉,再启动实验台,点击"获取角

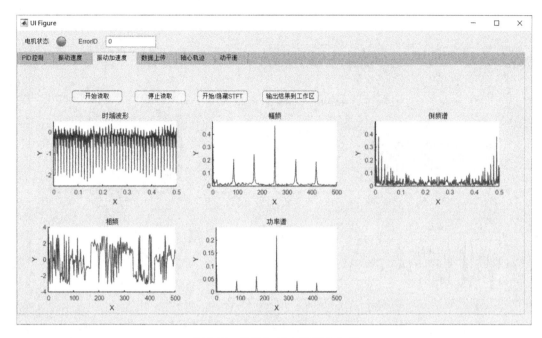

图 5-28　振动加速度傅里叶分析

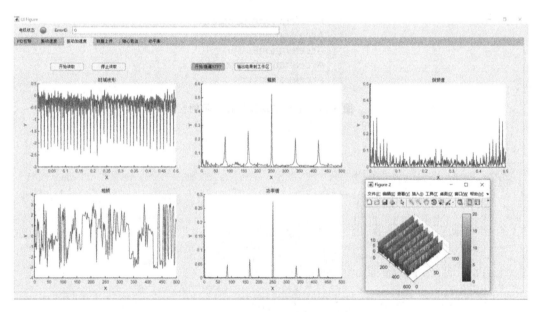

图 5-29　振动加速度谱阵分析

度为 120 的振动数据"按钮,获取 α 为 120°的振动数据,再次停止运行。

4）获取角度为 240 的振动数据

再取下该螺钉,从 0 位置开始逆时针方向转动 240°,固定螺钉,再启动实验台,点击"获取角度为 240 的振动数据"按钮,获取 α 为 240°的振动数据,再次停止运行。

5）得出结果

点击"计算"按钮,便可计算出不平衡质量的大小和角度,如图 5-32 所示。

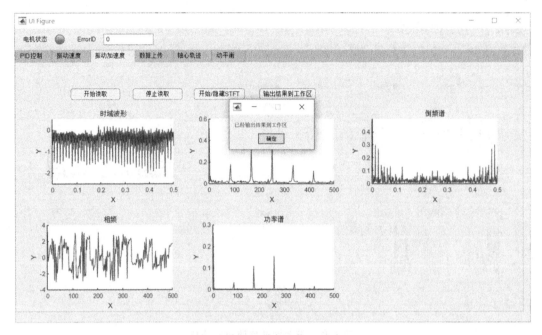

图 5-30　输出结果到工作区

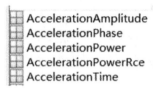

图 5-31　输出结果到工作区示例

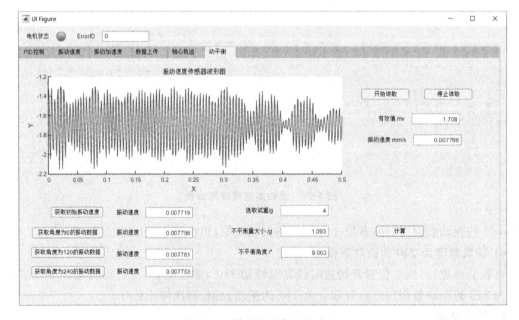

图 5-32　轴系动平衡实验窗口

5.5.4　基于 MQTT 的状态监测实验

1. 实验平台架构

实验平台的系统架构如图 5-33 所示,将在 TwinCAT 上采集到的相关信号(如电动机转速、力矩、振动速度、振动加速度等),通过 ADS 通信传输到 MATLAB 上,再在 MATLAB 中对采集到的数据进行分析处理,得到数据的特征值(如振动速度的峰峰值、平均值),从中可以推测出设备运行的状态。

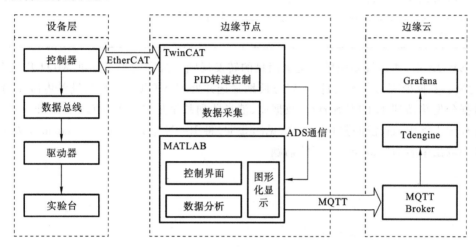

图 5-33　实验平台的系统架构

为了实现设备的远程监控,基于云平台实现了数据存储和数据可视化,其中 MQTT Broker 用于消息转发时使用 EMQ 来实现。EMQ 是基于 Erlang/OTP 平台的 MQTT 消息服务器,EMQ 支持海量物联网数据终端,并且延时较低。

为了实现历史数据的回顾和后续诊断类的需求,需要将数据存入数据库中。对于机电设备而言,其数据具有时序特征。时序数据库又可称为时间序列数据库,其主要用途为处理带时间标签的数据,带时间标签的数据即时间序列数据。

在数据检测中,数据可视化更容易看出设备的运行状况,选取 Grafana 平台将数据实时地显示在网页看板中是较常选用的方式。Grafana 是一个开源的时序性统计和监测平台,提供了将时间序列数据库(TSDB)数据转换为仪表和图形的工具。

2. MQTT 消息转发

MQTT 的中文名称为消息队列遥测传输,是一种基于发布/订阅范式的消息协议。在本实验中,用于将 MATLAB 分析得到的关于实验台运行状态的分析信息发送到云平台中用于在线监测。

在 MATLAB 中,构造一个 MQTT Client,连接到服务器,将电动机的原始数据以及分析得到的特征数据,封装在 JSON 消息体中,以命名为"motor/data"的话题发布出去。MATLAB MQTT 客户端代码如表 5-16 所示。

表 5-16　MATLAB MQTT 客户端代码

```
% MQTT 上传
  server= 'tcp://192.168.2.6' ;%服务器地址
  clientId='matlabClient';
```

续表

```
port=1883 ;%MQTT 端口
mqttclient=mqtt(server,'ClientID',clientId,'Port',port) ;%构造 MQTT 客户端
Topic='motor/data';
d.velocity=app.Velo;
d.torque=app.Torque;
d.id='a16motor';
Message= jsonencode(d) ;%封装为 JSON
publish(mqttclient,Topic,Message,'Qos',1) ;%发布话题
pause(0.01);
```

在 EMQX 中,通过规则引擎来定义消息的转发规则。规则引擎是标准 MQTT 之上基于 SQL 的核心数据处理与分发组件,可以方便地筛选并处理 MQTT 消息与设备生命周期事件,并将数据分发移动到 HTTP Server、数据库、消息队列甚至是另一个 MQTT Broker 中。

在规则引擎中,首先通过规则 SQL(见图 5-34)将 JSON 形式的消息(payload),从 MQTT 消息流中取出来名为"motor/data"的话题。

图 5-34　规则 SQL

之后添加响应动作,用于处理命中规则的消息。响应动作采用 TDengine 中支持的 SQL 语句。由于实验室存在多个实验台,因而在消息体中通过定义"id"字段区分来自不同的实验台的数据。在数据存储时,通过 id 来区分不同的存储表,符合 TDengine 所推荐的"每个设备一张表"的规则,如表 5-17 所示。

表 5-17　数据存储表

```
INSERT INTO lab.$ {payload.id} VALUES(
now,
$ {payload.velocity},
$ {payload.torque},
'$ {payload.id}'
)
```

TDengine 提供符合 REST 设计标准的 API,即 REST API,直接通过 HTTP POST 请求 BODY 中包含的 SQL 语句来操作数据库。在 EMQX 中,可以将 TDengine 配置为 web_hook 形式的资源,直接用于 MQTT 消息持久化存储,如图 5-35 所示。

3. 时序数据库数据存储

时序数据库是时间序列数据库的简称,指用于处理带时间标签的数据。在轴承转子实验台运行过程中,需要储存的数据包括转子转速、力矩、振动速度信号、振动加速度信号、轴心轨迹等,这些数据都会随着设备运行时刻变化,具有很明显的时序特征,需要进行时序储存,如表

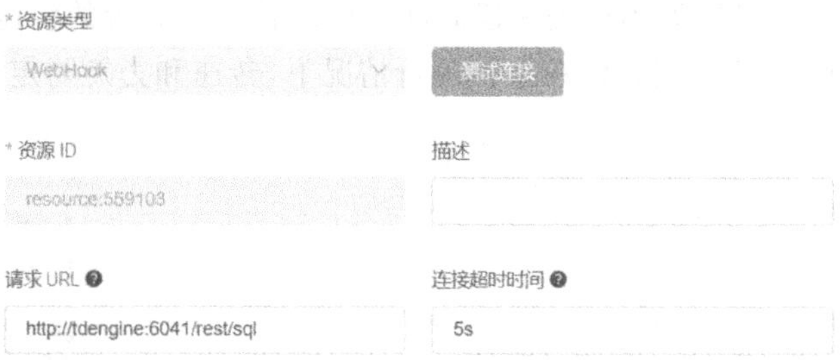

资源类型

WebHook

测试连接

* 资源 ID

resource:559103

描述

请求 URL ❓

http://tdengine:6041/rest/sql

连接超时时间 ❓

5s

图 5-35 WebHooK 形式的资源定义

5-18 所示。其中振动速度和振动加速度的采样频率较高,这里只选取其在 MATLAB 中分析后的特征值进行存储和显示。

表 5-18 时序数据表

设备 ID	时间戳	采集量				
		转速	力矩	振动速度	振动加速度	轴心轨迹
A001						
A002						
A003						
...						

对于本实验台来说,数据均为结构化数据,因而可以采用关系型数据库模型管理数据,在 TDengine 中,每个数据采集点均是一张表(比如有 15 个实验台,就需要创建 15 张表,上述表格中的 A001、A002 等都需要独立建表)。

4. 实验结果

在局域网范围内,打开任意电脑,连接到局域网内。打开浏览器输入网址:192.168.2.6: 3000(该地址为边缘云服务器的 IP 地址,取决于实际的地址分配),输入用户名和密码,用户名和密码均为:admin,初始页面如图 5-36 所示。

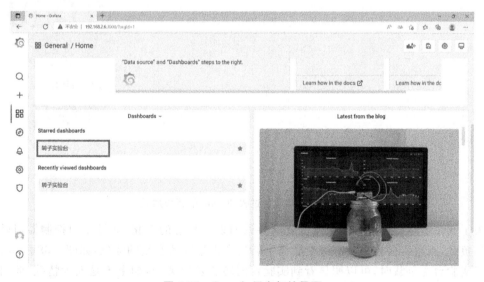

图 5-36 Granafa 平台初始界面

点击"转子试验台",可以看到过去一段时间段内的转子实验台的转速曲线,以及平均转速和平均转矩数据(见图 5-37),实验台在正常运行情况下,转速和力矩稳定。

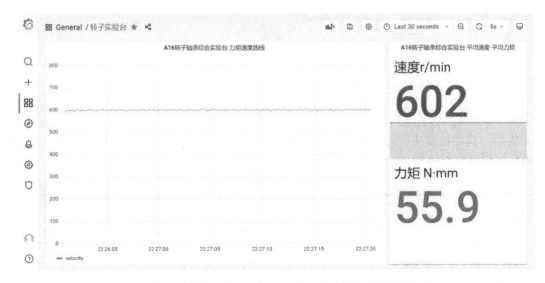

图 5-37　转子实验台运行平均转速和平均转矩数据图

点击选择框"Last 30 minutes"选项,可选择查看转子实验台过去 30 min 的历史数据,如图 5-38 所示。可以看到,实验台过去 30 min 的转速和转矩曲线显示在了坐标轴上,而转速和转矩数据是实时更新的数据。

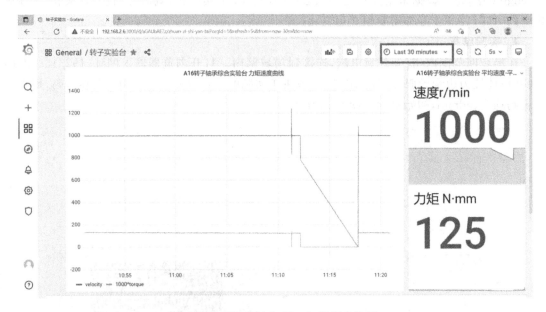

图 5-38　实验台过去 30 min 的历史数据

为了测试实际运行过程中负载变化所导致的设备状态的变化,通过张力控制器对转轴施加转矩负载,观察实验台在负载突变状态下转速和力矩等状态量的变化,如图 5-39 所示。

当实验台受负载时,可以明显看到实验台的转速发生突变,如果不是人为情况,此时实验室管理人员便知道实验台运行状态已发生改变。除可以观察转速外,还可以观察实验台的振动信号,如图 5-40 所示。

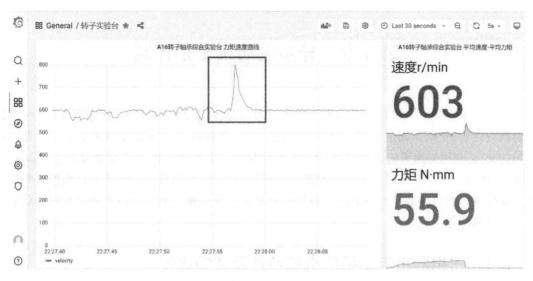

图 5-39　实验台加负载运行远程数据图

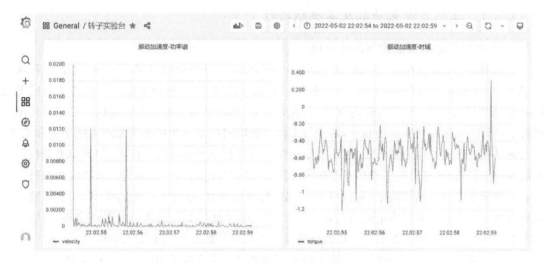

图 5-40　实验台振动加速度信号页面运行数据

第 6 章　异步电动机变频控制

　　本章简单介绍了三相异步电动机的工作原理与特性,包括基本参数、额定参数、机械特性和启动特性等;介绍了调压调速、改变磁极对数调速、变频调速三种交流调速系统。接着以最常用的交-交变频调速系统展开,以 ABB 公司控制异步交流感应电动机和永磁同步电动机的变频器 ACS355 为例,简述了变频器控制模式及控制参数,本地和 EtherCAT 总线控制两种方式完成变频器相关参数设置的方法。最后以标量速度模式和矢量力矩模式完成不同负载下的异步电动机调速实验。

6.1　三相异步电动机的机械特性及变频调速

6.1.1　三相异步电动机及其机械特性

1. 三相异步电动机结构与工作原理

　　三相异步电动机(triple-phase asynchronous motor)是感应电动机的一种,是靠同时接入 380V 三相交流电流(相位差 120 度)供电的一类电动机,由于三相异步电动机的转子与定子旋转磁场以相同的方向、不同的转速旋转,存在转差率,所以称为三相异步电动机。三相异步电动机转子的转速低于旋转磁场的转速,转子绕组因与磁场间存在着相对运动而产生电动势和电流,并与磁场相互作用产生电磁转矩,实现能量变换。与单相异步电动机相比,三相异步电动机运行性能好,并可节省各种材料。按转子结构的不同,三相异步电动机可分为笼式和绕线式两种。笼式转子的异步电动机结构简单、运行可靠、重量轻、价格便宜,得到了广泛的应用,其主要缺点是调速困难。绕线式三相异步电动机的转子和定子一样也设置了三相绕组并通过滑环、电刷与外部变阻器连接。调节变阻器电阻可以改善电动机的启动性能和调节电动机的转速。

　　三相异步电动机主要由定子和转子两个部分组成,定子是不动的部分,转子是旋转部分,在定子和转子之间有一定的气隙,如图 6-1 所示。

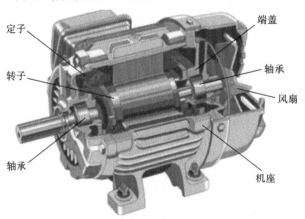

图 6-1　三相异步电动机的内部结构

　　三相异步电动机转子之所以会旋转、实现能量转换,是因为转子气隙内有一个旋转磁场。在三相异步电动机中,其磁场是由定子绕组内三相电流所产生的合成磁场,且磁场是以电动机转轴为中心在空间旋转,称为旋转磁场。三相异步电动机的工作原理是基于定子旋转磁场和转子电流(转子绕组内的电流)的相互作用的。

2. 三相异步电动机的基本参数

　　在交流电动机中,旋转磁场相对定子的旋转速度被称为同步速度,用 n_0 表示。n_0 与电流频率的关系为

$$n_0 = 60f \tag{6.1}$$

　　电流变化经过一个周期(电角度变化 $360°$),旋转磁场在空间中也旋转了一转(机械角度变化 $360°$),若电流的频率为 f,旋转磁场每分钟将旋转 $60f$ 转。

　　对于异步电动机而言,转子的转速 n(电动机的转速)恒小于旋转磁场的旋转速度 n_0(同步速度)。因为如果两种速度相等时,转子和旋转磁场没有相对运动,转子导体不切割磁力线,因此,不能产生电磁转矩,转子将不能继续旋转。因此,转子与旋转磁场之间的转速差是保证转子转速的主要因素,也是异步电动机的由来。定义:转速差 $(n_0 - n)$ 与同步转速 n_0 的比值称为异步电动机的转差率,用 S 表示为

$$S = (n_0 - n)/n_0 \tag{6.2}$$

　　线电压:两相绕组首端之间的电压,用 U_1 表示。
　　相电压:每相绕组首、尾之间的电压,用 $U_相$ 表示。
　　线电流:电网的供电电流,用 I_1 表示。
　　相电流:每相绕组的电流,用 $I_相$ 表示。

　　三相电动机的定子绕组有星形(Y 形)和三角形(△形)两种不同的接法。不同的接法额定参数不同,区别如下所述。

　　对于星形接法(见图 6-2):$U_1 = \sqrt{3}U_相$。对于三角形接法:$U_1 = U_相$。

　　对于三角形接法(见图 6-3):$I_1 = I_相$。对于星形接法:$I_1 = \sqrt{3}I_相$。

电动机的输入功率计算公式为

$$P_1 = \sqrt{3}I_1U_1\cos\phi \tag{6.3}$$

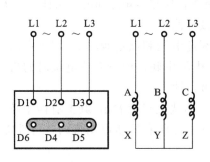

图 6-2　星形连接

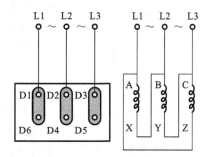

图 6-3　三角形连接

3. 三相异步电动机的额定参数

　　电动机在制造工厂所拟定的情况下工作时,称为电动机的额定运行,通常用额定值来表示其运行条件,这些数据大部分都标明在电动机的铭牌上。

1) 额定功率 P_N

　　在额定运行情况下,电动机轴上输出的机械功率为

$$P_N = \eta_N P_1 \tag{6.4}$$

输出功率 P_2 和输出转矩 T_2 的关系为

$$T_2 = \frac{9.55 P_2}{n} = K_M \Phi I_2 \cos\phi \tag{6.5}$$

式中：I_2 为转子电流；P_1 为输入功率；P_2 为输出功率。

2）额定电压 U_N

在额定运行情况下，定子绕组端应加的线电压值称为额定电压。如果标有两种电压值（例如 220/380V），这表明定子绕组采用 △/Y 连接时应加的线电压值。即三角形接法时，定子绕组应接 AC220V 的电源电压，星形接法时，定子绕组应接 AC380V 的电源电压。

3）额定频率 f

在额定运行情况下，定子外加电压的频率称为额定频率。

4）额定电流 I_N

在额定频率、额定电压和轴上输出额定功率时，定子的线电流值称为额定电流。如果标有两种电流值（例如 10.35/5.9A），则对应于定子绕组为 △/Y 连接的线电流值。即三角形接法时，定子电流为 10.35A；星形接法时，定子电流为 5.9A。

5）额定转速 n_N

在额定频率、额定电压和电动机轴上输出额定功率时，电动机的转速称为额定转速。与额定转速相对应的转差率称为额定转差率 S_N。

4. 定子绕组连线方法的选用

定子三相绕组的连接方式（△/Y）的选择，和普通三相负载一样，须视电源的线电压而定。如果电源的线电压等于电动机的额定相电压，那么，电动机的绕组应该接成三角形；如果电源的线电压是电动机额定相电压的 $\sqrt{3}$ 倍，那么，电动机的绕组就应该接成星形。通常电动机的铭牌上标有符号 △/Y 和数字 220/380，前者表示定子绕组的接法，后者表示不同接法对应的线电压值。

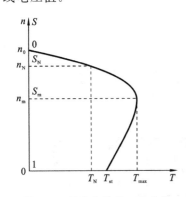

图 6-4　异步电动机 n-T 曲线

5. 三相异步电动机的机械特性

在异步电动机中，转速 $n = (1-S)n_0$。为了符合习惯画法，可将 T-S 曲线换成转速与转矩之间的关系曲线 n-T，即称为异步电动机的机械特性。

异步电动机在额定电压和额定频率下，用规定的接线方式，定子和转子电路中不串联任何电阻或电抗时的机械特性称为固有（自然）机械特性。

从图 6-4 的特性曲线上可以看出，其上有四个特殊点可以决定特性曲线的基本形状和异步电动机的运行性能，这四个特殊点是：

（1）$T=0$，$n=n_0$，$S=0$。

电动机处于理想空载工作点，此时电动机的转速为理想空载转速。

（2）$T=T_N$，$n=n_N$，$S=S_N$。

电动机额定工作点。此时额定转矩和额定转差率为

$$T_N = 9.55 P_N / n_N \tag{6.6}$$

$$S_N = (n_0 - n_N) / n_0 \tag{6.7}$$

式中：P_N 为电动机的额定功率；n_N 为电动机的额定转速，一般 $n_N = (0.94 \sim 0.985)n_0$；$S_N$ 为电动机的额定转差率，一般 $S_N = 0.06 \sim 0.015$；T_N 为电动机的额定转矩。

（3）$T = T_{st}, n = 0, S = 1$。

电动机的启动工作点。

（4）$T = T_{max}, n = n_m, S = S_m$。

电动机的临界工作点。

6. 三相异步电动机的启动特性

采用电动机拖动生产机械，对电动机启动的主要要求如下：

（1）有足够大的启动转矩，保证生产机械能正常启动。一般场合下希望启动越快越好，以提高生产效率。即要求电动机的启动转矩大于负载转矩，否则电动机不能启动。

（2）在满足启动转矩要求的前提下，启动电流越小越好。因为启动电流过大产生的冲击，对于电网和电动机本身都是不利的。

（3）要求启动时的加速平滑，以减小对生产机械的冲击。

（4）启动设备安全可靠，力求结构简单，操作方便。

（5）启动过程中的功率损耗越小越好。

其中：（1）和（2）是衡量电动机启动性能的主要技术指标。

异步电动机本身的启动特性如下所述。

（1）定子电流大，$I_{st} = (5 \sim 7)I_N$。

异步电动机在接入电网启动的瞬时，由于转子处于静止状态，定子旋转磁场以最快的相对速度（即同步转速）切割转子导体，在转子绕组中感应出很大的转子电势和转子电流，从而引起很大的定子电流。

（2）启动转矩小，$T_{st} = (0.8 \sim 1.5)T_N$。

启动时 $S = 1$，转子功率因数 $\cos\phi_2 = \dfrac{R_2}{\sqrt{R_2^2 + X_{20}^2}}$ 很低，启动转矩 $T_{st} = K_m \Phi I_{2st} \cos\phi_{2st}$ 也不大。

6.1.2　交流调速系统

如果在一定负载下，欲得到不同的转速，可以由改变参数 T_{max}、S_m、f 和 p 入手，则相应地有如下几种调速方法：调压调速，串电阻调速，串级调速，改变磁极对数调速，变频调速等，如图 6-5 所示。

交流异步电动机转速公式为

$$n = \frac{60 f_1 (1-S)}{n_p} = n_0(1-S) \tag{6.8}$$

式中：f_1 为定子供电频率；n_p 为磁极对数；S 为转差率，$S = \dfrac{n_0 - n}{n_0}$；n_0 为同步转速，$n_0 = \dfrac{60 f_1}{n_p}$。

1. 调压调速

调压调速的特性为：①同步转速 n 不变；②最大转矩对应的转差率不变；③定子电压越低，其特性越软；④电动机转矩与定子电压的平方成正比；⑤可实现平滑无级调速。

$$T = K \frac{SR_2 U_1^2}{R_2^2 + (SX_{20})^2} = K \frac{SR_2 U_2}{R_2^2 + (SX_{20})^2} \tag{6.9}$$

由异步电动机电磁转矩和机械特性方程（式(6.9)）可知，异步电动机的输出转矩与定子电压的平方成正比，因此，改变异步电动机的定子电压也就改变了电动机的转矩及机械特性，从而实现调速,这是一种比较简单而方便的方法。图 6-6 所示为调压调速 n-T 图。

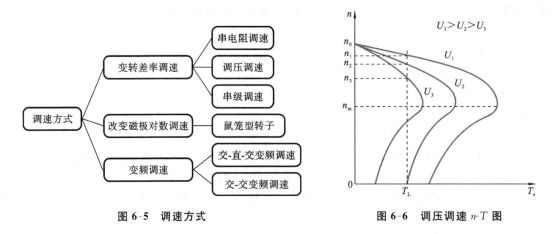

图 6-5　调速方式　　　　　　　　　　图 6-6　调压调速 n-T 图

2. 改变磁极对数调速

根据式 $n_0 = 60f/p$ 可知:同步转速 n_0 与磁极对数 p 成反比,故改变磁极对数 p 即可改变电动机的转速。以单绕组双速电动机为例,对变极调速的原理进行分析。

将一个线圈组集中起来用一个线圈表示。单绕组双速电动机的定子每相绕组由两个相等圈数的"半绕组"组成。图 6-7 中的两个"半绕组"串联,其电流方向相同;图 6-8 中的两个"半绕组"并联,其电流方向相反。它们分别代表两种磁极对数,即 $2p=4$ 与 $2p=2$。

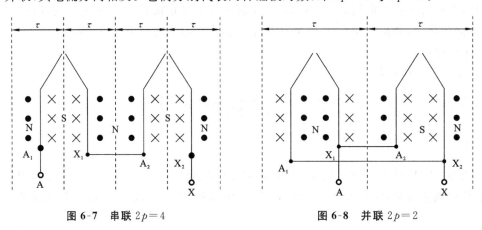

图 6-7　串联 $2p=4$　　　　　　　　　图 6-8　并联 $2p=2$

可见,改变磁极对数的关键在于使每相定子绕组中一半绕组内的电流改变方向,即可用改变定子绕组的接线方式来实现。若在定子上装两套独立绕组,各自具有所需的磁极对数,两套独立绕组中的每套绕组又可以有不同的连接,这样就可以分别得到双速、三速或四速等电动机,通称为多速电动机。

多速电动机的调速性质也与连接方式有关,如将定子绕组由 Y 改接成 YY(见图 6-9),转矩维持不变,而功率增加了 1 倍,即属于恒转矩调速性质;而当定子绕组由 △ 改接成 YY(见图 6-10)时,功率基本维持不变,而转矩约减少了 1 半,即属于恒功率调速性质。

由于磁极对数的改变,不仅使转速发生了改变,而且三相定子绕组中电流的相序也发生了改变,为了改变磁极对数后仍维持原来的转向不变,就必须在改变磁极对数的同时,改变三相绕组接线的相序。多速电动机启动时宜先接成低速,然后再换接为高速,这样可获得较大的启动转矩。

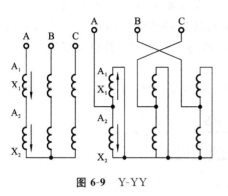

图 6-9 Y-YY

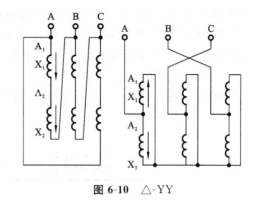

图 6-10 △-YY

3. 变频调速

通过改变电动机定子供电频率以改变同步转速来实现调速的方式称为变频调速。在调速过程中,从高速到低速都可以保持有限的转差功率,因此,变频调速具有高效率、宽范围和高精度的调速性能(见图 6-11)。在异步电动机变频调速系统中,为了得到更好的性能,可以将恒转矩调速与恒功率调速结合起来。

变频调速系统分为两大类,如图 6-12 所示。

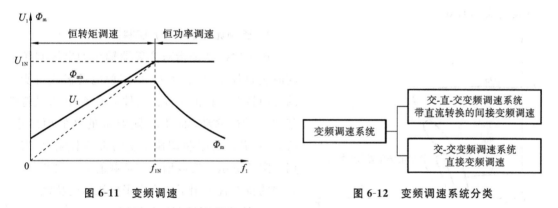

图 6-11 变频调速

图 6-12 变频调速系统分类

交-直-交变频调速系统可将电网中的交流电整流成直流电,再通过逆变器将直流电逆变为频率可调的交流电。交-交变频调速系统可直接将固定频率和电压的交流电变成频率和电压均可调的交流电,而不经过中间直流环节。因此,交-交变频也称为直接变频。交-交变频除了用于交流电动机调速外,也可用于变频交流电源。例如,用直接变频器可以将单相交流电变换为两相及三相交流电,亦可以将高频电源变为低频电源等。

交-交变频调速与交-直-交变频调速相比,其优点是:节省了换流环节,提高了效率;在低频时波形较好,电动机谐波损耗及转矩的脉动大大减小。其缺点是:最高频率受电网频率的限制,且主回路元件数量多。故一般适用于低速、大容量的场合,如球磨机、矿井提升机、电力机车及轧机的传动。

6.2 ABB 变频器功能介绍

6.2.1 变频器的基本原理

变频器(variable-frequency drive,VFD)是应用变频技术与微电子技术,通过改变电动机工作电源频率方式来控制交流电动机的电力控制设备。变频器主要由整流(交流变直流)、滤波、逆变(直流变交流)、制动单元、驱动单元、检测单元微处理单元等组成。变频器靠内部IGBT 的开断来调整输出电源的电压和频率,根据电动机的实际需要来提供其所需要的电源电压,进而达到节能、调速的目的。

变频器变频调速的控制方式可以分为标量控制和矢量控制(见图 6-13)。

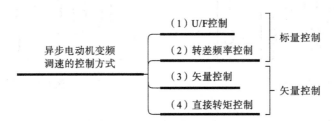

图 6-13　异步电动机变频调试的控制方式

标量控制的出发点是电动机的稳态数学模型,即稳态的等值电路、向量图以及稳态的转矩方程式,只对变量的大小进行控制,它的控制效果只有在稳态时才符合要求。

矢量控制的出发点是电动机的动态数学模型,对变量的大小和相位同时进行控制,控制效果在动稳态均有效。

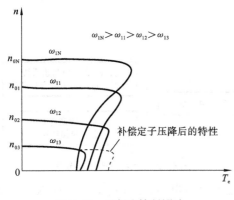

图 6-14　压频比控制调速

1. 压频比控制(U/f 控制)

压频比控制是指对变频器输出的电压和频率同时进行控制,保持 U/f 恒定使电动机获得所需的转矩特性。在恒压频比条件下变频时,机械特性基本上平行移动,而 T_{emax} 随着 ω 的降低而减小。低频时,T_{emax} 将限制调速系统的带负载能力,需采用定阻抗电压补偿以增强带负载能力。图 6-14 中虚线的特性就采用了提高定子电压后的特性。

2. 转差频率控制(SF 控制)

变频器通过电动机、速度传感器构成速度反馈闭环调速系统。在 S 很小的范围内,电动机的转矩近似地与转差角频率成正比。控制转差频率就代表了控制转矩,这就是转差频率控制的基本概念。

3. 矢量控制(VC)

矢量控制变频调速的过程是将异步电动机在三相坐标系下的定子电流 I_a、I_b、I_c、通过三相-二相变换,等效成两相静止坐标系下的交流电流 I_{a1}、I_{b1},再通过按转子磁场定向旋转变换,等效成同步旋转坐标系下的直流电流 I_{m1}、I_{t1},然后模仿直流电动机的控制方法,求得直流电动机的控制量,经过相应的坐标反变换,实现对异步电动机的控制。矢量控制的实质是将交流电动机等效为直流电动机,分别对速度,磁场两个分量进行独立控制。通过控制转子磁链,然后分解定子电流而获得转矩和磁场两个分量,经坐标变换,实现正交或解耦控制。矢量控制方法的提出具有划时代的意义。

4. 直接转矩控制(DTC)

1985 年,德国鲁尔大学的 DePenbrock 教授首次提出了直接转矩控制变频技术。该技术在很大程度上解决了上述矢量控制的不足,并以新颖的控制思想、简洁明了的系统结构、优良的动静态性能得到了迅速发展。该技术已成功地应用在电力机车牵引的大功率交流传动上。直接转矩控制技术可直接在定子坐标系下分析交流电动机的数学模型,控制电动机的磁链和转矩。它不需要将交流电动机等效为直流电动机,因而省去了矢量旋转变换中的许多复杂计算;它不需要模仿直流电动机的控制,也不需要为解耦而简化交流电动机的数学模型。

6.2.2　ABB-ACS355 变频器及其控制模式

实验中所使用的 ABB-ACS355 变频器是一种用来控制异步交流感应电动机和永磁同步电动机的变频器,其结构如图 6-15 所示。

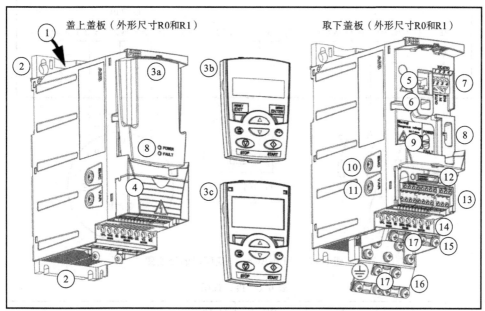

1	顶部出风口	10	EMC 滤波器接地螺钉(EMC) 注意:在外形尺寸为 R4 的变频器中,螺钉在前面
2	安装孔	11	压敏电阻接地螺钉(VAR)
3	控制盘盖板(a)/基本控制盘(b)/助手控制盘(c)	12	现场总线适配器(串行通讯)接头
4	端子排盖板(或可选件电位器 MPOT-01)	13	I/O 端子排
5	控制盘连接头	14	输入动力电缆接线端子(U1,V1,W1)、制动电阻接线端子(BRK+,BRK-)和电机接线端子(U2,V2,W2)
6	可选件接头	15	I/O 夹板
7	STO(安全力矩中断)连接	16	夹板
8	FlashDrop 连接器	17	夹子
9	电源和故障指示灯		

图 6-15　ABB-ACS355 变频器结构图

变频器的主回路简图如图 6-16 所示,整流器将三相交流电压转换为直流电压。中间电路的电容器组用来稳定直流电压。逆变器将直流电压转换为交流电动机的交流电压。当电路中的电压超过了最大限值时,制动斩波器将把外部制动电阻连接到中间直流电路。

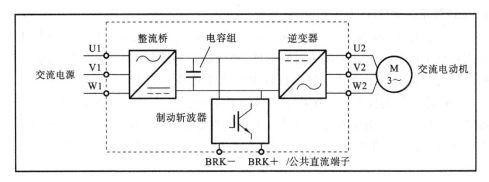

图 6-16 变频器的主回路简图

ABB-ACS355 变频器的接线图如图 6-17 所示。接口说明见表 6-1、图 6-18。

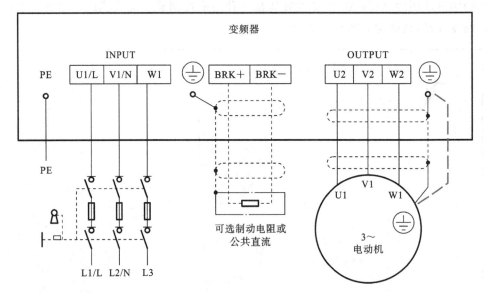

图 6-17 ABB-ACS355 变频器的接线图

表 6-1 接口说明

接口	L	N	PE	U/V/W
说明	火	零	地	与三相异步电动机的 U/V/W 线连接

ABB-ACS355 变频器可以接收来自控制盘或来自数字和模拟输入口的启动、停止和方向命令及给定信号值。利用内置或可选的现场总线适配器能够通过开放的现场总线连接来控制变频器。变频器的控制硬件接口图如图 6-19 所示。

（1）本地控制。

变频器处于本地控制模式时（见图 6-20），其控制指令由控制盘给出。控制盘显示器上的字符 LOC 表示变频器处于本地控制。

（2）远程控制。

变频器处于外部（远程）控制模式时，其控制指令由标准 I/O 端（数字和模拟输入）、可选的 I/O 扩展模块或现场总线接口给出。控制盘也可被设置为外部控制的信号源。远程控制时控制盘显示器上显示的字符为 REM。

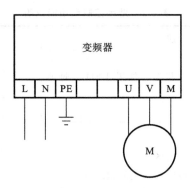

图 6-18　变频器接口说明图

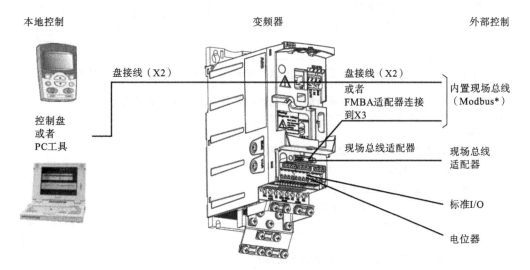

图 6-19　变频器的控制硬件接口图

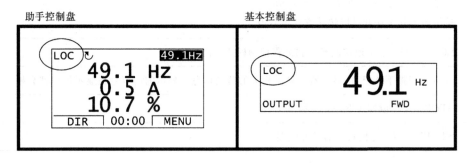

图 6-20　本地控制

6.2.3　本地控制

1. 助手控制盘功能说明

控制盘的用途是控制 ABB-ACS355 变频器、读取状态数据和调整参数。ABB-ACS355 变频器可以使用的控制盘包括：①基本控制盘，该控制盘提供了手动输入参数值的基本接口。②助手控制盘，该控制盘具有预编程帮助功能，可自动实现大多数公共参数的设置。表 6-2 所示内容为助手控制盘的功能说明。

表 6-2　助手控制盘功能说明

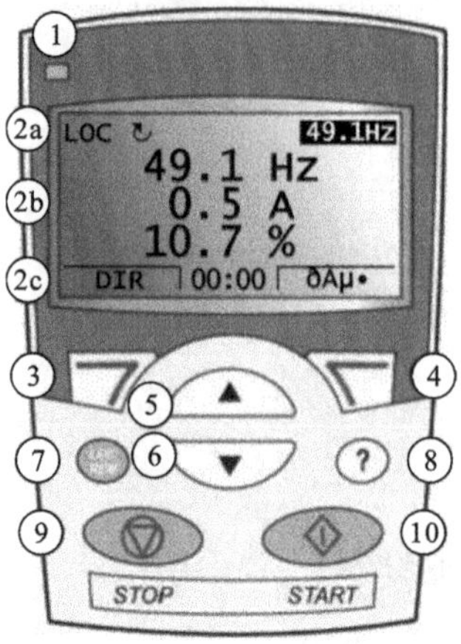

序号	用　　途	
1	Status LED　绿色表示正常状态。如果 LED 闪烁或者变红,表示出现故障	
2	LCD display　分为三个主要的区域: a. Status line　变量,与运行模式有关的状态行; b. Cente　变量,一般情况下,显示信号和参数组、菜单或者列表,也显示故障和报警; c. Bottom line　显示两个按键的当前功能和时钟	
3	Soft key 1　功能与控制盘所处的模式和状态有关,显示屏左下角显示该键的功能	
4	Soft key 2　功能与控制盘所处的模式和状态有关,显示屏右下角显示该键的功能	
5	Up ·向上滚动 LCD 显示屏上显示的菜单或列表。 · 增加选中参数的值。 · 如果右上角亮显,那么增大给定值。 按下该键并不松开可以快速改变参数值	
6	Down ·向下滚动 LCD 显示屏上显示的菜单或列表。 ·减小选中参数的值。 ·如果右上角亮显,那么减小给定值。 按下该键并不松开可以快速改变参数值	
7	LOC/REM　在本地控制模式和远程控制模式之间切换	
8	Help　当按下该键时,显示器上显示相关的帮助信息。显示的内容会在显示屏中部亮显	
9	STOP　在本地模式下停止变频器	
10	START　在本地模式下启动变频器	

2. 助手控制盘面板显示

在状态行 CD 显示屏的上方,显示变频器基本状态信息,如图 6-21 所示,表 6-3 是 LCD 显示屏状态的具体含义。

图 6-21　LCD 显示屏

表 6-3　LCD 显示屏状态

序号	字　段	选　项	含　义
1	控制位置	LOC	变频器处于本地控制模式,即通过控制盘进行控制
		REM	变频器处于远程控制模式,即通过 I/O 端口或者现场总线进行控制
2	状态	↻	正转
		↺	反转
		旋转箭头	变频器在设定点运行
		虚线旋转箭头	变频器不在设定点运行
		固定箭头	变频器停止
		虚线固定箭头	已经给出启动命令,但是电动机没有运转,例如没有启动允许信号
3	控制盘运行模式		·当前模式的名称 ·显示的列表或者菜单的名称 ·运行状态的名称,例如 PAR EDIT
4	给定值或者选中项目的编号		·输出模式下的给定值 ·亮显项目的编号,例如模式、参数组或者故障

3. 助手控制盘控制模式说明

助手控制盘有九种控制模式:输出模式、参数模式、帮助模式、已修改参数列表模式、故障记录器模式、时钟设置模式、参数备份模式、I/O 设置模式 和故障模式。下面对常见的控制模式做些说明。

1) 输出模式

监控最多三个参数组 01 OPERATING DATA 中的实际值;改变电动机的旋转方向;设置转速、频率或者转矩给定值;调整显示对比度;启动、停止电动机以及在本地控制模式与远程控制模式之间切换。

2) 参数模式

浏览和修改参数值;启动、停止电动机,改变电动机旋转方向以及在本地控制模式与远程控制模式之间切换。

3) 故障记录器模式

浏览包括最多十条故障信息或报警信息的变频器故障记录(断电之后,只有最近三次故障信息或报警信息保存在存储器中);查看最近三次故障或报警的详细信息(断电之后,只有最近三次故障信息或报警信息保存在存储器中);阅读关于该故障或报警的帮助信息文本;启动、停止电动机,改变电动机旋转方向以及在本地控制模式与远程控制模式之间切换。

4) 参数备份模式

参数备份模式用于将参数从一台变频器中导到另一台变频器中或备份变频器参数。上传到控制盘存储的所有变频器参数最多包括两个用户集。然后,可以将全部参数集、部分参数集(应用)和用户集从控制盘下载到另一台变频器或同一台变频器中。可以在本地控制模式下上传和下载。控制盘存储器是非易失性的,跟控制盘电池无关。在参数备份模式下,用户可以进行以下操作:

(1) 将所有参数从变频器复制到控制盘(UPLOAD TO PANEL)。包括所有已经定义的用户参数和内部参数(用户不能调整),比如辨识运行创建的参数。

(2) 查看使用 UPLOAD TO PANEL (BACKUP INFO) 存储到控制盘的备份相关信息。这包括进行备份的变频器的型号和额定值。要使用 DOWNLOAD FULL SET 将参数复制到另一台变频器中以确保与变频器匹配时,检查此信息非常有用。

(3) 将整套用户参数从控制盘恢复到变频器(DOWNLOAD FULL SET)。这个过程将所有参数写入变频器,包括内部的用户不能调整的电动机参数。这个过程不包括用户参数集。

6.2.4　现场总线控制

1. 现场总线概述

通过现场总线适配器或者内置现场总线,变频器可以和外部控制系统相连(见图 6-22)。内置现场总线支持 Modbus RTU 协议。Modbus 是一种串行异步通信协议。数据传输采用半双工方式。

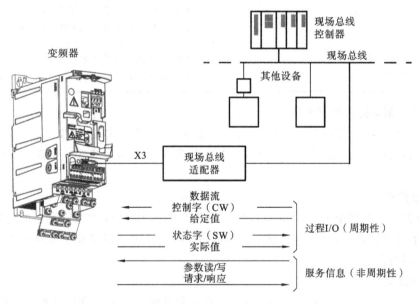

图 6-22　变频器的现场总线控制

通过使用例如下列串行通信协议的现场总线适配器,变频器可以和控制系统进行通信:

(1) PROFIBUS-DP (FPBA-01 适配器);

(2) CANopen (FCAN-01 适配器);

(3) DeviceNetTM (FDNA-01 适配器);

(4) Ethernet (FENA-01 适配器);

(5) Modbus RTU (FMBA-01 适配器);

(6) EtherCAT (FECA-01 适配器)。

2. FECA-01 适配器配置

在后续实例中，常使用 FECA-01 适配器，因而对其展开介绍。FECA-01 适配器支持 EtherCAT 上的 CANopen 应用层（CoE），它提供了 CANopen 通信机制：服务数据对象（SDO）、流程数据对象（PDO）和类似于 CANopen 协议的网络管理。

通过 EtherCAT 适配器（见图 6-23）可实现如下功能：

（1）向驱动器发出控制命令（例如，启动、停止、运行使能）；

（2）将电动机转速、扭矩或位置参考输入驱动器；

（3）给出 PID 的实际值；

（4）从驱动器读取状态信息和实际值；

（5）更改驱动参数值；

（6）重置驱动器故障。

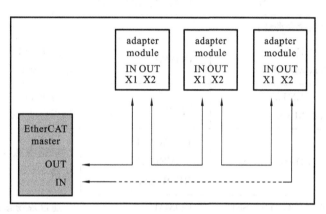

图 6-23 EtherCAT 适配器模块

变频器和现场总线适配器模块之间的通信通过将参数 9802 COMM PROT SEL 设置为 EXT FBA 来激活，且必须对参数组 51 EXT COMM MODULE 中的适配器参数进行设置（见表 6-4）。

表 6-4 适配器参数设置说明

参数	可选值	现场总线/控制设置	功能/信息
通信初始化			
9802 COMM PROT SEL	NOT SEL STD MODBUS EXT FBA MODBUS RS232	EXT FBA	初始化变频器和现场总线适配器之间的通信
适配器模块设置			
5101 FBA TYPE	—	—	显示现场总线适配器模块的型号
5102 FB PAR 2			这些参数跟具体的适配器模块有关。要了解更多信息，请参见用户模块手册。
……			注意，并不是要用到所有这些参数
5126 FB PAR 26			

续表

参数	可选值	现场总线/控制设置	功能/信息
5127 FBA PAR REFRESH	(0)DONE (1) REFRESH	—	使修改过的适配器模块配置参数设置生效

注意：在适配器模块中,参数组 51 EXT COMM MODULE 的编号为 A（组 1）

在建立现场总线通信后,必须检查传动单元的控制参数,必要时做出相应调整。对于某一特定信号,当现场总线接口是所要求的源或者目的时,使用现场总线/控制设置一栏中给出的值。表 6-5 中功能/信息列对该参数进行了介绍。

表 6-5　功能/信息列参数介绍

参　　数	现场总线/控制设置	功能/信息
控制命令源选择		
1001 EXT1 COMMANDS	COMM	当 EXT1 被选为有效的控制地时,选择现场总线作为启动和停止命令的信号源
1002 EXT2 COMMANDS	COMM	当 EXT2 被选为有效的控制地时,选择现场总线作为启动和停止命令的信号源
1003 DIRECTION	FORWARD REVERSE REQUEST	根据参数 1001 和 1002 的定义,激活方向控制功能
1010 JOGGING SEL	COMM	通过现场总线激活点动功能 1 或 2
1102 EXT1/EXT2 SEL	COMM	通过现场总线激活 EXT1/EXT2 选择功能
1103 REF1 SELECT	COMM COMM+AI1 COMM * AI1	当选择 EXT1 为当前控制地时,使用现场总线给定值 REF1
1106 REF2 SELECT	COMM COMM+AI1 COMM * AI1	当选择 EXT2 为当前控制地时,使用现场总线给定值 REF2
输出信号源选择		
1401 RELAY OUTPUT 1	COMM COMM(−1)	允许通过信号 0134 COMM RO WORD 对继电器输出 RO 进行控制
1501 AO1 CONTENT SEL	135（即 0135 COMM VALUE 1）	将现场总线给定值 0135 COMM VALUE 1 指定给模拟输出 AO
1401 RELAY OUTPUT 1	COMM COMM(−1)	允许通过信号 0134 COMM RO WORD 对继电器输出 RO 进行控制
系统控制输入		
1601 RUN ENABLE	COMM	选择现场总线接口作为运行允许的反信号（运行禁止)的信号源

续表

参　　数	现场总线/控制设置	功能/信息
1604 FAULT RESET SEL	COMM	选择现场总线接口作为故障复位信号的信号源
1606 LOCAL LOCK	COMM	选择现场总线接口作为本地锁定信号的信号源
1607 PARAM SAVE	DONE SAVE⋯	将参数值的变动（包括通过现场总线进行的改动）保存到永久存储器中
1608 START ENABLE 1	COMM	选择现场总线接口作为启动允许 1 的反信号（启动禁止）的信号源
1609 START ENABLE 2	COMM	选择现场总线接口作为启动允许 2 的反信号（启动禁止）的信号

3. 现场总线控制接口

现场总线系统和变频器之间的通信由 16 位的输入和输出数据字组成,如图 6-24 所示。变频器支持每个方向最多 10 个数据字的通信。从变频器传到现场总线控制器的数据由参数组 54 FBA DATA IN 定义,从现场总线控制器传到变频器的数据由参数组 55 FBA DATA OUT 定义。

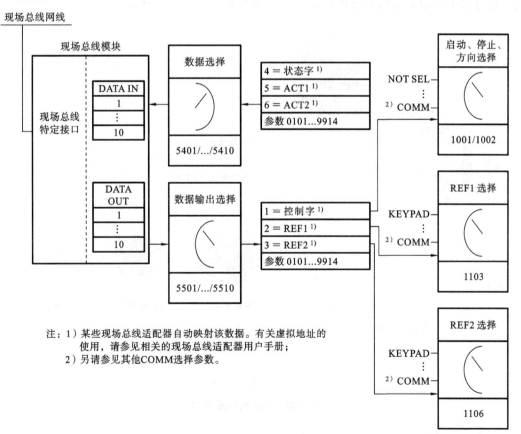

注：1）某些现场总线适配器自动映射该数据。有关虚拟地址的
　　　 使用，请参见相关的现场总线适配器用户手册；
　　2）另请参见其他COMM选择参数。

图 6-24　现场总线控制接口

1）控制字和状态字

控制字（CW）是现场总线系统控制变频器的重要手段。控制字由现场总线控制器发送给变频器。变频器根据接收到的控制字定义的命令工作。

状态字（SW）包含了变频器状态信息。状态字由变频器上传到现场总线控制器。

2）给定值

给定值（REF）是 16 位带符号整数。负给定值（表示反转)通过计算相应正给定值的补码获得。每个给定值可以通过转速或者频率给定。

3）实际值

实际值（ACT）是包含了变频器运行信息的 16 位字。

6.3　三相异步电动机实验台测控实验

6.3.1　设备组成

实验台的物理连接与拓扑结构如图 6-25 所示。各项参数的配置在 PC 上进行，而控制器用于运行 PLC 程序。控制器的控制指令通过 EtherCAT 适配器发送到变频器中,变频器按照对应的控制模式来控制三相异步电动机。安装在电动机轴上磁粉制动器用于模拟负载变化,需要通过张力控制器来调节负载大小,扭矩传感器用于测量负载转矩。

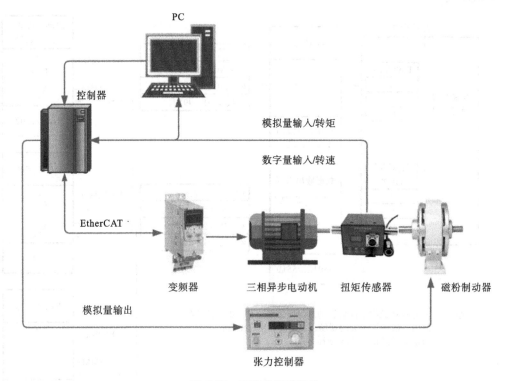

图 6-25　实验台组成架构

各个硬件的性能参数如表 6-6 所示。

表 6-6　硬件性能参数

硬 件	性 能 参 数
三相异步电动机	电动机额定功率:180 W 额定转矩:0.8 N·m
变频器	电源输入:单相 200～240 V ±10%,0.37～2.2 kW 电源频率:48～63 Hz 转速控制静态精度:电动机额定滑差 20% 转矩阶跃上升时间:<10 ms,额定转矩 现场总线:EtherCAT/ModBus/CANopen
扭矩传感器	电源输入:DC 24 V 转速输出:60 脉冲/转 反应性能:1 kHz 信号延迟:0.6 ms 允许过载:200% FS 额定转速:10000 rpm 最大转速:15000 rpm 惯性力矩:0.38 kg·cm 固有频率:19.4 kHz 扭力常数:3.85×10 N·m/rad
张力控制器 /磁粉控制器	控制方式:脉宽调制 输入电源:单相 AC185～264 V,50/60 Hz 输出:DC 0～24 V,4 A Max 适用机种:磁粉离合器、制动器 外控信号:0～10 V,对应输出 0～24 V

6.3.2　三相异步电动机机械特性测试与变频调速操作实验

1. 实验目的

(1) 通过实验了解三相异步电动机的机械特性;

(2) 通过实验认识交流变频器的结构和原理;

(3) 通过实验了解变频器的开环 V/F 控制和矢量控制的性能。

2. 实验内容

(1) 三相异步电动机机械特性测试;

(2) 三相异步电动机开环变频调速性能测试;

(3) 三相异步电动机矢量变频调速性能测试。

3. 实验设备(见表 6-7)

表 6-7　实验设备

设 备	数 量
智能测控 A 型实验台	1 台
开发用 PC	1 台

设　　备	数　　量
嵌入式控制器 CX5140	1 台
EL3004 模拟量输入模块	1 个
EL4034 模拟量输出模块	1 个
EL5101 编码器模块	1 个
TwinCAT 软件	1 套

4. 实验原理

1) 变频器 EtherCAT 适配器

在此实验中,变频器的参数是通过变频器的 EtherCAT 适配器来间接修改的,EtherCAT 适配器的参数储存在 CoE 中,通过修改 CoE 中的参数进而修改变频器的参数。CoE 参数可以在 Driver1(FECA-01 and ACS355)的 CoE 选项卡中查看(见图 6-26)。CoE 中的参数与变频器内部的参数标号是相互对应的。

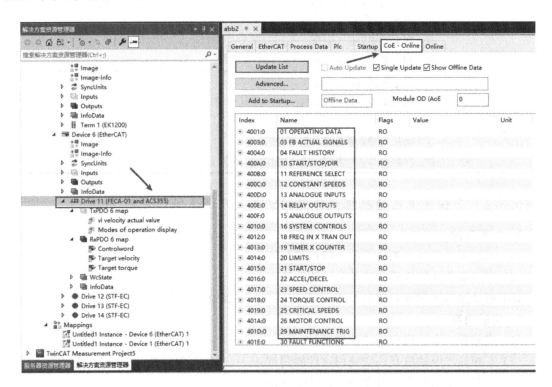

图 6-26　变频器 EtherCAT 适配器 CoE 参数

2) 变频器适配器参数介绍

（1）电动机类型参数。

对于变频器而言,不同的电动机需要设置不同的参数值,如表 6-8 所示。对于异步电动机,该参数为 1;对于永磁同步电动机,该参数为 2。

表 6-8　电动机选择

MOTOR_TYPE AT %Q* :UINT:=1;	//选择电动机类型 (9903) // · 1(AM):异步电动机 // · 2(PMSM):永磁同步电动机

（2）电动机的控制模式（参数 9904），其设置如表 6-9 所示。

表 6-9　电动机的控制模式

1（VECTOR：SPEED）	适用于大多数应用场合
2（VECTOR：TORQ）	适用于转矩控制场合
3（SCALAR：FREQ）	推荐在下列场合使用： · 变频器所连接的电动机数目可变的多传动应用场合； · 电动机额定电流小于变频器额定电流 20% 的应用场合； · 用于对变频器进行不带负载测试的应用场合

在 TwinCAT 程序可以按照表 6-10 的方式修改电动机的控制模式。

表 6-10　修改电动机的控制模式

MOTOR_CTRL_MODE AT %Q* :UINT;

（3）电动机运动模式。

在 CoE 中，电动机可使用四种模式：速度模式（2. vl），配置速度模式（3. pv），配置力矩模式（4. tq），同步力矩模式（10. cst）（见表 6-11）。

表 6-11　电动机运动模式

0=No mode change (default) 1=Profile position mode (pp) 2=Velocity mode (vl) 3=Profile velocity mode (pv) 4=Profile torque mode (tq) 6=Homing mode (hm) 8=Cyclic sync postion mode (csp) 9=Cyclic sync velocty mode (csv) 10=Cyclic sync torque mode (cst)*)

在 TwinCAT 程序中，通过修改以下参数来修改电动机的运动模式（见表 6-12）。

表 6-12　修改电动机的运动模式

MODE AT %Q*:SINT;

（4）电动机运动控制参数。

电动机的运动控制参数包含输入参数和输出参数（见图 6-27），输入参数用于监控电动机的运行状态，输出参数用于改变电动机的运行状态。

电动机的运动控制参数与 TwinCAT 程序中变量的对应关系见表 6-13。

（5）电动机的功率及电流参数。

电流、电压和功率需要根据电动机铭牌上的参数设置。如电动机铭牌：1.0 A　0.18 kW，

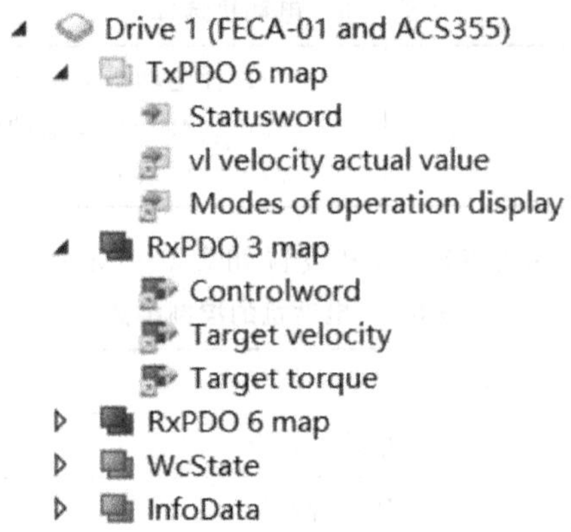

图 6-27　EtherCAT 适配器运动控制参数

需要注意变频器参数设置的单位(见表 6-14)。因此 TwinCAT 程序中的电流为 $10×0.1A=1.0\ A$,功率为 $2×0.1\ kW=0.2\ kW$,和实验电动机相符。如果电动机功率参数设置得不对,矢量模式无法启动,力矩会呈正弦方式波动。

表 6-13　电动机运动参数与程序变量的对应关系

运动控制参数	变　　量
TxPDO 6 map/vl velocity actual value	MAIN. ACT_READ_torque
TxPDO 6 map/Modes of operation display	MAIN. MODE_DIS
RxPDO3 map/ Controlword	MAIN. target_velocity
RxPDO3 map/ Target velocity	MAIN. target_velocity
RxPDO3 map/ Target torque	MAIN. Target_torque

表 6-14　对应单位说明

PLC 程序变量	变 量 说 明	取 值 说 明
9906 MOTOR NOM CURR	定义电动机额定电流,必须等于电动机铭牌上的值	//实验电动机 1 A
$0.2…2.0^2 I_{2N}$	电流	//·1=0.1 A
9909 MOTOR NOM CURR	定义电动机额定功率,必须等于电动机铭牌上的值	//实验电动机 0.2 kW(0.18 kW 四舍五入)
$0.2…3.0^2 P_N$ kW	功率	//·1=0.1 kW/0.1 hp

5. TwinCAT 参数调试

在前述介绍参数的基础上,运动控制参数可以在 TwinCAT 程序中进行修改调试,以加深对参数的理解。

图 6-28 所示为电动机控制流程图,修改控制字(ControlWord)可以控制电动机的启停,修改电动机的控制模式(Mode)可以实现不同的控制效果。

(1) 打开 C:\iCAT\电机特性实验台\abb2\abb2.sln 工程项目,参考第 1 章相关内容,下载激活 TwinCAT 项目,并登录运行。电动机的初始运行状态如图 6-29 所示。

(2) 修改控制字,输入更改数值为 31,如图 6-30 所示。

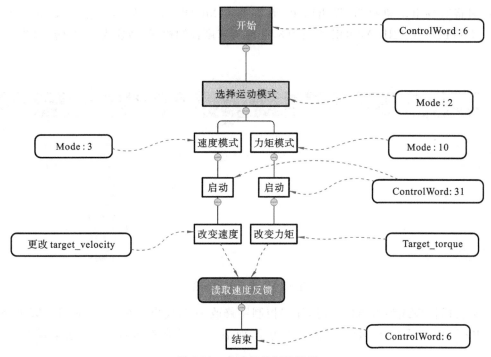

图 6-28　电动机控制流程图

[图 6-29 截图内容]

abb2　　MAIN.Matlab_Process [Online]　MAIN　Scope XY Project2

abb2.Untitled1.MAIN

表达式	类型	值	准备值	地址	注释
CONTROLWORD	UINT	6		%Q*	
MOTOR_CTRL_MODE	UINT	0		%Q*	电机控制模式 选择…模式（参数 9…
MODE	SINT	0		%Q*	电机运动模式
MODE_DIS	SINT	2		%I*	电机当前运动模式（…用以校验MOD…
target_velocity	DINT	0		%Q*	6042目标速度
Target_torque	INT	0		%Q*	6071 目标转矩
vl_velocity_value	INT	0		%I*	变频器所求速度
Damper	INT	0		%Q*	负载转矩
ACT_READ_torque	INT	-102		%I*	传感器读取转矩
ACT_TORQUE	LREAL	-0.01569230769			真实转矩为传感器读取的一半
Frequency_value	UDINT	0		%I*	编码器输出速度
ACT_velocity	LREAL	0			以速度值变换
current_read	UINT	0			变频器内部电流

```
1    ACT_TORQUE  -0.0157  :=ACT_READ_torque  -102  /6500.0;
2    ACT_velocity  0   :=Frequency_value  0  /100;
3    Matlab_process();
4    //MOTOR_CTRL_MODE参数导入
5    FDOMOTOR_CTRL_MODE{
6       aNetId  3.68.190.4  :=aNTID  3.68.190.4  ,
```

图 6-29　电动机初始运行状态

[图 6-30 截图内容]

abb2　・ OL-46ESA　・ Untitled1

MAIN [Online] ＋ × abb2　　MAIN.Matlab_Process [Online]　MAIN　Scope XY Project2

abb2.Untitled1.MAIN

表达式	类型	值	准备值	地址	注释
CONTROLWORD	UINT	6	31	%Q*	
MOTOR_CTRL_MODE	UINT	0		%Q*	电机控制模式 选择…模式（参数 9…
MODE	SINT	0		%Q*	电机运动模式
MODE_DIS	SINT	2		%I*	电机当前运动模式（…用以校验MOD…
target_velocity	DINT	0		%Q*	6042目标速度
Target_torque	INT	0		%Q*	6071 目标转矩
vl_velocity_value	INT	0		%I*	变频器所求速度
Damper	INT	0		%Q*	负载转矩
ACT_READ_torque	INT	-104		%I*	传感器读取转矩
ACT_TORQUE	LREAL	-0.016			真实转矩为传感器读取的一半
Frequency_value	UDINT	0		%I*	编码器输出速度
ACT_velocity	LREAL	0			以速度值变换
current_read	UINT	0			变频器内部电流

```
1    ACT_TORQUE  -0.016  :=ACT_READ_torque  -104  /6500.0;
```

图 6-30　修改控制字

此时将听到电动机嘯叫，发出微鸣，而后更改 MODE 参数为 3，target_velocity 参数为 1500 。MOTOR_CTRL_MODE 参数为 3，此时为速度控制模式，转速为 1500 转，如图 6-31 所示。

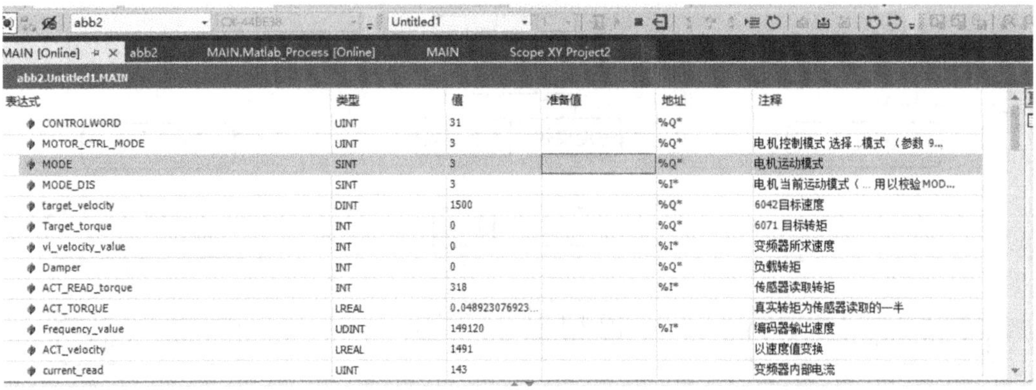

图 6-31　运行状态截图

（3）当操作模式为力矩模式时，先将控制字修改为 6，使电动机停转，如图 6-32 所示，然后将 MOTOR_CTRL_MODE 参数修改为 2，而后更改其余参数如前，观察电动机的运行状况。

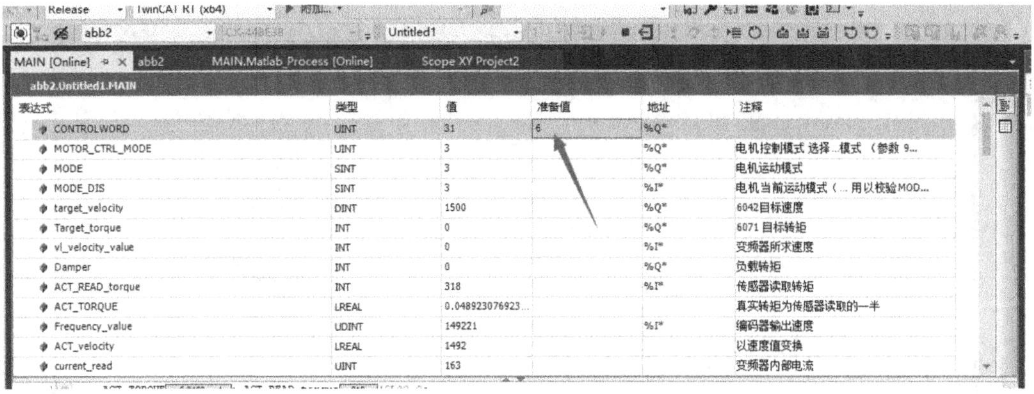

图 6-32　修改参数

6. MATLAB 实验操作步骤

1）打开文件

用 MATLAB 打开 C:\iCAT\电机特性实验台\induction motor HMI\InductionMotor HMI.mlapp 文件，其界面如图 6-33 所示。

2）加电压并调节负载

通过软件的控制面板，在变频器工作在 V/F 开环控制模式下，分别控制变频器输出 50 Hz/220 V、50 Hz/150 V、50 Hz/120 V 电压给三相异步电动机，并通过磁粉制动器添加 0%、20%、40%的额定负载，记录稳态工作点对应的电动机输出转速、转矩、功率和定子电流。

3）控制转速并加负载

设置变频器工作在 V/F 开环控制模式（标量模式），通过倍福 PLC 控制变频器在 0.5 s 内从零速加速到额定转速，达到稳态时再突加 30%的负载，记录启动过程和负载突加过程中的

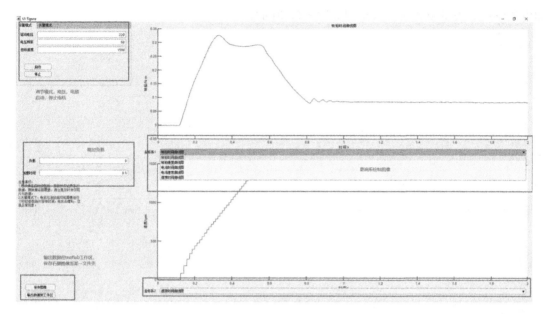

图 6-33　运行界面

电动机转速、转矩和电流波形。

　　4）改变负载

　　设置变频器工作在 V/F 开环控制模式（标量模式），通过倍福 PLC 控制变频器在 0.5 s 内从零速加速到额定转速，达到稳态时再突加 120％的负载，记录从启动过程到电动机堵转过程中的电动机转速、转矩和电流波形。标量模式实验效果图如图 6-34 所示。

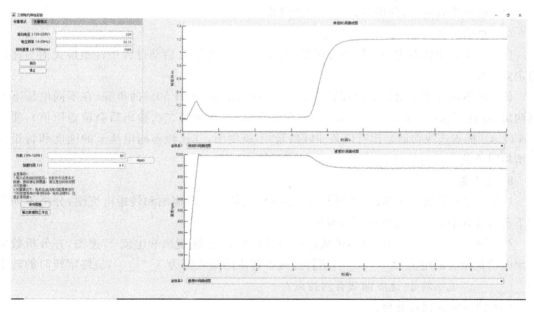

图 6-34　标量模式实验效果图

　　5）调节控制模式

　　设置变频器工作在矢量控制模式，通过倍福 PLC 控制变频器在 0.5 s 内从零速加速到额定转速，达到稳态时再突加 30％的负载，记录启动过程和负载突加过程中的电动机转速、转矩和电流波形。矢量模式实验效果图如图 6-35 所示。

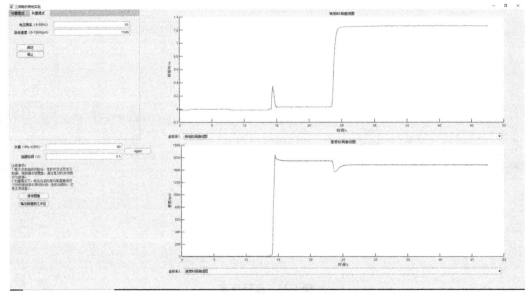

图 6-35　矢量模式实验效果图

7. 实验报告要求

（1）画出实验中 PLC、I/O 端子和步进电动机驱动器的电气连线。

（2）列出实验的 I/O 点表。

（3）列出所编写的程序、变量定义和映射。

（4）记录实验过程，分析遇到的问题和困难。

（5）总结实验过程，写出心得体会。

（6）记录启动特性实验的转矩时间图、电流时间图，以及在启动过程中转矩最大值为速度稳定后的转矩值。

（7）在不同电压下用标量模式启动电动机，当稳定后，突增 50％的负载，在不同电压下得到两组不同的数据（每输出一次数据后，记得手动保存，否则第二次输出后会覆盖原值），使用 MATLAB 描点连线功能绘出有两条曲线的转矩-速度图，并比较不同电压下的速度和转矩在突增相同负载后有何异同。

8. 思考题

（1）记录负载特性实验时，不同模式、不同负载的转矩转速图和转矩电流图，分析不同模式下负载变化的转矩速度曲线有何异同？

（2）记录在堵转实验时，电动机从稳定到堵转的转矩-速度图和电流-转速图，并分析数据得出电动机堵转的电流为_____，堵转过程中转矩的最大值为_____，最终堵转时的转矩为_____。说明转矩-速度曲线有何特点？

（3）两种模式比较分析：

① 两种模式在较低负载时有何异同？

② 当较低负载增加后，转矩模式下的速度发生了什么变化？

③ 转矩模式较标量模式有何优势？

第7章　三轴绘图实验台控制系统

本章主要介绍 TwinCAT 3 三个 NC 轴的联动控制,最终要实现的目标是实验台笔端能够绘制空间复杂轨迹。TwinCAT NC 是基于 PC 的纯软件的运动控制,它的功能与传统的运动控制模块、运动控制卡类似。由于 TwinCAT NC 与 PLC 运行在同一个 CPU 上,运动控制和逻辑控制之间的数据交换更直接、快速,因此 TwinCAT NC 比传统的运动控制器更加灵活和强大。TwinCAT NC 完全独立于硬件,用户可以选择不同厂家的驱动器和电动机,而控制程序不变。它有两种控制方式:NC PTP(numerical control point to point)和 NCI(numerical control interpolation)。

实验台笔端绘制空间复杂轨迹最终目标可以拆分为两个分目标:第一个分目标是笔端能够按复杂轨迹运动;第二个分目标是获取复杂轨迹的坐标点数据。对于第一个分目标:在 NC PTP 控制模式下,可将其解构成笔端能够从空间中一个点运动到另一个点,重点在于如何基于 TwinCAT 自带的 PTP 基本功能块实现三轴联动;而在 NCI 控制模式下,运动轨迹由 G 代码决定,重点在于学会如何基于 NCI 基础功能块运行一段 G 代码。对于第二个分目标:轨迹的获取方式多种多样,既可以直接由函数表达式得到,也可以通过解析图像获得复杂轮廓的坐标点数据。为方便运动控制时读取坐标点数据,一般将复杂轨迹的坐标点数据存储为一个文件:对于 NC PTP 控制,文件格式为.csv 格式;对于 NCI 控制,文件格式为.nc 格式。

7.1　三轴绘图实验简介

三轴绘图实验台主要由 X、Y、Z 三轴的电动机与驱动器、丝杠、限位开关等部分组成。驱动器控制电动机转动,丝杠将电动机的回转运动转化为 X、Y、Z 各轴的直线运动。图 7-1 标注了运动控制 X、Y、Z 各轴移动的正反方向,箭头指向为各轴正方向。三轴绘图实验台机构、驱

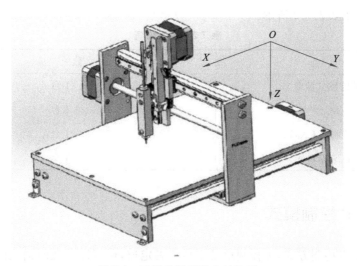

图 7-1　三轴绘图实验台结构图

动器及电动机部分参数如表 7-1 所示。

表 7-1　三轴绘图实验台机构、驱动器及电动机部分参数

项　　目		参　　数	
实验台尺寸		397 mm×339 mm×263 mm	
步进驱动器		鸣志 STF05_10-ECX-H	
丝杠		直径 8 mm;导程 4 mm;步长 0.02 mm	
X 轴	行程	295 mm	步距角 1.8° 2 相四线 20000 个脉冲/转
	电动机	FY42EL180RGA	
Y 轴	行程	236 mm	
	电动机	FY42EL180RGA	
Z 轴	行程	70 mm	
	电动机	FY42EL180RGA	

　　三轴绘图实验台的电气线路比较简单,每个驱动器都接有一个电动机和一个限位开关,驱动器之间通过网线串联起来并接到倍福工控机上,然后再通过一根网线连接到 PC,如图 7-2 所示。

图 7-2　三轴绘图实验台电气结构图

本章实验设备如表 7-2 所示。

表 7-2　实验设备

设　　备	数　　量
三轴绘图实验台	1 台
PC	1 台
嵌入式控制器 CX5140	1 台
TwinCAT 软件	1 套

7.2　PTP 控制模式

　　PTP 即点对点控制方式,可控制单轴定位或者定速,也可以实现两轴之间的电子齿轮、电子凸轮同步。在此基础上,不仅可以使用张力控制(dancer control)、飞锯(flying saw)、先入先

出(FIFO)等功能实现多轴联动;而且可以在 PLC 程序中编写外部位置发生器,每个 PLC 周期都计算目标位置、速度和加速度,并发送给 TwinCAT NC 去执行。值得注意的是,PTP 多轴联动是不会自动进行插补的,需要手动进行设置,而且其本质上还是单轴的点位运动,只不过多轴点位运动的合成显示为多轴联动的形式而已。

PTP 把一个电动机的运动控制分为三层:PLC 轴、NC 轴和物理轴。其中:PLC 轴是指 PLC 程序中定义的轴变量;NC 轴是指在 NC 配置界面定义的 AXIS;物理轴是指在 I/O 配置中扫描或者添加的运动执行和位置反馈的硬件。三者的关系如图 7-3 所示,在 PTP 控制模式中,PLC 程序对电动机的控制,经过两个环节:PLC 轴到 NC 轴,NC 轴再到物理轴。PTP 控制的基础内容请参考 3.5.2 小节。

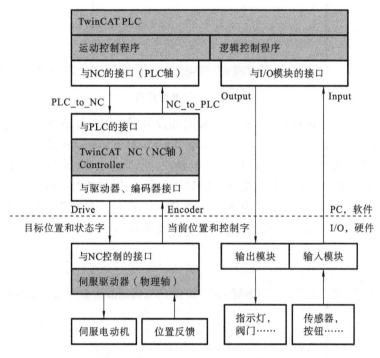

图 7-3 TwinCAT NC PTP 控制流程

7.2.1 NC 轴配置

为保证运动的正确性,在 Parameter 选项卡中需要设置一些 NC 轴的参数,包含 Axis 和 Axis—Enc 设置。

Axis 设置:打开 MOTION 折叠项,在 Axes 下选择需要设置的 NC 轴并左键双击打开设置界面;选择"Parameter",打开"Monitoring"折叠项,将 Monitoring(监视)中的"Position Lag Monitoring""Position Range Monitoring"和"Target Position Monitoring"均设置为 False,防止监视导致频繁报错,如图 7-4 所示。

Axis—Enc 设置:Parameter 有 Scaling Factor Numerator 和 Scaling Factor Denominator 两个重要参数,用来进行定标,必须要设置。Scaling Factor Numerator 是指电动机转一圈工件最终的移动量,Scaling Factor Denominator 是指编码器反馈脉冲数。从表 7-1 三轴绘图机器部分参数中可以得知:电动机均为步进电动机,驱动器给 20000 个脉冲,电动机转 1 圈,即工件移动量为丝杠的一个导程,丝杠的导程为 4 mm。由于步进电动机没有编码器(开环),所以

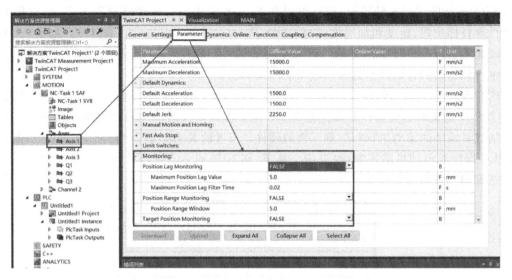

图 7-4　Axis 参数设置

在这里 Scaling Factor Denominator 不再是编码器反馈脉冲数，而是驱动器所给脉冲数。综上，Scaling Factor Numerator 设置为 4，Scaling Factor Denominator 设置为 20000。X、Y、Z 三轴皆如此。操作步骤如下：打开 MOTION 折叠项，在 Axes 下选择需要设置的 NC 轴，在其下面选择"Enc"并左键双击打开设置界面；选择"Parameter"，修改"Scaling Factor Numerator"为 4，"Scaling Factor Denominator"为 20000，如图 7-5 所示。参数设置完成后，一定要点击 激活配置（Activate Configuration），才能让这些参数生效。

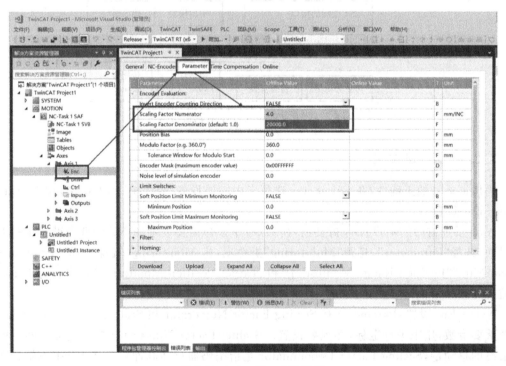

图 7-5　Axis—Enc 参数设置

7.2.2　回限位功能块 FB_BackToXW 设计

1. 回限位功能块设计思路

在控制运动平台运动前,建立起一个运动参考坐标系是必要的,以固定的限位开关位置作为坐标原点是一个选择。自定义功能块 FB_BackToXW 由点动 MC_Jog 和设置坐标 MC_SetPosition 两个基本功能块共同配合完成,使用 MC_Jog 功能块能让 X、Y、Z 轴回到负限位开关处,然后使用 MC_SetPosition 功能块设置当前位置为原点,即坐标为 $(0,0,0)$,便可创建一个运动参考坐标系。该坐标系的原点为三个轴的负限位开关处,坐标系各轴正方向如图 7-1 所示。

限位开关信号通常是一个 UDINT 数据类型的输入信号。当轴运动到特定位置时会触发限位开关,相应的限位开关输入信号值就会发生改变。一般情况下,一个轴具有一个限位开关输入信号,三个限位开关信号值:正限位开关信号值 Val1、负限位开关信号值 Val2、限位开关未触发时的信号值 Val0。MAIN 程序限位变量 XW1、XW2、XW3 分别绑定 Digital inputs. TxPDO 1. Drive 9 (STF-ECX-H)、Digital inputs . TxPDO 1. Drive 10(STF-ECX-H)、Digital inputs. TxPDO 1. Drive 11(STF-ECX-H)三根物理轴的限位传感器变量。

FB_BackToXW 实现的回限位原理如下:bExecute 为 True 时运行该功能块,判断各轴限位开关信号值是否为 Val2 即负限位开关是否被触发。若否,则轴向负限位开关处点动,直到到达负限位开关处;若是,轴停止运动。当三轴均到达负限位开关处后,设置该处坐标为 $(0,0,0)$,bDone 赋值为 True,退出功能块,其流程如图 7-6 所示。

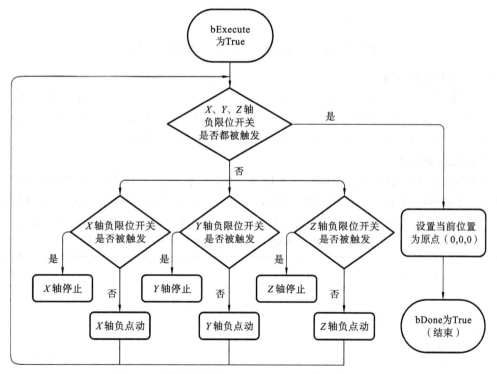

图 7-6　回限位功能块 FB_BackToXW 的运行流程图

2. 回限位功能块设计步骤

参见"1.3　新建一个 TwinCAT 项目"创建一个名为"XYZ"的 TwinCAT 项目,参见"1.4 新建一个 PLC 项目"在"XYZ"中创建一个 PLC 项目,参考第 1 章的相关章节完成设备的扫描,参考 7.2.1 小节完成各轴的编码器参数设置。在编写 PLC 程序之前,可参考 3.5.2 小节添加一个库文件:Tc2_MC2。

　　创建一个新的 POU,选择"POUs"目录,点击右键选择"Add""POU"子菜单,命名为"FB_BackToXW",类型选择"功能块(FB)",编程语言选择"Sequential Function Chart(SFC)"。编写的顺序功能图如图 7-7 所示。

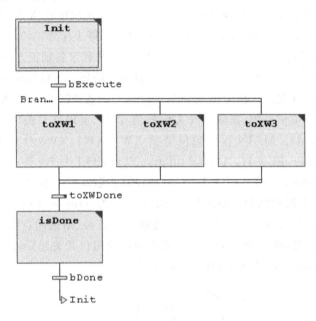

图 7-7　回限位功能块 FB_BackToXW 顺序功能图

1) 添加顺序功能图

　　选择"TRUE"转换条件,点击右键选择"Insert step-transition"(插入前步转移),插入两次步,将新增的步命名为"toXW3"和"isDone",选择"toXW3"步,点击右键选择"Insert branch"(插入左分支),也插入两次步,分别将新增的步命名为"toXW2"和"toXW1"。

2) 添加步的动作

　　添加"FB_BackToXW"功能块的输入和输出变量,接着左键双击框图中的步,如"Init",之后出现添加步的动作的对话框,其名称默认为"Init_active"(不必修改),修改实现语言为"结构化文本(ST)",最后点击"打开"即可完成添加一个步的动作。五个步的动作程序如表 7-3 所示。

表 7-3　回限位功能块 FB_BackToXW 的 ST 程序

`FUNCTION_BLOCKFB_BackToXW`
`VAR_INPUT`
　　`bExecute :BOOL;`
　　`Axis1 :AXIS_REF;`
　　`Axis2 :AXIS_REF;`
　　`Axis3 :AXIS_REF;`
`END_VAR`
`VAR_OUTPUT`
　　`bDone :BOOL;`
`END_VAR`
	变量声明区

``
VAR
    XW1 AT % I* : UDINT: main.XW1;
    XW2 AT % I* : UDINT: main.XW2;
    XW3 AT % I* : UDINT: main.XW3;
    Jog1 :MC_Jog;
    Jog2 :MC_Jog;
    Jog3 :MC_Jog;
END_VAR
``
	变量声明区

``
Axis1();
Axis2();
Axis3();
bDone :=FALSE;
``
	Init_active

``
Jog1(
    Axis:=Axis1,
    JogForward:=FALSE,
    JogBackwards:=XW1 <>262144,
    Mode:=MC_JOGMODE_CONTINOUS,
    Position:=,
    Velocity:=11,
    Acceleration:=,
    Deceleration:=,
    Jerk:=,
    Done=>,
    Busy=>,
    Active=>,
    CommandAborted=>,
    Error=>,
    ErrorID=>);
``
	toXW1_active

``
Jog2(
    Axis:=Axis2,
    JogForward:=FALSE,
    JogBackwards:=XW2<>262144,
    Mode:=MC_JOGMODE_CONTINOUS,
    Position:=,
    Velocity:=11,
    Acceleration:=,
    Deceleration:=,
    Jerk:=,
    Done=>,
    Busy=>,
    Active=>,
    CommandAborted=>,
    Error=>,
    ErrorID=>);
``
	toXW2_active

程序逻辑区

续表

程序逻辑区		

Jog3(
    Axis:=Axis3,
    JogForward:=FALSE,
    JogBackwards:=XW3<>262144,
    Mode:=MC_JOGMODE_CONTINOUS,
    Position:=,
    Velocity:=11,
    Acceleration:=,
    Deceleration:=,
    Jerk:=,
    Done=>,
    Busy=>,
    Active=>,
    CommandAborted=>,
    Error=>,
    ErrorID=>);
	toXW3_active	程序逻辑区

bDone :=TRUE;	isDone_active	
XW1 =262144 AND XW2=262144 AND XW3=262144;	toXWDone	

3）添加转换条件

右键点击"FB_BackToXW(FB)"，选择"Add""Transition"菜单，出现"创建新转移"对话框，修改名称为"toXWDone"，修改实现语言为"结构化文本（ST）"，最后点击"Open"即可完成添加一个转换条件。将"Trans0"转换条件重命名为"bExecute"并设置为 BOOL 量，将"Trans1"转换条件重命名为"toXWDone"。将"TRUE"转换条件重命名为"bDone"并设置为 BOOL 量。所有变量声明和"toXWDone"转移程序如表 7-3 所示，需要注意"toXWDone"转移程序中的 262144 是负限位开关被触发时发送给 PLC 程序的数值。最后整个功能块程序的组成内容如图 7-8 所示，下标"A"表示步的动作，"T"表示转换条件。

3. 回限位功能块测试

设计好的回限位功能块 FB_BackToXW 如图 7-9 所示，功能参见表 7-4 说明，其他两个功能块"FB_DrawByCSV"、"FB_PtoP2"类似，接着采用顺序功能图编写主程序，先删除默认创建的 MAIN 程序，接着创建一个新的 MAIN 程序，即右键点击"POUs"目录，然后点击"Add""POU"子菜单，弹出的界面的类型选择"程序（P）"，实现语言选择"SFC"，名字改为MAIN。PTP 控制模式回限位功能块测试实例的顺序功能图如图 7-10 所示，组成内容如图

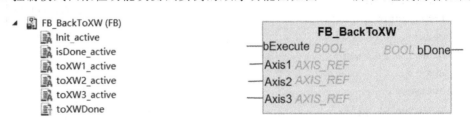

图 7-8　回限位功能块 FB_BackToXW 程序组成内容　　　　图 7-9　FB_BackToXW 功能块

表 7-4　FB_BackToXW 功能块说明

功能	驱使 X、Y、Z 轴回到负限位开关处并设置该处为坐标原点(0,0,0)	
输入	bExecute	触发变量,为 TRUE 时触发功能块执行
	Axis1～3	分别对应 X、Y、Z 的 PLC 轴
输出	bDone	运动完成为 TRUE
备注	使用到两种基本功能块:MC_Jog 和 MC_SetPosition	

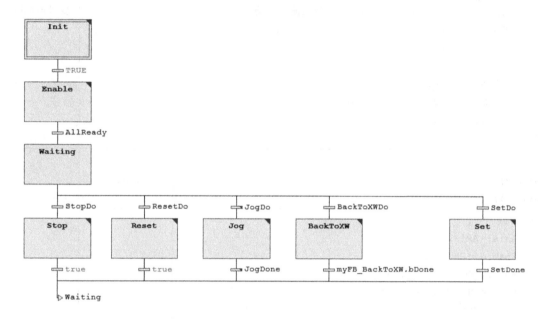

图 7-10　回限位功能块测试实例顺序功能图

7-11 所示,程序如表 7-5 所示。注意:在编写如图 7-10 所示的主程序的顺序功能图时,由于分支默认为并行分支,因此需要在"插入分支"完成后,右键点击分支直线,在弹出的菜单中点击"选择分支",将分支类型改为选择分支。此外,插入分支后,分支内的步是没有前后转移条件的,可以通过右键点击该步,在弹出的菜单中选择"插入前步转移"或"插入后步转移",此时会在该步前方或后方多出一个步和一个转移条件,删去多余的步,保留转移条件即可。

- ▲ 📄 MAIN (PRG)
  - 📄 BackToXW_active
  - 📄 Enable_active
  - 📄 Init_active
  - 📄 Jog_active
  - 📄 JogDo
  - 📄 JogDone
  - 📄 Reset_active
  - 📄 Set_active
  - 📄 Stop_active

图 7-11　回限位功能块测试
实例组成内容

表 7-5　回限位功能块测试实例程序

| ```
PROGRAM MAIN
VAR
    Axis1,Axis2,Axis3 : AXIS_REF;//定义轴
    Power1,Power2,Power3:MC_POwer;//轴使能
    PowerDo,AllReady:BOOL;
    Stop1,Stop2,Stop3:MC_Stop;//轴停止
``` | 变量声明区 |
```

续表

```StopDo:BOOL;```
```Reset1,Reset2,Reset3:MC_Reset;//轴复位```
```ResetDo:BOOL;```
```Jog1,Jog2,Jog3:MC_Jog;//轴点动```
```JogDo1_1,JogDo1_0:BOOL;```
```JogDo2_1,JogDo2_0:BOOL;```
```JogDo3_1,JogDo3_0:BOOL;```
```myFB_BackToXW:FB_BackToXW;//回限位功能块实例化```
```XW1 AT %I*: UDINT;```
```XW2 AT %I*: UDINT;```
```XW3 AT %I*: UDINT;```
```BackToXWDo:BOOL;```
```Set1,Set2,Set3:MC_SetPosition;//设定原点```
```SetDo,SetDone:BOOL;```
```END_VAR```
		变量声明区

```Axis1();```
```Axis2();```
```Axis3();```
	Init_active	程序逻辑区

```Power1(```
```   Axis:=Axis1,```
```   Enable:=PowerDo,```
```   Enable_Positive:=PowerDo,```
```   Enable_Negative:=PowerDo,```
```   Override:=50,```
```   BufferMode:=,```
```   Options:=,```
```   Status=>,```
```   Busy=>,```
```   Active=>,```
```   Error=>,```
```   ErrorID=>);```
```Power2(```
```   Axis:=Axis2,```
```   Enable:=PowerDo,```
```   Enable_Positive:=PowerDo,```
```   Enable_Negative:=PowerDo,```
```   Override:=50,```
```   BufferMode:=,```
```   Options:=,```
```   Status=>,```
```   Busy=>,```
```   Active=>,```
```   Error=>,```
```   ErrorID=>);```
	Enable_active	

Power3(
    Axis:=Axis3,
    Enable:=PowerDo,
    Enable_Positive:=PowerDo,
    Enable_Negative:=PowerDo,
    Override:=50,
    BufferMode:=,
    Options:=,
    Status=>,
    Busy=>,
    Active=>,
    Error=>,
    ErrorID=>);
AllReady :=Power1.Status AND Power2.Status AND Power3.Status;
	Enable_active	

Stop1(
  Axis:=Axis1,
  Execute:=StopDo,
  Deceleration:=,
  Jerk:=,
  Options:=,
  Done=>,
  Busy=>,
  Active=>,
  CommandAborted=>,
  Error=>,
  ErrorID=>);
Stop2(
    Axis:=Axis2,
    Execute:=StopDo,
    Deceleration:=,
    Jerk:=,
    Options:=,
    Done=>,
    Busy=>,
    Active=>,
    CommandAborted=>,
    Error=>,
    ErrorID=>);
Stop3(
    Axis:=Axis3,
    Execute:=StopDo,
    Deceleration:=,
    Jerk:=,
    Options:=,
	Stop_active	程序逻辑区

| ```
    Done=>,
    Busy=>,
    Active=>,
    CommandAborted=>,
    Error=>,
    ErrorID=>);
``` | Stop_active | |
| ```
Reset1(
    Axis:=Axis1,
    Execute:=ResetDo,
    Done=>,
    Busy=>,
    Error=>,
    ErrorID=>);
Reset2(
    Axis:=Axis2,
    Execute:=ResetDo,
    Done=>,
    Busy=>,
    Error=>,
    ErrorID=>);
Reset3(
    Axis:=Axis3,
    Execute:=ResetDo,
    Done=>,
    Busy=>,
    Error=>,
    ErrorID=>);
``` | Reset_active | 程序逻辑区 |
| ```
Jog1(
    Axis:=Axis1,
    JogForward:=JogDo1_1,
    JogBackwards:=JogDo1_0,
    Mode:=MC_JOGMODE_CONTINOUS,
    Position:=,
    Velocity:=11,
    Acceleration:=,
    Deceleration:=,
    Jerk:=,
    Done=>,
    Busy=>,
    Active=>,
    CommandAborted=>,
    Error=>,
    ErrorID=>);
``` | Jog_active | |
```

`Jog2(`
`    Axis:=Axis2,`
`    JogForward:=JogDo2_1,`
`    JogBackwards:=JogDo2_0,`
`    Mode:=MC_JOGMODE_CONTINOUS,`
`    Position:=,`
`    Velocity:=11,`
`    Acceleration:=,`
`    Deceleration:=,`
`    Jerk:=,`
`    Done=>,`
`    Busy=>,`
`    Active=>,`
`    CommandAborted=>,`
`    Error=>,`
`    ErrorID=>);`
`Jog3(`
`    Axis:=Axis3,`
`    JogForward:=JogDo3_1,`
`    JogBackwards:=JogDo3_0,`
`    Mode:=MC_JOGMODE_CONTINOUS,`
`    Position:=,`
`    Velocity:=7,`
`    Acceleration:=,`
`    Deceleration:=,`
`    Jerk:=,`
`    Done=>,`
`    Busy=>,`
`    Active=>,`
`    CommandAborted=>,`
`    Error=>,`
`    ErrorID=>);`
	Jog_active	程序逻辑区

`myFB_BackToXW(`
`    bExecute:=BackToXWDo,`
`    Axis1:=Axis1,`
`    Axis2:=Axis2,`
`    Axis3:=Axis3,`
`    bDone=>);`
	BackToXW_active	

`Set1(`
`    Axis:=Axis1,`
`    Execute:=SetDo,`
`    Position:=0.0,`
`    Mode:=,`
`    Options:=,`
	Set_active	

续表

程序逻辑区		
| ```
    Done=>,
    Busy=>,
    Error=>,
    ErrorID=>);
Set2(
    Axis:=Axis2,
    Execute:=SetDo,
    Position:=0.0,
    Mode:=,
    Options:=,
    Done=>,
    Busy=>,
    Error=>,
    ErrorID=>);
Set3(
    Axis:=Axis3,
    Execute:=SetDo,
    Position:=0.0,
    Mode:=,
    Options:=,
    Done=>,
    Busy=>,
    Error=>,
    ErrorID=>);
SetDone :=Set1.Done AND Set2.Done AND Set3.Done;
``` | Set_active | 程序逻辑区 |
| ```
JogDo1_1 OR JogDo1_0 OR JogDo2_1 OR JogDo2_0 OR JogDo3_1 OR
JogDo3_0;
``` | JogDo | |
| `StopDo OR (Jog1.Done OR Jog2.Done OR Jog3.Done);` | JogDone | |

设计的三轴实验台 PTP 控制模式回限位功能块测试实例 HMI 界面如图 7-12 所示，HMI 控件及其链接的变量如表 7-6 所示。

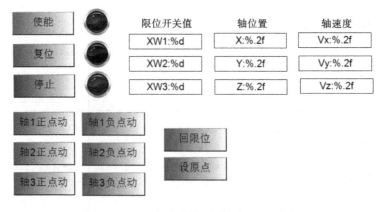

图 7-12　回限位功能块测试实例 HMI 界面

表 7-6　回限位功能块 HMI 控件及其链接的变量

控　件		链接的变量
Lamp1	绿灯	MAIN. AllReady
	蓝灯	MAIN. ResetDo
	红灯	MAIN. StopDo
Rectangle	XW1	MAIN. XW1
	XW2	MAIN. XW2
	XW3	MAIN. XW3
	X	MAIN. Axis1. NcToPlc. ActPos
	Y	MAIN. Axis2. NcToPlc. ActPos
	Z	MAIN. Axis3. NcToPlc. ActPos
	Vx	MAIN. Axis1. NcToPlc. ActVelo
	Vy	MAIN. Axis2. NcToPlc. ActVelo
	Vz	MAIN. Axis3. NcToPlc. ActVelo
Button	使能(Toggle)	MAIN. PowerDo
	复位	MAIN. ResetDo
	停止(Toggle)	MAIN. StopDo
	轴 1 正点动	MAIN. JogDo1_1
	轴 2 正点动	MAIN. JogDo2_1
	轴 3 正点动	MAIN. JogDo3_1
	轴 1 负点动	MAIN. JogDo1_0
	轴 2 负点动	MAIN. JogDo2_0
	轴 3 负点动	MAIN. JogDo3_0
	回限位	MAIN. BackToXWDo
	设原点	MAIN. SetDo

参考第 3 章的 3.6.2 小节中的一维工作台轴变量绑定过程,将表 7-5 中的 PLC 轴变量 "Axis1""Axis2"和"Axis3"分别绑定"Motion""Axes"子目录下的 NC 轴"Axis1""Axis2"和 "Axis3"。链接变量后下载并运行 PLC 程序,在 HMI 界面,首先点击"使能"按钮,给轴使能; 然后点击"轴_正点动"或"轴_负点动"按钮,让各轴运动到负限位开关处,观察"XW_"的数值 是否为 FB_BackToXW 功能块程序里设置的 262144,如果不是则进行修改,然后再重新下载 并运行 PLC 程序;然后点击"回限位"按钮,此时各轴会运动到限位开关处并停下;然后点击 "设原点"按钮,设置当前位置为(0,0,0)。再次点击"使能"按钮,检查其是否能关闭,若不能, 则检查"Powerdo"变量绑定,分析程序流程,使能功能块运行在哪里? 程序执行到哪里? 补充 完善图 7-10 所示的顺序功能图来解决问题 。

7.2.3　平面两轴联动功能块 FB_PtoP2 设计

1. 两轴联动设计思路

三轴实验台两轴联动 FB_PtoP2 实现原理为:获取当前 X、Y 平面位置 P1(x1,y1)和目标位置 P2(x2,y2),由 P1 坐标和 P2 坐标计算位移 P1P2 与 X 正方向的夹角 Alpha,之后使用 MC_MoveAbsolute 功能块让 X、Y 两轴同步运动并设置 X、Y 两轴的合成速度方向与位移 P1P2 同向即可,运行流程如图 7-13 所示。

实现了 X、Y 平面上的点到点的功能,在此基础上还可以实现 X、Y、Z 空间内的点到点的功能,只需再计算位移 P1P2 与 Z 正方向的夹角 Belta,之后使用 MC_MoveAbsolute 功能块让 X、Y、Z 三轴同步运动并设置 X、Y、Z 三轴合成速度方向与位移 P1P2 同向即可。

2. 两轴联动设计步骤

在"XYZ"TwinCAT 项目中,创建一个新的 POU,名称设置为"FB_PtoP2"类型选择"功能块(FB)",编程语言选择 SFC。类似"回限位功能块"的设计步骤,依次添加顺序功能图、添加步的动作、添加转换条件、添加变量声明和动作程序代码。两轴联动功能块的顺序功能图如图 7-14 所示,其组成内容如图 7-15 所示,下标"A"表示步的动作。两轴联动功能块变量声明及步动作程序如表 7-7 所示。

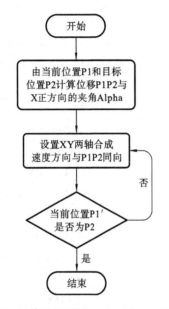

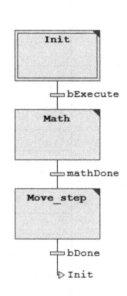

图 7-13　两轴联动功能块 FB_PtoP2 运行流程图　　图 7-14　两轴联动功能块 FB_PtoP2 顺序功能图

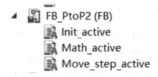

图 7-15　两轴联动功能块 FB_PtoP2 程序组成内容

表 7-7　两轴联动功能块变量声明及步动作程序

| ```
FUNCTION_BLOCK FB_PtoP2
VAR_INPUT
    bExecute :BOOL;
    Axis1 :AXIS_REF;
    Axis2 :AXIS_REF;
    px,py:LREAL;
``` | 变量声明区 |
```

``
END_VAR
VAR_OUTPUT
    bDone:BOOL:=FALSE;
END_VAR
VAR
    MoveAbs1,MoveAbs2:MC_MoveAbsolute;
    beitaX,beitaY:LREAL;
    alpha :LREAL;
    D :LREAL;
    V :LREAL:=33;
    mathDone: BOOL;
END_VAR
``
	变量声明区

``
Axis1();
AXis2();
bDone :=FALSE;
MoveAbs1.Execute :=FALSE;
MoveAbs2.Execute :=FALSE;
``
	Init_active

``
beitaX :=px-Axis1.NcToPlc.ActPos;
beitaY :=py-Axis2.NcToPlc.ActPos;
D :=SQRT(beitaX* beitaX+beitaY* beitaY);
IF beitaX =0 AND beitaY> 0 THEN
    alpha :=pi/2;
    mathDone :=TRUE;
ELSIF beitaX =0 AND beitaY< 0 THEN
    alpha :=3* pi/2;
    mathDone :=TRUE;
ELSIF beitaY =0 AND beitaX> 0 THEN
    alpha :=0;
    mathDone :=TRUE;
ELSIF beitaY =0 AND beitaX< 0 THEN
    alpha :=pi;
    mathDone :=TRUE;
ELSIF beitaY =0 AND beitaX =0 THEN
    mathDone :=FALSE;
    bDone :=TRUE;
ELSE
    alpha :=ATAN(beitaY/beitaX);
    mathDone :=TRUE;
END_IF
``
	Math_active

``
MoveAbs1(
    Axis:=Axis1,
    Execute:=NOT MoveAbs1.Done,
    Position:=px,
``
	Move_step_active

程序逻辑区

续表

```Velocity:=V*ABS(COS(alpha)),```
```Acceleration:=,```
```Deceleration:=,```
```Jerk:=,```
```BufferMode:=,```
```Options:=,```
```Done=>,```
```Busy=>,```
```Active=>,```
```CommandAborted=>,```
```Error=>,```
```ErrorID=>);```
```MoveAbs2(```
```   Axis:=Axis2,```
```   Execute:=NOT MoveAbs1.Done,```
```   Position:=py,```
```   Velocity:=V*ABS(SIN(alpha)),```
```   Acceleration:=,```
```   Deceleration:=,```
```   Jerk:=,```
```   BufferMode:=,```
```   Options:=,```
```   Done=>,```
```   Busy=>,```
```   Active=>,```
```   CommandAborted=>,```
```   Error=>,```
```   ErrorID=>);```
```bDone :=MoveAbs1.Done AND MoveAbs2.Done;```
	Move_step_active	程序逻辑区

3. 两轴联动 FB_PtoP2 功能块测试

设计好的两轴联动功能块如图 7-16 所示，功能参见表 7-8 的说明，在"XYZ" TwinCAT 项目中，MAIN 程序的顺序功能图中新增一个"PtoP2"步，如图 7-17 所示，测试实例项目中，添加的变量声明和程序如表 7-9 所示。

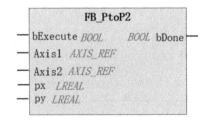

图 7-16　两轴联动功能块

表 7-8　两轴联动功能块说明

功能		驱使 X、Y 两轴从所在位置同步运动到指定位置
输入	bExecute	触发变量,为 TRUE 时触发功能块执行
	Axis1	X 的 PLC 轴
	Axis2	Y 的 PLC 轴
	px	目标位置的 x 坐标值
	py	目标位置的 y 坐标值
输出	bDone	运动到指定位置时为 TRUE
备注		使用到的基本功能块只有 MC_MoveAbsolute

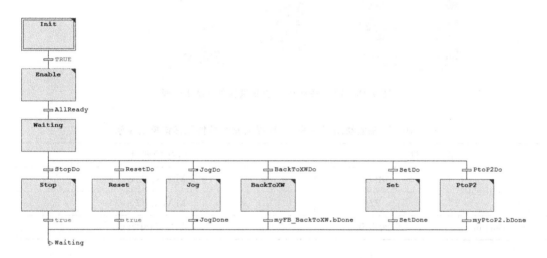

图 7-17　两轴联动功能块测试实例的顺序功能图

表 7-9　两轴联动功能块测试实例添加的变量声明和程序

PROGRAM MAIN
VAR
　……
　myPtoP2:FB_PtoP2;//平面点到点功能块实例化
　P2x,P2y:LREAL;
　PtoP2Do:BOOL;
END_VAR
		变量声明区

myPtoP2(　bExecute:=PtoP2Do, 　Axis1:=Axis1, 　Axis2:=Axis2, 　px:=P2x, 　py:=P2y, 　bDone=>);	PtoP2_active	程序逻辑区

三轴实验台 PTP 控制模式两轴联动功能块测试实例 HMI 界面如图 7-18 所示,HMI 界面新增控件及其链接的变量如表 7-10 所示。下载并运行 PLC 程序,在 HMI 界面,首先点击"使能"按钮,给轴使能;然后分别输入目标坐标"P2x"和"P2y"的数值,最后点击"平面点到点"按钮,X、Y 两轴会同步运动到目标坐标(P2x,P2y)处。

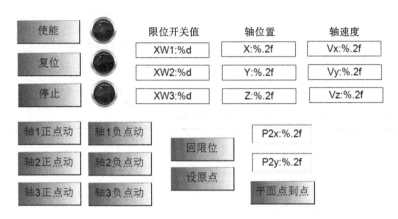

图 7-18　两轴联动功能块测试实例 HMI 界面

表 7-10　两轴联动测试实例 HMI 界面新增控件及其链接的变量

控　件		链接的变量
Texifield	P2x	MAIN. P2x
	P2y	MAIN. P2y
Button	平面点到点	MAIN. PtoP2Do

7.2.4　完整 PTP 程序设计

前面已经实现了回限位和平面点到点的功能,本小节将主要介绍绘图部分,具体内容为读取 CSV 文件,获取坐标数据,进行绘图。需要说明的是,定义两个 LREAL 类型变量 UpToZ 和 DownToZ 来指定 Z 轴抬笔和下笔的位置。CSV 文件保存的是轨迹坐标数据,保存数据采用以下格式:一个坐标点存为一行、占三个单元格,每行的三个单元格数据依次为 x 坐标、y 坐标和 z 坐标,故所有轨迹坐标数据为 n 行 3 列数据。因为是平面绘图,所以 z 坐标在 CSV 文件中只有两个取值,分别对应下笔状态和抬笔状态,用于判断 Z 轴该如何运动。PTP 读取 CSV 文件进行绘图的详细流程如图 7-19 所示。

1. 文件功能块介绍

在编写读取 CSV 文件的代码之前,需要添加 Tc2_Utilities 库,以下介绍需要用到的四个功能块。

1) FB_FileOpen

FB_FileOpen 功能块如图 7-20 所示,其说明见表 7-11。

2) FB_FileGets

FB_FileGets 功能块如图 7-21 所示,其说明见表 7-12。

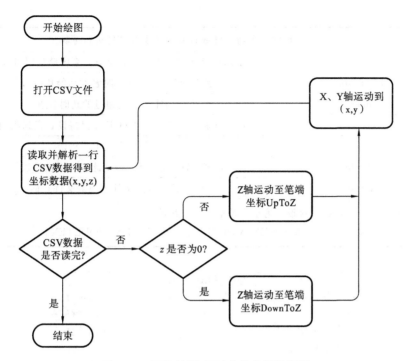

图 7-19 PTP 读取 CSV 文件绘图流程图

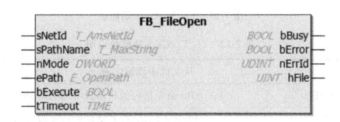

图 7-20 FB_FileOpen 功能块

表 7-11 FB_FileOpen 功能块说明

功能		创建一个新文件或打开一个现有文件进行编辑
输入	sNetId	包含 ADS 命令指向的目标设备的 AMS 网络标识符字符串
	sPathName	要打开的文件的路径和文件名
	nMode	打开文件的模式,常用以下几种模式: · FOPEN_MODEREAD:打开一个文件进行读取,文件不存在时报错 · FOPEN_MODEWRITE:打开一个空文件进行写入,文件存在时会将其覆盖 · FOPEN_MODEAPPEND:在文件末尾进行追加写入,文件不存在时则创建一个新文件 · FOPEN_MODEBINARY:以二进制模式打开文件 · FOPEN_MODETEXT:以文本模式打开文件 · 混合模式,如 FOPEN_MODEREAD OR FOPEN_MODETEXT

续表

功能		创建一个新文件或打开一个现有文件进行编辑
输入	ePath	用于选择目标设备上的 TwinCAT 系统路径以打开文件
	bExecute	触发变量,为上升沿时触发功能块执行
	tTimeout	执行功能块不能超过的超时长度
输出	bBusy	功能块被激活时设置为 TRUE 并保持设置直到收到反馈
	bError	TRUE,如果发生了错误
	bErrId	如果设置了错误输出,则此参数提供错误号
	hFile	打开成功时为文件创建的文件句柄
备注		(1) sNetId 可以直接设置为空字符串即' ',下同; (2) 建议 nMode 选择 FOPEN_MODEREAD OR FOPEN_MODETEXT

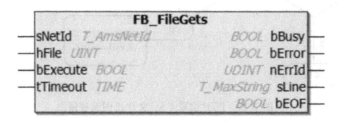

图 7-21　FB_FileGets 功能块

表 7-12　FB_FileGets 功能块说明

功能		从文件中读取字符串
输入	sNetId	包含 ADS 命令指向的目标设备的 AMS 网络标识符字符串
	hFile	FB_FileOpen 打开文件成功时返回的文件句柄
	bExecute	触发变量,为上升沿时触发功能块执行
	tTimeout	执行功能块不能超过的超时长度
输出	sLine	读取到的字符串
	bEOF	到达文件末尾并且无法读取更多数据字节,则设置此输出
备注		该文件必须是以 FOPEN_MODETEXT 文本模式打开的

3) FB_CSVMemBufferReader

FB_CSVMemBufferReader 功能块如图 7-22 所示,其说明见表 7-13。

图 7-22　FB_CSVMemBufferReader 功能块

表 7-13　FB_CSVMemBufferReader 功能块说明

功能		把一整行数据解析成更小的单元格数据
输入	eCmd	缓冲区组件的控制参数,有两个: · eEnumCmd_First,读取第一个数据字段 · eEnumCmd_Next,读取下一个数据字段
	pBuffer	源缓冲区变量的地址
	cbBuffer	要在源缓冲区中解释的数据的字节大小
输出	bOk	运行成功时为 TRUE,否则为 FALSE
	getValue	最后读取的数据字段
	pValue	指向数据字段中第一个数据字节的地址
	cbValue	数据字段长度(以字节为单位)
	bCRLF	最后一个读取命令到达数据集末尾时为 TRUE
	cbRead	成功读取或解释的数据字节数
备注		没有数据时,pValue 和 cbValue 均为 0

4) FB_FileClose

FB_FileClose 功能块如图 7-23 所示,其说明见表 7-14。

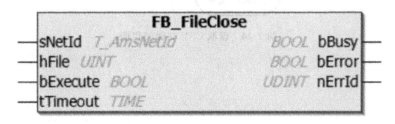

图 7-23　FB_FileClose 功能块

表 7-14　FB_FileClose 功能块说明

功能		关闭打开的文件
输入	sNetId	包含 ADS 命令指向的目标设备的 AMS 网络标识符字符串
	hFile	要关闭的文件句柄
	bExecute	触发变量,为上升沿时触发功能块执行
	tTimeout	执行功能块不能超过的超时长度
输出	nErrId	如果设置了错误输出,则此参数提供错误号

2. 读取 CSV 文件步骤

读取 CSV 文件流程图如图 7-24 所示,读取步骤:

① 使用 FB_FileOpen 功能块以 FOPEN_MODETEXT 文本模式用打开 CSV 文件;

② 使用 FB_FileGets 功能块获取 CSV 文件的一行数据;

③ 使用 FB_CSVMemBufferReader 功能块解析第二步中获取的一行数据得到每个单元格的数据;然后重复第 2、3 步获取下一行数据,直至文件末尾;

④ 使用 FB_FileClose 功能块关闭第一步中打开的 CSV 文件,将绘图部分也封装为一个功能块 FB_DrawByCSV,绘图功能块 FB_DrawByCSV 的顺序功能图如图 7-25 所示。

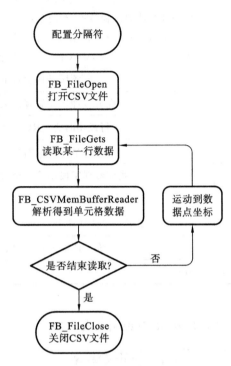

图 7-24　读取 CSV 文件流程图

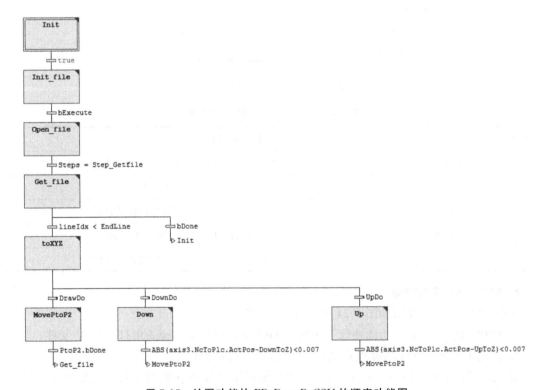

图 7-25　绘图功能块 FB_DrawByCSV 的顺序功能图

3. 完整 PTP 模式控制实验操作

在"XYZ"TwinCAT 项目中,完整 PTP 模式控制测试实例的顺序功能图如图 7-26 所示。完整 PTP 控制模式测试实例 HMI 界面如图 7-27 所示,HMI 界面新增控件及其链接的变量如表 7-15 所示。下载并运行"XYZ"项目的 PLC 程序,在 HMI 界面,首先点击"使能"按钮,给轴使能,绿灯亮起表示使能成功;然后点击"回限位"按钮,待三轴都回到限位开关处并停止运动后,点击"设原点"按钮直到当前三轴位置都为 0;最后点击"CSV 绘图"按钮,之后机器就会进行绘图,等待其完成绘图。

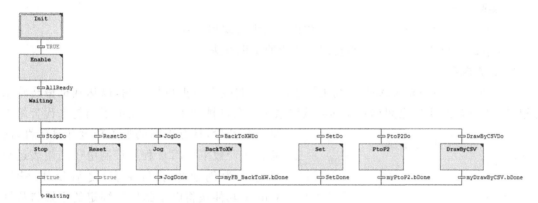

图 7-26　完整 PTP 模式控制测试实例的顺序功能图

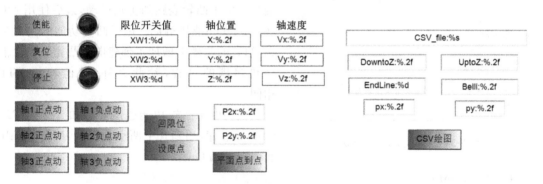

图 7-27　完整 PTP 控制模式测试实例 HMI 界面

表 7-15　完整 PTP 控制模式 HMI 界面新增控件及其链接的变量

控　　件		链接的变量
Texifield	CSV_file	MAIN. fileName
	DownToZ	MAIN. DownToZ
	UpToZ	MAIN. UpToZ
	EndLine	MAIN. EndLine
	Beili	MAIN. Beili
	px	MAIN. px
	py	MAIN. py
Button	CSV 绘图	MAIN. DrawByCSVDo

7.3　PTP 进阶实验

　　7.2 节介绍了 PTP 的单轴基本点位控制,例如点动、相对位置运动和绝对位置运动等,本节将介绍电子凸轮同步、外部位置发生器以及 FIFO(先入先出)等 PTP 进阶功能。

7.3.1　电子凸轮实验

1. 实验目的

(1) 了解并熟悉 SFC 和 ST 两种编程语言的混合编程方式。

(2) 掌握 TwinCAT 中电子凸轮同步功能的实现方法。

2. 实验内容

　　电子凸轮(electronic CAM)是利用构造的凹轮曲线来模拟机械凸轮,以达到机械凸轮系统相同的凸轮轴与主轴之间相对运动的软件系统。在机械加工方面,用电子凸轮来代替笨重

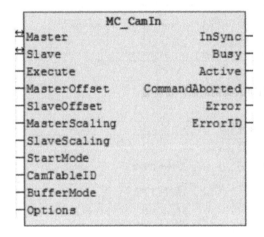

图 7-28　MC_CamIn 功能块

的机械凸轮,具有更高的加工精度和灵活性,能提高生产效率。PLC 程序控制电子凸轮表运动的过程为创建电子凸轮表,之后使用 MC_CamIn 功能块将电子凸轮要绑定的主轴与从轴进行耦合,然后通过 PTP 控制主轴运动,此时从轴按照电子凸轮表跟随主轴运动,最后使用 MC_CamOut 功能块解耦。电子凸轮功能的实现是在 PTP 的基础上增加了创建电子凸轮表以及耦合和解耦的过程,除此之外,其他均与 PTP 相同。

　　使用电子凸轮功能还需要添加 Tc2_MC2_Camming 库,用到其中两个功能块:MC_CamIn 和 MC_CamOut。

1) MC_CamIn

MC_CamIn 功能块如图 7-28 所示,其说明见表 7-16。

表 7-16　MC_CamIn 功能块说明

功能		激活与电子凸轮表的主从耦合
输入	Master	电子凸轮表要绑定的主轴
	Slave	电子凸轮表要绑定的从轴
	Execute	触发变量,为上升沿时触发功能块执行
	CamTableID	电子凸轮表的 ID
输出	InSync	如果耦合成功并且凸轮板处于活动状态,则变为 TRUE
备注		(1) 耦合成功后,从轴跟随主轴运动,不能对从轴进行单独控制; (2) CamTableID 为 1 时表示创建的第一个电子凸轮表 Slave 1

2) MC_CamOut

MC_CamOut 功能块如图 7-29 所示,其说明见表 7-17。

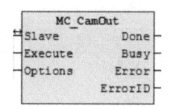

图 7-29 MC_CamOut 功能块

表 7-17 MC_CamOut 功能块说明

功能		解除与电子凸轮表的主从耦合
输入	Slave	电子凸轮表绑定的从轴
	Execute	触发变量,为上升沿时触发功能块执行
输出	Done	解耦成功后为 TRUE
备注	解除耦合后可以对从轴进行单独控制	

3. 实验设备

实验设备同表 7-2。

4. 实验步骤

参考第 1 章的相关章节完成项目的创建与设备的扫描。参考 7.2.1 小节的内容完成各轴的编码器参数设置,然后完成以下实验步骤。

1) 创建电子凸轮表

电子凸轮的主轴与从轴的位置对应关系由电子凸轮表(cam table)来表示,Motion 下方提供了凸轮绘制界面。创建电子凸轮表的操作步骤如下。

(1) 在 Motion 下方找到"Tables",点击右键选择"Add New Item",弹出对话框,点击"OK"。

(2) 找到刚才新建的"Master1",点击右键选择"Add New Item",弹出对话框,点击"OK"。

(3) 双击左键打开"slave 1",出现创建凸轮表的界面,可以对控制点进行修改、添加、移动和删除等操作,在 Function 选项中还可以选择曲线拟合的方式,创建完成的电子凸轮表如图 7-30 所示。

注明:在创建电子凸轮表时,可能会出现如图 7-31 所示的弹窗提醒,这说明缺少 TE1510 的许可证,所创建的电子凸轮表不会保存,因此重新打开项目后,之前创建的电子凸轮表是不存在的,需要重新创建。同时创建电子凸轮表要考虑到轴的运动范围,防止发生碰撞。

2) 编写 PLC 程序

在编写 PLC 程序之前,添加两个库文件:Tc2_MC2 和 Tc2_MC2_Camming。删除默认创建的 MAIN 程序,创建一个新的 MAIN 程序,选择 SFC 编程语言。电子凸轮 PLC 程序顺序功能图如图 7-32 所示,其组成内容如图 7-33 所示,下标"A"表示步的动作。电子凸轮变量声明及程序如表 7-18 所示。

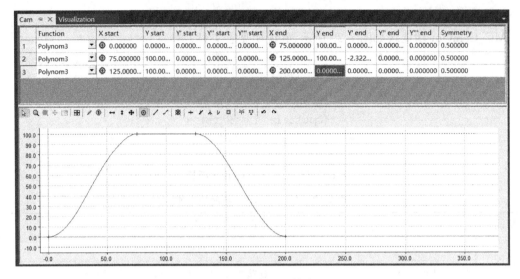

图 7-30　电子凸轮表

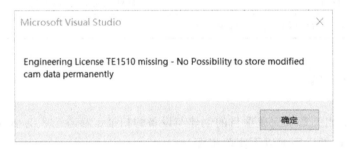

图 7-31　创建电子凸轮表的弹窗提醒

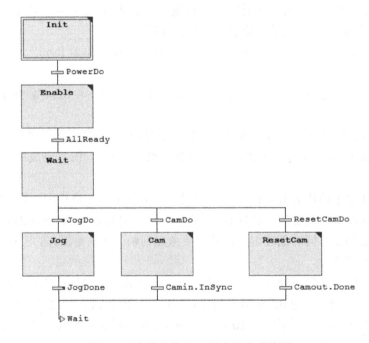

图 7-32　电子凸轮 PLC 程序顺序功能图

图 7-33　电子凸轮程序组成内容

表 7-18　电子凸轮变量声明及程序

PROGRAM MAIN
VAR
　　Axis1,Axis2 : Axis_Ref;
　　Power1,Power2 : MC_Power; //使能
　　Jog1,Jog2: MC_Jog; //点动
　　Camin : MC_CamIn; //耦合
　　Camout : MC_CamOut; //解耦
　　JogDo1_0, JogDo1_1, JogDo2_0, JogDo2_1: BOOL;
　　CamDo: BOOL;
　　ResetCamDo: BOOL;
　　AllReady: BOOL;
　　PowerDo: BOOL;
END_VAR
		变量声明区

Power1(　　Axis:=Axis1, 　　Enable:=PowerDo, 　　Enable_Positive:=PowerDo, 　　Enable_Negative:=PowerDo, 　　Override:=100, 　　BufferMode:=, 　　Options:=, 　　Status=>, 　　Busy=>, 　　Active=>, 　　Error=>, 　　ErrorID=>); Power2(　　Axis:=Axis2, 　　Enable:=PowerDo, 　　Enable_Positive:=PowerDo, 　　Enable_Negative:=PowerDo, 　　Override:=100, 　　BufferMode:=, 　　Options:=,	Enable_active	程序逻辑区

| ```
    Status=>,
    Busy=>,
    Active=>,
    Error=>,
    ErrorID=>);
AllReady :=Power1.Status and Power2.Status;
``` | Enable_active | |
| ```
Jog1(
    Axis:=Axis1,
    JogForward:=JogDo1_1,
    JogBackwards:=JogDo1_0,
    Mode:=MC_JOGMODE_CONTINOUS,
    Position:=,
    Velocity:=11,
    Acceleration:=,
    Deceleration:=,
    Jerk:=,
    Done=>,
    Busy=>,
    Active=>,
    CommandAborted=>,
    Error=>,
    ErrorID=>);
Jog2(
    Axis:=Axis2,
    JogForward:=JogDo2_1,
    JogBackwards:=JogDo2_0,
    Mode:=MC_JOGMODE_CONTINOUS,
    Position:=,
    Velocity:=11,
    Acceleration:=,
    Deceleration:=,
    Jerk:=,
    Done=>,
    Busy=>,
    Active=>,
    CommandAborted=>,
    Error=>,
    ErrorID=>);
``` | Jog_active | 程序逻辑区 |
| ```
Camin(
    Master:=Axis1,
    Slave:=Axis2,
    Execute:=CamDo,
    MasterOffset:=,
    SlaveOffset:=,
``` | Cam_active | |
```

程序逻辑区		

```MasterScaling:=,```
```SlaveScaling:=,```
```StartMode:=,```
```CamTableID:=1,```
```BufferMode:=,```
```Options:=,```
```InSync=>,```
```Busy=>,```
```Active=>,```
```CommandAborted=>,```
```Error=>,```
```ErrorID=>);```
	Cam_active	程序逻辑区

```Camout(```
```Slave:=Axis2,```
```Execute:=ResetCamDo,```
```Options:=,```
```Done=>,```
```Busy=>,```
```Error=>,```
```ErrorID=>);```
	ResetCam_active	

```JogDo1_0 OR JogDo1_1 OR JogDo2_0 OR JogDo2_1;```	JogDo	
```Jog1.Done OR Jog2.Done;```	JogDone	

3）设计基本控制 HMI 界面

电子凸轮测试实例 HMI 界面如图 7-34 所示，电子凸轮测试实例控件及其链接的变量如表 7-19 所示。

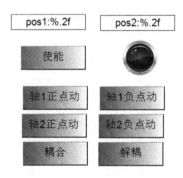

图 7-34　电子凸轮测试实例 HMI 界面

表 7-19　电子凸轮测试实例控件及其链接的变量

控　　件		链接的变量
Lamp1	绿灯	MAIN. AllReady
Rectangle	pos1	MAIN. Axis1. NcToPlc. ActPos
	pos2	MAIN. Axis2. NcToPlc. ActPos

续表

控　　件	链接的变量	
	使能（Toggle）	MAIN. PowerDo
	耦合	MAIN. CamDo
	解耦	MAIN. ResetCamDo
Button	轴 1 正点动	MAIN. JogDo1_1
	轴 1 负点动	MAIN. JogDo1_0
	轴 2 正点动	MAIN. JogDo2_1
	轴 2 负点动	MAIN. JogDo2_0

注：“使能”按钮为 Toggle 类型的按钮，按下接通，再次按下才会断开；其余按钮均为 Tap 类型的按钮，按下接通，松开就会断开。

4）运行程序

参考 3.6.2 小节中的一维工作台轴变量绑定过程，将表 7-18 中的 PLC 轴变量“Axis1”和“Axis2”分别绑定“Motion”“Axes”子目录下的 NC 轴“Axis1”和“Axis2”。链接变量后下载并运行 PLC 程序。在 HMI 界面，首先点击“使能”按钮，给轴使能；然后点击“耦合”按钮，将轴 1 和轴 2 进行耦合，其中轴 1 为主轴，轴 2 为从轴；最后点击“轴 1 正点动”或“轴 1 负点动”按钮，控制主轴运动。

参考 1.5 节，添加 Measure 项目，选择“XY Scope Project”类型，其中“MAIN. Axis1. NcToPlc. ActPos”作为 x 轴，“MAIN. Axis2. NcToPlc. ActPos”作为 y 轴，可以观察到“MAIN. Axis1. NcToPlc. ActPos”和“MAIN. Axis2. NcToPlc. ActPos”的位置关系与所创建的凸轮表相吻合，如图 7-35 所示。

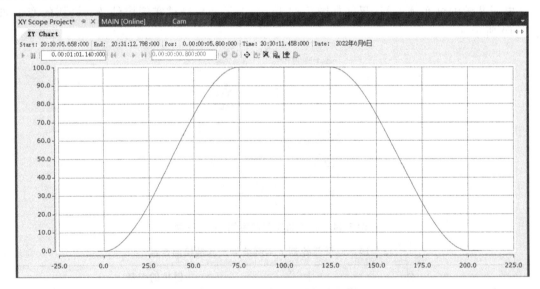

图 7-35　轴 1 和轴 2 位置关系曲线

说明：

（1）点击“耦合”或“解耦”按钮后，观察 MAIN 程序是否运行回“Waiting”步，如果不是，再次点击,直到其能够回到"Waiting"步。

(2)"耦合"成功后,是不能对轴 2 进行单独控制的,点击"轴 2 正点动"或"轴 2 负点动"按钮,轴 2 不会运动。

7.3.2　外部位置发生器实验

1. 实验目的

(1)了解并熟悉 SFC 和 ST 两种编程语言的混合编程方式。

(2)掌握 TwinCAT 中外部位置发生器功能的实现方法。

2. 实验内容

通常 TwinCAT NC 的设定位置、设定速度和设定加速度是由 NC 信号发生器产生的。每个 NC 周期(比如 2ms)产生一套设定数据。如果驱动器工作在位置模式,Setpoint 中的位置信号,就会换算后发给驱动器;如果驱动器工作在速度模式,Setpoint 中的速度信号,就会换算后发给驱动器。但在一些特殊情况下,运动关系较为复杂,那么用户需要用自己的算法来给定每个 NC 周期的目标位置和目标速度。此时,可以在 PLC 程序中使用一个独立的设定值发生器(ExtSetpointGenerator)取代 NC 位置发生器的功能。这样可以提高轴控制的灵活性,应用于更广泛的场合。

使用外部位置发生器需要三个步骤:启用、位置给定、停用,依次由功能块 MC_ExtSetPointGenEnable、MC_ExtSetPointGenFeed、MC_ExtSetPoint-GenDisable(基于 MC 基本库 TC2_MC2)实现。

1)MC_ExtSetPointGenEnable

MC_ExtSetPointGenEnable 功能块如图 7-36 所示,其说明见表 7-20。

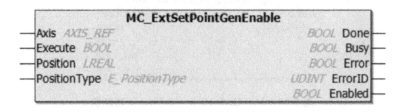

图 7-36　MC_ExtSetPointGenEnable 功能块

表 7-20　MC_ExtSetPointGenEnable 功能块说明

功能		对外部位置发生器进行使能
输入	Axis	要使用外部位置发生器的 PLC 轴
	Execute	触发变量,为上升沿时触发功能块执行
	Position	不用指定
	PositionType	位置类型,有两种: POS_ABSOLUTE(绝对位置)和 POS_RELATIVE(相对位置)
输出	Done	使能成功后为 TRUE
备注		输入 Postion 并不是指让 NC 轴运动到该位置,而是到达该位置后,NC 轴标记位 InTargetPostion 置位

2）MC_ExtSetPointGenFeed

MC_ExtSetPointGenFeed 功能块如图 7-37 所示，其说明见表 7-21。

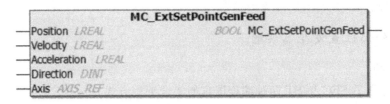

图 7-37　MC_ExtSetPointGenFeed 功能块

表 7-21　MC_ExtSetPointGenFeed 功能块说明

功能		给定外部位置发生器的目标位置
输入	Position	给定的目标位置
	Velocity	给定的目标速度
	Acceleration	给定的目标加速度
	Axis	要给定设定值的 PLC 轴
输出	MC_ExtSetPointGenFeed	未使用，一直为 FALSE
备注	只在外部位置发生器触发之后，才能将输入值给到 PLC 轴	

3）MC_ExtSetPointGenDisable

MC_ExtSetPointGenDisable 功能块如图 7-38 所示，其说明见表 7-22。

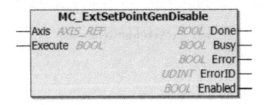

图 7-38　MC_ExtSetPointGenDisable 功能块

表 7-22　MC_ExtSetPointGenDisable 功能块说明

功能		关断外部位置发生器
输入	Axis	要关断外部位置发生器的 PLC 轴
	Execute	触发变量，为上升沿时触发功能块执行
输出	Done	关断成功后为 TRUE

3. 实验设备

实验设备同表 7-2。

4. 实验步骤

打开"C：\ iCAT \ 三轴绘图实验台 \ test4. 5ExtSetpointGenerator \ TwinCAT \ ExtSetpointGenerator. sln"项目，参考第 1 章的相关章节完成设备的扫描，参考 7.2.1 小节完成各轴的编码器参数设置。外部位置发生器 PLC 程序顺序功能图如图 7-39 所示。

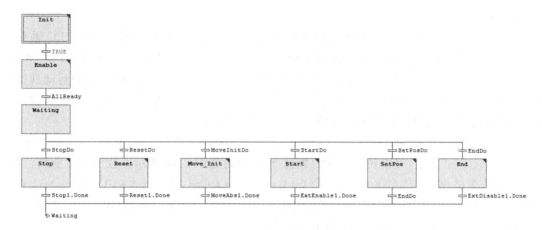

图 7-39　PLC 程序顺序功能图

1) 设计基本控制 HMI 界面

外部位置发生器测试实例 HMI 界面如图 7-40 所示,外部位置发生器测试实例控件及其链接的变量如表 7-23 所示。

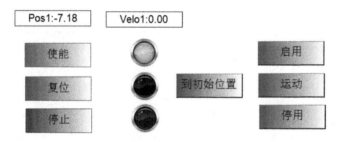

图 7-40　外部位置发生器测试实例 HMI 界面

表 7-23　外部位置发生器测试实例控件及其链接的变量

控　　件		链接的变量
Lamp1	绿灯	MAIN. AllReady
	蓝灯	MAIN. ResetDo
	红灯	MAIN. StopDo
Rectangle	Pos1	MAIN. Axis1. NcToPlc. ActPos
	Velo1	MAIN. Axis1. NcToPlc. ActVelo
Button	使能(Toggle)	MAIN. PowerDo
	复位	MAIN. ResetDo
	停止(Toggle)	MAIN. StopDo
	到初始位置	MAIN. MoveInitDo
	启用	MAIN. StartDo
	运动	MAIN. SetPosDo
	停用	MAIN. EndDo

2) 运行程序

参考 3.6.2 小节中的一维工作台轴变量绑定过程，将程序变量声明区中的 PLC 轴变量"Axis1"绑定"Motion""Axes"子目录下的 NC 轴"Axis1"。链接变量后下载并运行 PLC 程序。在 HMI 界面，首先点击"使能"按钮，给轴使能；然后点击"到初始位置"按钮，让轴运动到初始位置 0；然后点击"启用"按钮，启用外部位置发生器；然后点击"运动"按钮，设置位置并控制轴运动；最后点击"停用"按钮，停用外部位置发生器，轴停止运动。

参考 1.5 节，添加 Measure 项目，选择"YT Scope Project"类型，监测"MAIN. Axis1. NcToPlc. ActPos"变量，可以观察到它的数值-时间曲线如图 7-41 所示。数值实际曲线说明：①设置的位置坐标为 $SIN(2 * t) + 2 * COS(4 * t) + 3 * COS(2 * t) + 4 * COS(4 * t)$；②点击"到初始位置"或"启用"或"停用"按钮后，观察 MAIN 程序是否运行回到"Waiting"步，如果不是，再次点击按钮，直到其能够回到"Waiting"步。

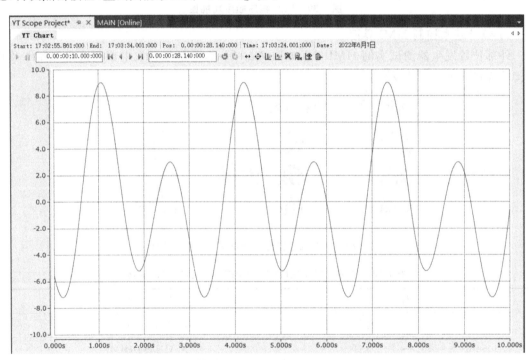

图 7-41　外部位置发生器测试实例数值-时间曲线

7.3.3　FIFO 实验

1. 实验目的

(1) 了解并熟悉 SFC 和 ST 两种编程语言的混合编程方式。

(2) 掌握 TwinCAT 中 FIFO 功能的实现方法。

2. 实验内容

FIFO 是 First Input First Output 的缩写。TwinCAT NC FIFO 是 TwinCAT NC 中的一个堆栈区。堆栈区中存放的是一个 n 维数组，数组中的值就是 n 个轴的位置序列。这些位置序列以先进先出的方式，依次作为设定位置发送给各个 NC 轴。FIFO 功能类似于外部位置发生器，都是由用户自定义位置序列发送给 NC 轴作为设定位置，代替 NC 本身的位置发生器。

两者区别有两点:一是 FIFO 功能允许同时给最多 16 个轴发送位置,而外部位置发生器只能给一个轴发送位置;二是 FIFO 功能的位置序列允许自定义完成相邻两行位置之间的时间间隔,实际上就是 NC 会在相邻两行之间以 NC 周期插值。比如第 1 个点位置是 0.0,第 2 个点位置是 1.0,如果时间间隔为 10ms,而 NC 周期为 2ms,则 NC 会将 10ms 分为 5 段,每 2ms 发送一个设定位置,依次为 0.2,0.4,0.6,0.8,1.0,保证在第 10ms 的时候,位置达到 1.0,所以 FIFO 可使运动更加平稳。

创建 FIFO 功能的步骤如下。

(1) 在"Motion"下选择" NC-TASK 1 SAF",点击右键,选择第一个"Add new item"菜单;

(2) 弹出对话框,选择"NC-Channel(for FIFO Axes)"类型;

(3) 设置参数,在创建的 FIFO 通道 Channel 2 下选择 Group 2,双击左键,选择 FIFO,在该界面可以设置 FIFO 通道的参数,如图 7-42 所示,各参数内容见表 7-24。

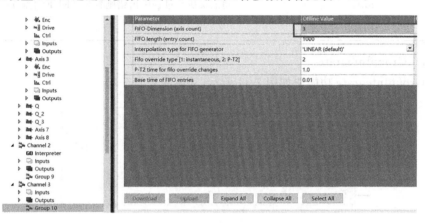

图 7-42　FIFO 通道设置界面

表 7-24　FIFO 通道设置参数表及说明

参　　数	说　　明
FIFO-Dimension	一个 FIFO 通道最多可以控制的轴数:8 或 16
FIFO length	FIFO 堆栈区数据的大小,默认值为 1000 行
Interpolation type for FIFO generator	插值方式,默认为线性插值
Fifo override type	override 的切换方式:阶跃型(instantaneous override)、平滑型(P-T2 override)或三次型(cubic spline),通过 override 调节运动速度
P-T2 time for fifo override changes	override 的切换时间:时间越长,切换越平滑
Base time of FIFO entries	连续两个位置点之间的时间间隔,必须是 NC 周期的整数倍,NC 会在连续两个位置点之间进行插值,并自动计算运动速度

使用 FIFO 需要三个步骤:启用、向 FIFO 通道中加入 PTP 轴、写入。这三个步骤依次由功能块 FiFoStart、FiFoGroupIntegrate、FiFoWrite(基于 Tc2_NcFifoAxes 库)实现。

1) FiFoStart

FiFoStart 功能块如图 7-43 所示,其说明见表 7-25。

图 7-43　FiFoStart 功能块

表 7-25　FiFoStart 功能块说明

功能	启动 FIFO 通道内各轴按照此前接收并存储在 Buffer 中的位置表运动	
输入	iChannelId	FIFO 通道的 ID
	bExecute	触发变量,为上升沿时触发功能块执行
输出	bBusy	功能块触发时 bBusy 置为 TRUE,完成后为 FALSE(下同)
	bErr	功能块执行过程中出错则置为 TRUE(下同)
	iErrId	错误代码(下同)

2)FiFoGroupIntegrate

FiFoGroupIntegrate 功能块如图 7-44 所示,其说明见表 7-26。

图 7-44　FiFoGroupIntegrate 功能块

表 7-26　FiFoGroupIntegrate 功能块说明

功能	把一个独立的 PTP 轴集成到 FIFO 通道中	
输入	iChannelId	FIFO 通道的 ID 号
	iAxisId	轴的 ID
	iGroupPosition	轴在 FIFO 通道中的序号,首序号为 1
	bExecute	触发变量,为上升沿时触发功能块执行
输出	bBusy	同表 7-25
	bErr	
	iErrId	

3)FiFoWrite

FiFoWrite 功能块如图 7-45 所示,其说明见表 7-27。

3. 实验设备

实验设备同表 7-2。

图 7-45　FiFoWrite 功能块

表 7-27　FiFoWrite 功能块说明

功能		把指定数组中的数据写到 FIFO 通道的位置缓存表 Buffer 中
输入	iChannelId	FIFO 通道的 ID 号
	AdrDataArray	位置表数组(二维数组,列是轴,行是位置坐标)指针
	iRowsToWrite	写入的行数,必须小于位置表数组的行数
	bExecute	触发变量,为上升沿时触发功能块执行
输出	bBusy	同表 7-25
	bErr	
	iErrId	

4. 实验步骤

打开"C:\iCAT\三轴绘图实验台\test7.6FIFO\TwinCAT\FIFO. sln"项目,参考第 1 章的相关内容完成设备的扫描,参考 7.2.1 小节完成各轴的编码器参数设置。FIFO 功能块 PLC 程序顺序功能图如图 7-46 所示。

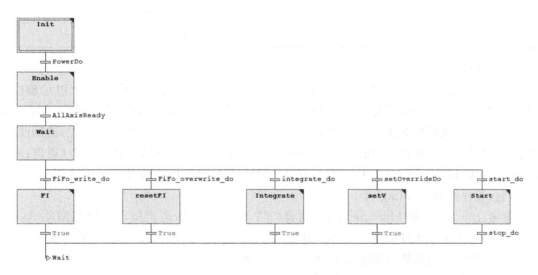

图 7-46　FIFO 功能块 PLC 程序顺序功能图

1) 设计基本控制 HMI 界面

FIFO 功能块实例 HMI 界面如图 7-47 所示,FIFO 功能块测试实例控件及其链接的变量如表 7-28 所示。

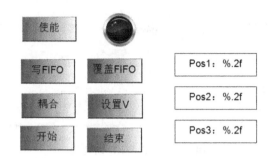

图 7-47　FIFO 功能块测试实例 HMI 界面

表 7-28　FIFO 功能块测试实例控件及其链接的变量

控　件		链接的变量
Lamp1	绿灯	MAIN. AllAxisReady
Rectangle	Pos1	MAIN. Axis1. NcToPlc. ActPos
	Pos2	MAIN. Axis2. NcToPlc. ActPos
	Pos3	MAIN. Axis3. NcToPlc. ActPos
Button	使能(Toggle)	MAIN. PowerDo
	写 FIFO	MAIN. FiFo_write_do
	覆盖 FIFO	MAIN. FiFo_overwrite_do
	耦合	MAIN. integrate_do
	设置 V	MAIN. setOverrideDo
	开始	MAIN. start_do
	结束	MAIN. stop_do

2）运行程序

参考 3.6.2 小节中的一维工作台轴变量绑定过程,将程序变量声明区中的 PLC 轴变量"Axis1""Axis2"和"Axis3"分别绑定"Motion""Axes"子目录下的 NC 轴"Axis1""Axis2"和"Axis3"。链接变量后下载并运行 PLC 程序,在 HMI 界面,首先点击"使能"按钮,给轴使能;然后点击"写 FIFO"按钮,给轴设置位置;然后点击"耦合"按钮,将轴配置到 FIFO 通道;然后点击"设置 V"按钮,设置运动速度;最后点击"开始"按钮,轴开始运动,待运动结束后,点击"结束"按钮,程序回到"Waiting"步。

参考 1.5 节,添加 Measure 项目,选择"YT Scope Project"类型,监测"MAIN. Axis1. NcToPlc. ActPos""MAIN. Axis2. NcToPlc. ActPos"和"MAIN. Axis3. NcToPlc. ActPos"变量,可以观察到它们的数值-时间曲线如图 7-48 所示。

图 7-48 中设置了 3 个轴的位置坐标分别为:$10 * SIN(0.01 * t)$、$10 * COS(0.01 * t)$ 和 $10 * SIN(0.01 * t) + 10 * COS(0.01 * t)$。特别注意:设置的位置坐标不能超出轴的行程,否则会发生碰撞!

点击"写 FIFO"或"耦合"或"设置 V"按钮后,观察 MAIN 程序是否运行回到"Waiting"步,如果不是,再次点击按钮,直到其能够回到"Waiting"步。

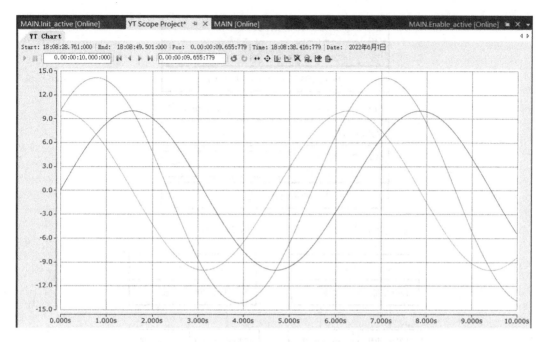

图 7-48　FIFO 功能块测试实例数值-时间曲线

7.4　NCI 控制

TwinCAT NCI 把一个联动机构的控制分成三层：PLC 插补通道、NCI 插补通道、NC 轴。PLC 插补通道是指 PLC 程序中定义的插补通道变量，NC 插补通道是指在 NC 配置界面手动添加的插补通道，NC 轴是指在 NC 配置界面定义的 AXIS，三者关系如图 7-49 所示。NCI 在做插补运动时，所有轴的物理层都是在 NC PTP 轴中与电动机驱动器进行关联的。由图 6.4.1 可见，在 NCI 控制模式中，PLC 程序对电动机的控制，经过两个环节：PLC 插补通道到 NC 插补通道，NC 插补通道到 NC 轴。

7.4.1　NCI 控制基础

NCI 即数控插补控制方式，可以实现 3 轴插补，实现机构在空间中任意的坐标轨迹运动。与 TwinCAT NC PTP 不同，TwinCAT NCI 通过建立插补通道实现多轴插补联动，其输入也不再是 XYZ 坐标，而是 G 代码（即.nc 文件）。除此之外，NCI 系统还会自动在点与点之间插值，并按设定参数合并或修改小线段以及过小的过渡角，从而保证最快的速度和最小的形变。插补联动即插补轴的运动方向上有正交关系，比如：XYZ 轴，并在机械上已经安装成一个整体，运动控制的目标不再是单个轴的终点位置，而是运动机构在控件上的坐标轨迹。

插补是根据输入的基本数据（直线起点、终点坐标，圆弧圆心、起点、终点坐标、进给速度等）运用一定的算法，在有限坐标点之间形成一系列的坐标数据，从而对各运动轴进行脉冲分配，完成整个轨迹分析。TwinCAT NCI 可以实现直线、圆弧和空间螺旋插补。

直线插补（line interpolation），即两点间的插补沿着直线的点群来逼近，沿此直线控制刀具的运动。首先假设在实际轮廓起始点处沿 x 方向走一小段（一个脉冲当量），发现终点在实际轮廓的下方，则下一条线段沿 y 方向走一小段，此时如果线段终点还在实际轮廓下方，则继

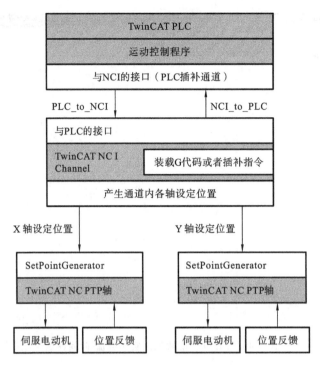

图 7-49　TwinCAT NCI 控制流程

续沿 y 方向走一小段，直到在实际轮廓上方以后，再向 x 方向走一小段，依次循环，直到到达轮廓终点为止。这样，实际轮廓就由一段段的折线拼接而成，虽然是折线，但是如果我们每一段走刀线段都非常小，那么此段折线和实际轮廓仍然可以近似地看成相同的曲线。

圆弧插补（circular interpolation），即根据两端点间的插补数字信息，计算出逼近实际圆弧的点群，控制刀具沿这些点运动，加工出圆弧曲线。基本原理同直线插补，不同的一点是圆弧插补根据点与圆的位置关系来确定插补前进方向。

螺旋插补（helical interpolation）就是在做圆弧插补的同时与之同步地进行轴向进给运动。

G 代码也称 G 指令，是最为广泛使用的数控编程语言，主要用于控制自动机床。G 代码有许多版本，TwinCAT NCI 使用的 G 代码指令格式为 NC Interpreter DIN66025（Simens dialect）。常用的 G 指令如表 7-29 所示。

M 指令是数控加工中的辅助指令，起到 G 代码与 PLC 程序交互的作用。比如 G 代码在执行过程中，需要 PLC 程序做一些处理，如进行换刀、吹气等操作，可以通过 M 指令来完成。M 指令分为握手型 M 指令和快速 M 指令。握手型 M 指令需要 NCI 与 PLC 握手，M 指令在NCI 通道中被触发，在 PLC 程序确认这个 M 指令之后，才能继续执行后面的 G 代码指令。而快速 M 指令不需要 PLC 程序去确认，只是起到通知 PLC 程序的作用。TwinCAT NCI 中已经定义的三个 M 指令如表 7-30 所示。

表 7-29　常用的 G 指令

G 指令形式	功　能	参　数	说　明
G00 X_ Y_ Z_	以最快速度运动到目标坐标	X_ Y_ Z_	目标坐标

续表

G 指令形式	功　能	参　数	说　明
G01 X_ Y_ Z_ F_	直线插补：以进给速度 F 按直线运动到目标坐标	X_ Y_ Z_	目标坐标
		F_	进给速度,下同
G02 X(U)_ Z(W)_ I_ K_ F_	ZX 平面内顺时针圆弧插补：以进给速度 F 按圆弧运动到目标坐标	X_ Z_	圆弧的终点绝对坐标值
		U_ W_	圆弧的终点相对于起点的增量坐标
		I_ K_	圆弧的圆心相对于起点的增量坐标
G02 X(U)_ Z(W)_ R_ F_		X_ Z_	圆弧的终点绝对坐标值
		U_ W_	圆弧的终点相对于起点的增量坐标
		R_	圆弧半径,当圆弧的起点到终点所夹圆心角不大于 180° 时,R 为正值;当圆心角大于 180° 时,R 为负值
G03 X(U)_ Z(W)_ I_ K_ F_	ZX 平面内逆时针圆弧插补	同 G02	
G03 X(U)_ Z(W)_ R_ F_			
G04 T_	延时	T_	延时时间,单位为秒
G17	选择 XY 平面	无	
G18(默认)	选择 ZX 平面	无	
G19	选择 YZ 平面	无	
G90(默认)	坐标为绝对坐标	无	
G91	坐标为相对坐标	无	

表 7-30　M 指令

M 指令形式	功　能
M02	程序结束
M17	子程序结束
M30	程序结束,并返回初始状态
说明:除 2,17 和 30 外,0~159 可以任意定义 M 指令	

　　M 指令定义的相关参数见表 7-31,M 指令在 G0 Interpreter 下的 M-Functions 中的定义界面如图 7-50 所示。

表 7-31　M 指令定义相关参数

M 指令形式	功　能
No	M 指令的编号,0~159(除 2,17 和 30 外)
Hshake	握手方式,有以下三种： · AM:M 代码在 G 代码执行完毕后被激活; · BM:M 代码在 G 代码还未被执行之前被激活; · None:不需要 PLC 握手确认
Fast	用于定义是否为 Fast 类型

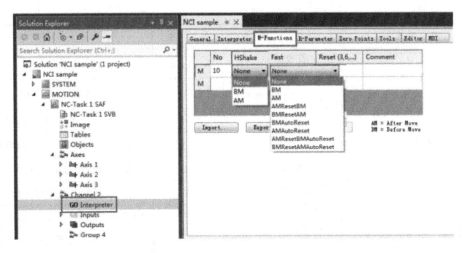

图 7-50　M 指令在 G0 Interpreter 下的 M-Functions 中的定义界面

　　与 PTP 控制类似，NCI 控制也有相应的基础功能块，主要包括但不限于 CfgBuildExt-3Dgroup、CfgReconfigGroup、ItpConfirmHsk、ItpGetStateInterpreter、ItpLoadProgEx 和 ItpStartStopEx 等 6 个功能块。这些基础功能块属于库文件 Tc2 _ NCI 和 Tc2 _ PlcInterpolation 的内容，所以程序设计中必须添加这两个库文件才能使用这些功能。由于轴必须使能才能运动，所以还需要使用库文件 Tc2_MC2 中的 MC_Power 功能块，故库文件 Tc2_MC2 也要添加。

　　在使用功能块时，除了必要输入变量需要指定值外，其他输入变量会使用系统自带的默认值，用户设置输入值会覆盖系统使用的默认值。以下对上述 6 个基础功能块的功能和主要参数做简要介绍。

　　1）CfgBuildExt3Dgroup

　　CfgBuildExt3Dgroup 功能块如图 7-51 所示，其说明见表 7-32。

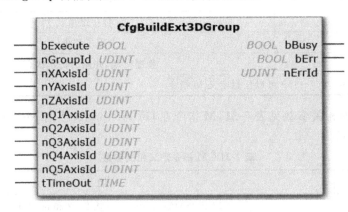

图 7-51　CfgBuildExt3Dgroup 功能块

　　2）CfgReconfigGroup

　　CfgReconfigGroup 功能块如图 7-52 所示，其说明见表 7-33。

　　3）ItpConfirmHsk

　　ItpConfirmHsk 功能块如图 7-53 所示，其说明见表 7-34。

表 7-32　CfgBuildExt3Dgroup 功能块说明

功能		将轴配置到 NCI 插补通道，创建一个插补轴组
输入	bExecute	触发变量，为 TRUE 时触发功能块执行
	nGroupId	插补轴组的 Id
	nXAxisId	包含在插补轴组中的插补轴的轴 ID(nYAxisId、nZAxisId 同)
	nQ1AxisId	包含在插补轴组中的辅助轴的轴 ID(nQ2AxisId～nQ5AxisId 同)
	tTimeOut	超时时间
输出	bBusy	调用功能块时为 TRUE
	bErr	报错时为 TRUE
	nErrId	错误时返回的错误代码
备注		(1) 创建好插补轴组后不能使用 PTP 控制方式，除非解除插补轴组； (2) 一个插补通道最多包含 3 个插补轴、5 个辅助轴； (3) 每个控制器最多可以配置 31 个 NCI 通道； (4) 辅助轴的分配必须以 nQ1AxisId 开头，而且辅助轴之间不允许有间隙。例如，如果要分配 nQ3AxisId，必须先为 nQ2AxisId 分配一个有效的轴 ID

图 7-52　CfgReconfigGroup 功能块

表 7-33　CfgReconfigGroup 功能块说明

功能		删除现有插补轴组的轴分配即解除插补轴组
输入	bExecute	触发变量，为 TRUE 时触发功能块执行
	nGroupId	插补轴组的 Id
	tTimeOut	超时时间
输出	bBusy	调用功能块时为 TRUE
	bErr	报错时为 TRUE
	nErrId	错误时返回的错误代码
备注	解除插补轴组后可以使用 PTP 控制	

图 7-53　ItpConfirmHsk 功能块

表 7-34　ItpConfirmHsk 功能块说明

功能		确认当前存在的握手型 M 指令
输入	bExecute	触发变量,为 TRUE 时触发功能块执行
	sNciToPlc	从 NCI 到 PLC 的循环通道接口的结构,仅用于读取
	sPlcToNci	从 PLC 到 NCI 的循环通道接口的结构
输出	bBusy	调用功能块时为 TRUE
	bErr	报错时为 TRUE
	nErrId	错误时返回的错误代码
备注		sNciToPlc 和 sPlcToNci 既是输入也是输出

4) ItpGetStateInterpreter

ItpGetStateInterpreter 功能块如图 7-54 所示,其说明见表 7-35。

图 7-54　ItpGetStateInterpreter 功能块

表 7-35　ItpGetStateInterpreter 功能块说明

功能		获取当前插补通道的状态
输入	sNciToPlc	从 NCI 到 PLC 的循环通道接口的结构
输出	ItpGetStateInterpreter	当前插补通道的状态

5) ItpLoadProgEx

ItpLoadProgEx 功能块如图 7-55 所示,其说明见表 7-36。

图 7-55　ItpLoadProgEx 功能块

表 7-36　ItpLoadProgEx 功能块说明

功能		读取 G 代码文件
输入	bExecute	触发变量,为 TRUE 时触发功能块执行
	sPrg	加载的 G 代码文件名称
	nLength	G 代码文件名称的字符串长度
	tTimeOut	超时时间
	sNciToPlc	从 NCI 到 PLC 的循环通道接口的结构

续表

功能		读取 G 代码文件
输出	bBusy	调用功能块时为 TRUE
	bErr	报错时为 TRUE
	nErrId	错误时返回的错误代码
备注	G 代码文件有误时会报错	

6）ItpStartStopEx

ItpStartStopEx 功能块如图 7-56 所示，其说明见表 7-37。

图 7-56　ItpStartStopEx 功能块

表 7-37　ItpStartStopEx 功能块说明

功能		启动或停止运行 G 代码
输入	bStart	触发变量，为 TRUE 时触发功能块执行
	bStop	触发变量，为 TRUE 时触发功能块执行
	tTimeOut	超时时间
	sNciToPlc	从 NCI 到 PLC 的循环通道接口的结构
输出	bBusy	调用功能块时为 TRUE
	bErr	报错时为 TRUE
	nErrId	错误时返回的错误代码

7.4.2　NCI 项目创建

项目创建步骤同“7.2　TwinCAT NC PTP 项目创建”。

增加辅助轴和插补通道（名称自定）的操作如下：右键点击“Axes”，选择“Add New Item”，数量为 3，点击“OK”，增加 3 个辅助轴，如图 7-57 所示。

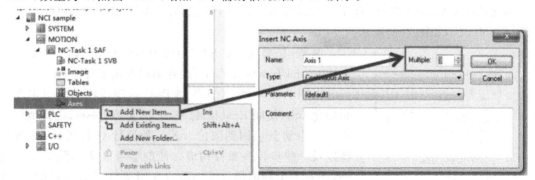

图 7-57　增加 3 个辅助轴

右键点击"NC_Task1 SAF",选择"Add New Item",点击"OK",创建一个 NCI 插补通道,如图 7-58 所示。

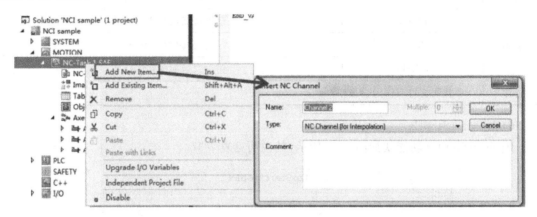

图 7-58　增加插补通道

在新建的插补通道下,左键双击"G0 Interpreter",选择"Interpreter",确认 G 代码指令格式是否为 NC Interpreter DIN66025(Simens dialect),如图 7-59 所示。

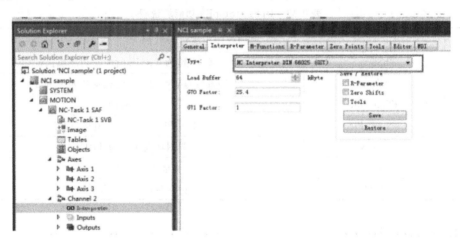

图 7-59　G 代码指令格式属性页

7.4.3　NCI 程序设计

通过程序来做 NCI 控制,首先需要添加 3 个库文件:①Tc2_MC2,②Tc2_NCI,③Tc2_PlcInterpolation,如图 7-60 所示。

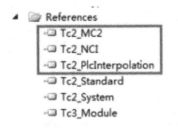

图 7-60　NCI 控制添加库文件

编程主要采用 ST(structured text)语言和 SFC(sequential function chart)混合编程方式实现。

由图 7-61 看到,NCI 控制 PLC 程序顺序功能图主要由初始化 Init、使能 Enable、急停 Stop、复位 Reset、设置坐标原点 Set、点动 Jog、回到限位 toXW 和运行 G 代码 runG 等步骤以及一些步转换条件构成。使能参考表 7-5,除了 3 个实轴,还有 3 个辅助轴。下面重点介绍运行 G 代码功能,其他功能属于 PTP 控制内容,参见 7.2 节。运行 G 代码功能封装为一个自定义功能块 FB_runGCode，如图 7-62 所示，其说明见表 7-38。

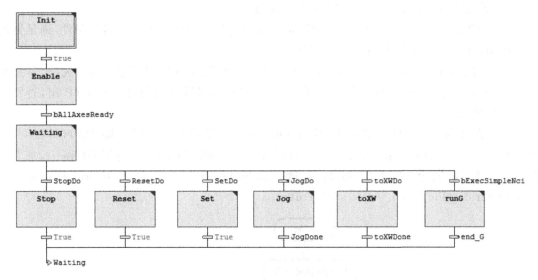

图 7-61　NCI 控制 PLC 程序顺序功能图

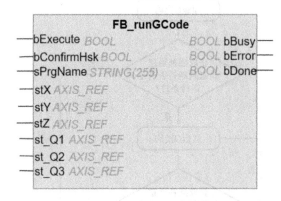

图 7-62　FB_runGCode 功能块

表 7-38　FB_runGCode 功能块说明

功能		读取 G 代码驱动 X、Y、Z 三轴同步运动
输入	bExecute	触发变量，为 TRUE 时触发功能块执行
	bConfirmHsk	确认握手型 M 指令
	sPrgName	G 代码文件
	stX、stY、stZ	分别对应 X、Y、Z 的 PLC 轴
	st_Q1、st_Q2、st_Q3	分别对应 X、Y、Z 轴的辅助轴
输出	bBusy	调用功能块时为 TRUE
	bError	报错时为 TRUE
	bDone	执行完 G 代码时为 TRUE

自定义功能块 FB_runGCode 运行流程图如图 7-63 所示，运行 G 代码文件有以下四个步骤：

（1）使用 CfgBuildExt3Dgroup 功能块将轴配置到 NCI 插补通道；

（2）使用 ItpLoadProgEx 功能块加载 G 代码文件；

（3）使用 ItpGetStateInterpreter 功能块获取通道状态判断是否满足运行条件，满足则使用 ItpStartStopEx 功能块开始运行 G 代码；

（4）使用 ItpGetStateInterpreter 功能块获取通道状态判断 G 代码是否运行完毕，若是则使用 CfgReconfigGroup 功能块删除 NCI 通道的轴分配，将轴返回到其个人 PTP 组，否则继续运行 G 代码。

（5）在主程序 MAIN 中添加 fUserOverride 变量声明并赋值，即 fUserOverride：LREAL：＝30.0；其中 30 表示运行速度。同时在添加 runG 步的动作程序时，在第一行加上下面的语句，给轴运动赋值初始速度。ItpSetOverridePercent（fOverridePercent：＝fUserOverride,sPlcToNci：＝out_stPlcToItp）；

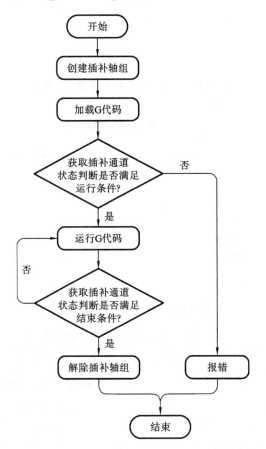

图 7-63　自定义功能块 FB_runGCode 运行流程图

7.4.4　实验操作

打开"C:\iCAT\三轴绘图实验台\test7.7NCI\TwiCAT\NCI.sln"项目，参考第 1 章的相关内容完成设备的扫描，参考 7.2.1 小节的内容完成各轴的编码器参数设置。

NCI 控制测试实例 HMI 界面如图 7-64 所示，NCI 控制测试实例控件及其链接的变量如表 7-39 所示。参考 3.6.2 小节中的一维工作台轴变量绑定过程，将程序变量声明区中的 PLC 轴变量"Axis1""Axis2"和"Axis3"分别绑定"Motion""Axes"子目录下的 NC 轴"Axis1"

"Axis2"和"Axis3"。下载并运行"NCI"项目的 PLC 程序,在 HMI 界面,首先点击"使能"按钮,给轴使能,绿灯亮起表示使能成功;然后点击"回限位"按钮,待轴都回到限位开关处并停止运动后,点击"设原点"按钮直到当前三轴位置都为 0;最后设置"GCode"的数值即 G 代码文件的路径,点击"run_G"按钮,之后机器就会进行绘图,并等待其完成绘图。

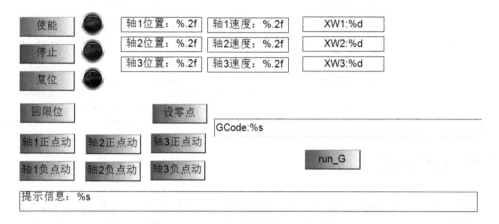

图 7-64　NCI 控制测试实例 HMI 界面

表 7-39　NCI 控制测试实例控件及其链接的变量

控　　件		链接的变量
Lamp1	绿灯	MAIN. AllReady
	蓝灯	MAIN. ResetDo
	红灯	MAIN. StopDo
Rectangle	XW1	MAIN. XW1
	XW2	MAIN. XW2
	XW3	MAIN. XW3
	轴 1 位置	MAIN. Axis1. NcToPlc. ActPos
	轴 2 位置	MAIN. Axis2. NcToPlc. ActPos
	轴 3 位置	MAIN. Axis3. NcToPlc. ActPos
	轴 1 速度	MAIN. Axis1. NcToPlc. ActVelo
	轴 2 速度	MAIN. Axis2. NcToPlc. ActVelo
	轴 3 速度	MAIN. Axis3. NcToPlc. ActVelo
	提示信息	MAIN. message
Textfiled	GCode	MAIN. sPrgName
Button	使能(Toggle)	MAIN. PowerDo
	复位	MAIN. ResetDo
	停止(Toggle)	MAIN. StopDo
	回限位	MAIN. BackToXWDo
	设原点	MAIN. SetDo
	轴 1 正点动	MAIN. JogDo1_1

续表

控　　件		链接的变量
Button	轴 2 正点动	MAIN. JogDo2_1
	轴 3 正点动	MAIN. JogDo3_1
	轴 1 负点动	MAIN. JogDo1_0
	轴 2 负点动	MAIN. JogDo2_0
	轴 3 负点动	MAIN. JogDo3_0
	run_G	MAIN. bExecSimpleNci

7.5　拓展实验

本拓展内容主要介绍运动仿真以及轨迹获取的一些可行方法,旨在提供一些有趣的想法,激发同学们的想象力。拓展内容的实现需要配置 Python 运行的环境,建议使用 Python3.6 及其以上版本,需要安装的第三方库主要有:pyads、pybullet、opencv、numpy。

7.5.1　运动仿真实验

运动仿真可以对设备运动位姿进行可视化。如图 7-65 所示,运动仿真就是通过 ADS 通信获取设备的位姿(位置和姿态)数据,用于更新模型的位姿需要建立在 TwinCAT 与 Python 程序通信的基础之上。

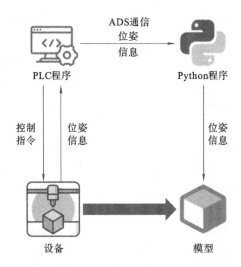

图 7-65　运动仿真示意图

Pybullet 是一个基于开源物理引擎 Bullet 开发的 Python 第三方库,主要用于机器人仿真和学习。安装 Pybullet 库的命令行指令为:pip install pybullet,在 Python 程序中导入 Pybullet 库的代码为:import pybullet as p。在 Python 程序中,通过调用 p. loadURDF 函数加载. urdf 文件创建三维仿真模型,使用 p. setJointMotorControlArray 函数对关节进行控制。urdf(unified robot description format)即统一机器人描述格式,是一种基于 XML 规范、用于描述机器人结构的文件格式。在 SolidWorks 中，可以使用插件将装配体模型导出为. urdf 文件。Pybullet 官网：https://pybullet.org/。

实验操作：

打开"C:\iCAT\三轴绘图实验台\test7. 7NCI\TwinCAT\NCI. sln"项目，下载并运行 PLC 程序；然后打开并运行"C:\iCAT\三轴绘图实验台\test7. 7NCI\xyz_PyBullet. py"文件，会出现图 7-66(a)所示画面；然后在 HMI 界面中，点击"使能"按钮，之后设置"GCode"的数值即 G 代码文件的路径，点击"run_G"按钮，此时可以观察到模型在运动，最后可观察到如图 7-66(b)所示的效果。

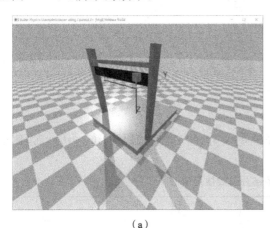 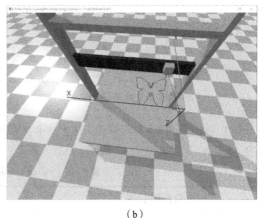

(a)　　　　　　　　　　　　　　　　(b)

图 7-66　Pybullet 运动仿真效果图

7.5.2　轨迹获取实验

本小节主要介绍如何通过 Python 程序由函数曲线和图像来获取轨迹坐标数据。

1. 函数曲线

已知轨迹的函数表达式，对函数变量进行赋值便能得到轨迹坐标信息。如图 7-67 所示的心形图像函数表达式为

$$f(x)=\sqrt{1-(|x|-1)^2} \quad (-2\leqslant x\leqslant 2)$$
$$g(x)=\arccos(1-|x|)-3 \quad (\cos3-1\leqslant x\leqslant 1-\cos3)$$

可见只使用函数表达式也可以绘制出漂亮的图形。

实验操作：

打开并运行"C:\iCAT\三轴绘图实验台\test7. 7NCI\fun2Gcode. py"文件，之后在同目录下会生成一个"heart. nc"的文件。打开"C:\iCAT\三轴绘图实验台\test7. 7NCI\ TwinCAT \NCI. sln"项目，下载并运行 PLC 程序；然后在 HMI 界面中，点击"使能"按钮，之后设置"GCode"的数值为"heart. nc"的完整路径，最后点击"run_G"按钮，此时可以观察到设备在运动。

参考 1.5 节中的内容添加 Measure 项目，选择"XY Scope Project"类型，其中"MAIN. io_X. NcToPlc. ActPos"为 x 轴，"MAIN. io_Y. NcToPlc. ActPos"为 y 轴，可以观察到 XY 曲线如图 7-67 所示，函数图像如 7-68 所示。

2. 图片轮廓

对于位图(. png,. jpg 等图像文件)，使用 opencv 库进行处理。安装 opencv 库的命令行指

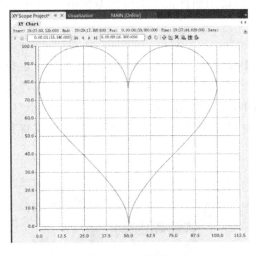

图 7-67 监测图像

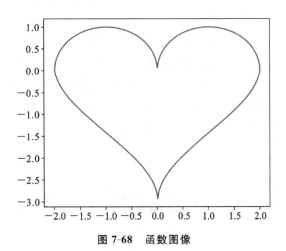

图 7-68 函数图像

令为:pip install opencv-python,在 Python 程序中导入 opencv 库的代码为:import cv2。使用到的 opencv 函数如表 7-40 所示。

表 7-40 opencv 库的部分函数使用示例

函数使用示例	说　　明
img＝cv2. imread('test. png')	读取位图:支持 jpg、png、bmp 等图像
gray＝cv2. cvtColor(img, cv2. COLOR_BGR2GRAY)	类型转换函数:支持 BGR2GRAY、GRAY2RGB 等多种转换,此处是将彩色图转化为灰度图
_,thd＝cv2. threshold(gray,127,255, cv2. THRESH_BINARY)	一般二值化函数:127 为阈值,像素点的灰度值大于阈值时设为 255,否则设为 0
thd＝cv2. adaptiveThreshold(gray,255, cv2. THRESH_BINARY,5,3)	自适应二值化函数:自适应将灰度图转化为二值图
contours,_＝ cv2. findContours(thd, cv2. RETR_LIST, cv2. CHAIN_APPROX_SIMPLE)	获取轮廓函数:contours 保存轮廓的轮廓个数、每个轮廓包含的点和每个点坐标等信息,contours[i][j][0,0]、contours[i][j][0,1]分别为第 i 个轮廓中第 j 个点的 x、y 坐标

由位图获取轮廓坐标数据的流程如图 7-69 所示。

实验操作:

打开并运行"C:\iCAT\三轴绘图实验台\test7. 7NCI\img2Gcode. py"文件,之后在同目录下会生成一个"cat. nc"的文件。打开"C:\iCAT\三轴绘图实验台\test7. 7NCI\TwinCAT\NCI. sln"项目,下载并运行 PLC 程序;然后在 HMI 界面中,点击"使能"按钮,之后设置"GCode"的数值即为"cat. nc"的完整路径,最后点击"run_G"按钮,此时可以观察到设备在运动。

参考 1.5 节中的内容,添加 Measure 项目,选择"XY Scope Project"类型,其中"MAIN. io_X. NcToPlc. ActPos"为 x 轴,"MAIN. io_Y. NcToPlc. ActPos"为 x 轴,可以观察到 XY 曲线如图 7-70 所示,位图原图如图 7-71 所示。

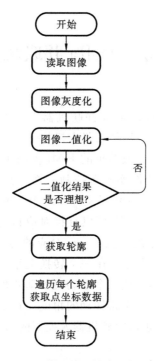

图 7-69　opencv 获取位图轮廓坐标数据流程图

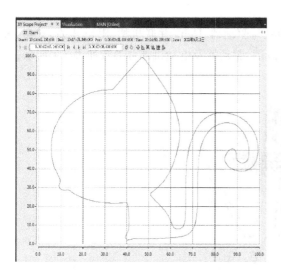

图 7-70　监测图像

图 7-71　位图原图

第 8 章　Delta 并联机器人

　　本章主要介绍 TwinCAT 3 控制 Delta 并联机器人技术,首先介绍并联机器人的机械结构、电动机控制参数,然后进行 Delta 并联机器人机构分析、运动学正反解分析和运动速度分析,接着构建控制系统和控制界面,完成简单的 HMI 控制实例。Delta 机器人的控制方式采用 NCI 控制方式。与第 7 章的三轴绘图实验台控制一样,均是三个 NC 轴的联动控制,其 PLC 控制程序是一样的,区别在于运行的 G 代码文件。对于三轴绘图实验台,由于其机构的 X、Y、Z 三轴正交,所以 G 代码中的 X_、Y_、Z_ 可以直接对应执行端的 X、Y、Z 坐标;而对于 Delta 机器人,其机构并不正交,G 代码中的 X_、Y_、Z_ 对应的是三个电动机的转动角度,三个电动机的转动角度与执行端的 X、Y、Z 坐标存在一个转换关系。该转换关系的求解就是 Delta 机构的运动学正反解:运动学正解,即知道三个电动机转动的角度,求执行端坐标位置;运动学反解,即知道执行端坐标位置,求三个电动机转动的角度。在已知 Delta 机器人的运动轨迹时可反解得到三个电动机的转动角度,进而得到机器人控制的 G 代码数据。

8.1　Delta 机器人简介

　　Delta 机器人硬件主要由三个支链的电动机与驱动器、Delta 并联机构、限位开关、支架、末端执行器等部分组成,如图 8-1 所示。机构行程范围、驱动器及电动机部分参数如表 8-1 所示。

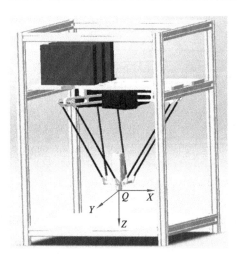

图 8-1　Delta 机器人模型

表 8-1　Delta 机器人机构及驱动电动机参数

属　　项	参　　数
实验台尺寸	596 mm×656 mm×820 mm
驱动器	松下 MBDLN25BE/雷赛 CL3-EC503

属　项	参　数
电动机	松下 MSMF042L1U2M(400W)/雷赛 42CME08(步距角 1.8°,8192 个脉冲/转)
限位开关	光电限位开关

图 8-1 中的坐标系 $Q\text{-}XYZ$ 是 Delta 机器人的运动参考坐标系,坐标系原点 Q 是 Delta 机器人为初始位置时末端执行器的下端面中心。Delta 并联机构由上部的静平台、下部的动平台和三条相同的支链组成,其中每条支链都由一个定长杆和一个平行四边形机构组成;静平台和定长杆、定长杆和平行四边形机构、平行四边形机构和动平台之间均以旋转副连接,如图 8-2 所示。

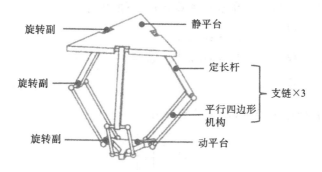

图 8-2　Delta 并联机构模型

8.2　Delta 机构运动学分析

在运动学分析中,将 Delta 结构模型做如下简化:静平台简化为三根相对位姿不变的杆 $AB_i(i=1,2,3)$,动平台亦如此简化为 $ED_i(i=1,2,3)$;平行四边形机构均简化为一根杆 $C_iD_i(i=1,2,3)$;不引入末端执行机构。简化模型如图 8-3 所示,另外两支链未画出。简化模型的杆长参数为 $AB_i=30,B_iC_i=120,C_iD_i=230,D_iE=22(i=1,2,3)$,单位为 mm。3 条支链的相对位置如图 8-4 所示。

8.2.1　Delta 机构运动学反解

运动学反解即知道平台中心 E 的坐标位置 $\begin{bmatrix}x\\y\\z\end{bmatrix}$,求三

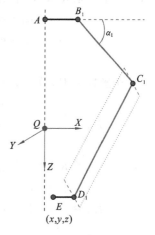

图 8-3　Delta 并联机构简化模型

个电动机转动的角度 $\alpha_i(i=1,2,3)$。为表述方便,用 P_x、P_y、P_z 分别表示 P 点坐标的 x、y、z 轴分量。为方便求解,创建两个辅助坐标系:将坐标系 $Q\text{-}XYZ$ 绕 AQ 旋转使得 X 轴分别与 AB_2、AB_3 重合,得到的两个新坐标系分别记为 $P\text{-}XYZ$、$R\text{-}XYZ$。

记:$h=AQ=\sqrt{L_3^2-(L_1+L_2-L_4)^2}$。

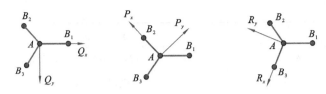

图 8-4　3 条支链的相对位置

静平台的 A 点在坐标系 $Q\text{-}XYZ$ 下的坐标为

$$Q_A = \begin{bmatrix} 0 \\ 0 \\ -h \end{bmatrix}$$

静平台的 3 点 $B_i(i=1,2,3)$ 在坐标系 $Q\text{-}XYZ$ 下的坐标为

$$QB_i = \begin{bmatrix} Q_{x_{B_i}} \\ Q_{y_{B_i}} \\ Q_{z_{B_i}} \end{bmatrix} = \begin{bmatrix} L_1 \cdot \cos\omega_i \\ L_1 \cdot \sin\omega_i \\ -h \end{bmatrix}, \quad \omega_i = \frac{-2\pi(i-1)}{3} \quad (i=1,2,3)$$

动平台中心 E 在坐标系 $Q\text{-}XYZ$ 下的坐标为

$$Q_E = \begin{bmatrix} x \\ y \\ z \end{bmatrix}$$

$C_i(i=1,2,3)$ 在三个坐标系下的坐标为

$$Q_{C1} = \begin{bmatrix} L_1+L_2 \cdot \cos\alpha_1 \\ 0 \\ -h+L_2 \cdot \sin\alpha_1 \end{bmatrix}, \quad P_{C2} = \begin{bmatrix} L_1+L_2 \cdot \cos\alpha_2 \\ 0 \\ -h+L_2 \cdot \sin\alpha_2 \end{bmatrix}, \quad R_{C3} = \begin{bmatrix} L_1+L_2 \cdot \cos\alpha_3 \\ 0 \\ -h+L_2 \cdot \sin\alpha_3 \end{bmatrix}$$

D_1 在坐标系 $Q\text{-}XYZ$ 下的坐标为

$$Q_{D1} = \begin{bmatrix} (x+L_4 \cdot \cos\omega_i)\cos(-\omega_i)-(y+L_4 \cdot \sin\omega_i)\sin(-\omega_i) \\ (x+L_4 \cdot \cos\omega_i)\sin(-\omega_i)+(y+L_4 \cdot \sin\omega_i)\cos(-\omega_i) \\ z \end{bmatrix}, \quad i=1$$

D_2 在坐标系 $P\text{-}XYZ$ 下的坐标为

$$P_{D2} = \begin{bmatrix} (x+L_4 \cdot \cos\omega_i)\cos(-\omega_i)-(y+L_4 \cdot \sin\omega_i)\sin(-\omega_i) \\ (x+L_4 \cdot \cos\omega_i)\sin(-\omega_i)+(y+L_4 \cdot \sin\omega_i)\cos(-\omega_i) \\ z \end{bmatrix}, \quad i=2$$

D_3 在坐标系 $R\text{-}XYZ$ 下的坐标为

$$R_{D3} = \begin{bmatrix} (x+L_4 \cdot \cos\omega_i)\cos(-\omega_i)-(y+L_4 \cdot \sin\omega_i)\sin(-\omega_i) \\ (x+L_4 \cdot \cos\omega_i)\sin(-\omega_i)+(y+L_4 \cdot \sin\omega_i)\cos(-\omega_i) \\ z \end{bmatrix}, \quad i=3$$

由杆长不变即 $Q_{C1}Q_{D1}=L_3, P_{C1}P_{D1}=L_3, R_{C1}R_{D1}=L_3$，得

$$[Q_{D1} \cdot x-(L_1+L_2 \cdot \cos\alpha_1)]^2+Q_{D1} \cdot y^2+[Q_{D1} \cdot z-(-h+L_2 \cdot \sin\alpha_1)]^2=L_3^2 \quad (8.1)$$

$$[P_{D2} \cdot x-(L_1+L_2 \cdot \cos\alpha_2)]^2+P_{D2} \cdot y^2+[P_{D2} \cdot z-(-h+L_2 \cdot \sin\alpha_2)]^2=L_3^2 \quad (8.2)$$

$$[R_{D3} \cdot x-(L_1+L_2 \cdot \cos\alpha_3)]^2+R_{D3} \cdot y^2+[R_{D3} \cdot z-(-h+L_2 \cdot \sin\alpha_3)]^2=L_3^2 \quad (8.3)$$

记：$\quad ax_1=Q_{D1} \cdot x-L_1, \quad ax_2=P_{D2} \cdot x-L_1, \quad ax_3=R_{D3} \cdot x-L_1$

$$ay_1 = Q_{D1} \cdot y, \quad ay_2 = P_{D2} \cdot y, \quad ay_3 = R_{D3} \cdot y$$
$$az_1 = Q_{D1} \cdot z + h, \quad az_2 = P_{D2} \cdot z + h, \quad az_3 = R_{D3} \cdot z + h$$

则可以将式(8.1)、式(8.2)和式(8.3)统一表示为

$$(ax_i - L_2 \cdot \cos\alpha_i)^2 + ay_i + (az_i - L_2 \cdot \sin\alpha_i)^2 = L_3^2 \quad (i=1,2,3) \tag{8.4}$$

简化式(8.4)得式(8.5)：

$$(ax_i^2 + ay_i^2 + az_i^2 + L_2^2 - L_3^2) - 2\sqrt{ax_i^2 + az_i^2} L_2 \cdot \sin\left(\alpha_i + \tan^{-1}\frac{ax_i}{az_i}\right) = 0 \tag{8.5}$$

由式(8.5)解得

$$\alpha_i = \sin^{-1}\frac{ax_i^2 + ay_i^2 + az_i^2 + L_2^2 - L_3^2}{2\sqrt{ax_i^2 + az_i^2} L_2} - \tan^{-1}\frac{ax_i}{az_i} \tag{8.6}$$

由式(8.6)得,输入已知动平台中心 E 坐标位置 $\begin{bmatrix} x \\ y \\ z \end{bmatrix}$,便可求得三个电动机转动的角度 α_i

$(i=1,2,3)$,至此,运动学反解完成。编写 Delta 并联机器人反解的 Python 程序如表 8-2 所示。

表 8-2　Delta 并联机器人反解 Python 程序

```
# --------------反解----------------
import numpy as np

L01,L12,L23,L34=80,200,390,50
h=np.sqrt(L23 * * 2-(L01+L12-L34) * * 2)
def XYZToAlpha(x,y,z):
    As=[0,0,0]
    W=[0,-2 * np.pi/3,-4 * np.pi/3]
    for i in range(3):
        # 绕 p4 旋转得原坐标系下的 pi3(i=x,y,z)
        p3x_=x+L34 * np.cos(W[i])-0 * np.sin(W[i])
        p3y_=y+L34 * np.sin(W[i])+ 0 * np.cos(W[i])
        p3z_=z
        # 绕 z 轴旋转得新坐标系下的坐标
        p3x=p3x_ * np.cos(-W[i])-p3y_ * np.sin(-W[i])
        p3y=p3x_ * np.sin(-W[i])+p3y_ * np.cos(-W[i])
        p3z=p3z_
        ax=p3x - L01
        ay=p3y
        az=p3z+h
        A=(ax * * 2+ az * * 2+L12 * * 2+ay * * 2-L23 * * 2)/(2 * L12)
        B=np.sqrt(ax * * 2+az * * 2)
        C=np.arcsin(A/B)
        D=np.arctan2(ax,az)
        As[i]= (C-D)
    return As[0],As[1],As[2]
```

8.2.2　Delta 机构运动学正解

运动学正解即知道三个电动机转动的角度 $\alpha_i(i=1,2,3)$，求动平台中心 E 坐标位置 $\begin{bmatrix} x \\ y \\ z \end{bmatrix}$。

$C_i(i=1,2,3)$ 在坐标系 $Q\text{-}XYZ$ 下的坐标为

$$Q_{C_i}=\begin{bmatrix} Q_{x_{C_i}} \\ Q_{y_{C_i}} \\ Q_{z_{C_i}} \end{bmatrix}=\begin{bmatrix} (L_1+L_2\cdot\cos\alpha_i)\cos\omega_i \\ (L_1+L_2\cdot\cos\alpha_i)\sin\omega_i \\ -h+L_2\cdot\sin\alpha_i \end{bmatrix},\quad \omega_i=\frac{-2\pi(i-1)}{3}\quad(i=1,2,3)$$

设 E 在坐标系 $Q\text{-}XYZ$ 下的坐标为 $Q_E=\begin{bmatrix} x \\ y \\ z \end{bmatrix}$，则 $D_i(i=1,2,3)$ 在坐标系 $Q\text{-}XYZ$ 下的坐标为

$$Q_{D_i}=\begin{bmatrix} Q_{x_{D_i}} \\ Q_{y_{D_i}} \\ Q_{z_{D_i}} \end{bmatrix}=\begin{bmatrix} x+L_4\cdot\cos\omega_i \\ y+L_4\cdot\sin\omega_i \\ z \end{bmatrix},\quad \omega_i=\frac{-2\pi(i-1)}{3}\quad(i=1,2,3)$$

由杆长不变即 $Q_{C_i}Q_{D_i}=L_3(i=1,2,3)$ 得

$$[x+(L_4-L_1-L_2\cdot\cos\alpha_i)\cos\omega_i]^2+[y+(L_4-L_1-L_2\cdot\cos\alpha_i)\sin\omega_i]^2$$
$$+[z+(h_2-L_2\cdot\sin\alpha_i)]^2=L_3^2 \tag{8.7}$$

式(8.7)可拆分为以下 3 个等式：

$$[x+(L_4-L_1-L_2\cdot\cos\alpha_1)]^2+[y+0]^2+[z+(h-L_2\cdot\sin\alpha_1)]^2=L_3^2 \tag{8.8}$$

$$\left[x-\frac{1}{2}(L_4-L_1-L_2\cdot\cos\alpha_2)\right]^2+\left[y-\frac{\sqrt{3}}{2}(L_4-L_1-L_2\cdot\cos\alpha_2)\right]^2$$
$$+[z+(h-L_2\cdot\sin\alpha_2)]^2=L_3^2 \tag{8.9}$$

$$\left[x-\frac{1}{2}(L_4-L_1-L_2\cdot\cos\alpha_3)\right]^2+\left[y+\frac{\sqrt{3}}{2}(L_4-L_1-L_2\cdot\cos\alpha_3)\right]^2$$
$$+[z+(h-L_2\cdot\sin\alpha_3)]^2=L_3^2 \tag{8.10}$$

令 $f_i=L_4-L_1-L_2\cdot\cos\alpha_i(<0)$，$g_i=h-L_2\cdot\sin\alpha_i(>0)$，则可将式(8.8)、式(8.9)和式(8.10)分别表示为式(8.11)、式(8.12)和式(8.13)。

$$(x+f_1)^2+(y-0)^2+(z+g_1)^2=L_3^2 \tag{8.11}$$

$$\left(x-\frac{1}{2}f_2\right)^2+\left(y-\frac{\sqrt{3}}{2}f_2\right)^2+(z+g_2)^2=L_3^2 \tag{8.12}$$

$$\left(x-\frac{1}{2}f_3\right)^2+\left(y-\frac{\sqrt{3}}{2}f_3\right)^2+(z+g_3)^2=L_3^2 \tag{8.13}$$

以下采用消元的方法求解式(8.11)、式(8.12)和式(8.13)联立的方程组。

由式(8.11)~式(8.12)、式(8.11)~式(8.13)可分别得到式(8.14)、式(8.15)。

$$(2f_1+f_2)x+\sqrt{3}f_2\cdot y+2(g_1-g_2)z+f_1^2+g_1^2-f_2^2-g_2^2=0 \tag{8.14}$$

$$(2f_1+f_3)x-\sqrt{3}f_3\cdot y+2(g_1-g_3)z+f_1^2+g_1^2-f_3^2-g_3^2=0 \tag{8.15}$$

由式(8.14)求得

$$y = -\frac{2f_1 + f_2}{\sqrt{3}f_2}x - \frac{2(g_1 - g_2)}{\sqrt{3}f_2}z - \frac{f_1^2 + g_1^2 - f_2^2 - g_2^2}{\sqrt{3}f_2} \tag{8.16}$$

由式(8-15)求得

$$y = \frac{2f_1 + f_3}{\sqrt{3}f_3}x + \frac{2(g_1 - g_3)}{\sqrt{3}f_3}z + \frac{f_1^2 + g_1^2 - f_3^2 - g_3^2}{\sqrt{3}f_3} \tag{8.17}$$

记:$a_1 = \dfrac{f_1^2 + g_1^2 - f_2^2 - g_2^2}{\sqrt{3}f_2}$,$b_1 = \dfrac{2f_1 + f_2}{\sqrt{3}f_2}$,$b_2 = \dfrac{2f_1 + f_3}{\sqrt{3}f_3}$,$c_1 = \dfrac{2(g_1 - g_2)}{\sqrt{3}f_2}$,$c_2 = \dfrac{2(g_1 - g_3)}{\sqrt{3}f_3}$,则

可将式(8.16)和式(8.17)分别表示为式(8.18)和式(8.19)。

$$y = -b_1 \cdot x - c_1 \cdot z - a_1 \tag{8.18}$$

$$y = b_2 \cdot x + c_2 \cdot z + a_2 \tag{8.19}$$

联立式(8.18)和式(8.19)解得

$$\begin{cases} x = -\dfrac{c_1 + c_2}{b_1 + b_2}z - \dfrac{a_1 + a_2}{b_1 + b_2} \\ y = \dfrac{b_1 \cdot c_2 - b_2 \cdot c_1}{b_1 + b_2}z + \dfrac{a_2 \cdot b_1 - a_1 \cdot b_2}{b_1 + b_2} \end{cases} \tag{8.20}$$

记:$d_1 = -\dfrac{c_1 + c_2}{b_1 + b_2}$,$d_2 = \dfrac{b_1 \cdot c_2 - b_2 \cdot c_1}{b_1 + b_2}$,$e_1 = -\dfrac{a_1 + a_2}{b_1 + b_2} + f_1$,$e_2 = \dfrac{a_2 \cdot b_1 - a_1 \cdot b_2}{b_1 + b_2}$

则可以将式(8.20)表示为

$$\begin{cases} x = d_1 \cdot z + e_1 - f_1 \\ y = d_2 \cdot z + e_2 \end{cases} \tag{8.21}$$

将式(8.21)代入式(8.11)得

$$(d_1 \cdot z + e_1)^2 + (d_2 \cdot z + e_2)^2 + (z + g_1)^2 = L_3^2$$

化简即得

$$(1 + d_1^2 + d_2^2)z^2 + 2(g_1 + d_1 \cdot e_1 + d_2 \cdot e_2)z + (e_1^2 + e_2^2 + g_1^2 - L_3^2) = 0 \tag{8.22}$$

式(8.22)为一个一元二次方程,可求解得

$$z = -\frac{g_1 + d_1 \cdot e_1 + d_2 \cdot e_2}{1 + d_1^2 + d_2^2} \pm \sqrt{\left(\frac{g_1 + d_1 \cdot e_1 + d_2 \cdot e_2}{1 + d_1^2 + d_2^2}\right)^2 - \frac{e_1^2 + e_2^2 + g_1^2 - L_3^2}{1 + d_1^2 + d_2^2}} \tag{8.23}$$

由式(8.23)可知 z 存在两个解,而实际情况是 z 只有一个解,以下用特殊情况确定 z 的取值。

考虑特殊情况:$\alpha = \alpha_1 = \alpha_2 = \alpha_3$,此时有

$$f_1 = f_2 = f_3 = L_4 - L_1 - L_2 \cdot \sin\alpha, \quad g_1 = g_2 = g_3 = h - L_2 \cdot \sin\alpha, \quad a_1 = a_2 = 0$$

$$b_1 = b_2 = 0, \quad c_1 = c_2 = 0, \quad d_1 = d_2 = 0, \quad e_1 = f_1 = L_4 - L_1 - L_2 \cdot \sin\alpha, \quad e_2 = 0$$

将上述数据代入式(8.23),得

$$z = -h + L_2 \cdot \sin\alpha \pm \sqrt{L_3^2 - (L_4 - L_1 - L_2 \cdot \cos\alpha)^2} \tag{8.24}$$

绘制两个解函数表达式的图像如图 8-5 所示。

结合所建立的坐标系 $Q\text{-}XYZ$ 原点和函数图像,容易知道:

$$z = -h + L_2 \cdot \sin\alpha_1 + \sqrt{L_3^2 - (L_4 - L_1 - L_2 \cdot \cos\alpha_1)^2}$$

即 z 的取值为

$$z = -\frac{g_1 + d_1 \cdot e_1 + d_2 \cdot e_2}{1 + d_1^2 + d_2^2} + \sqrt{\left(\frac{g_1 + d_1 \cdot e_1 + d_2 \cdot e_2}{1 + d_1^2 + d_2^2}\right)^2 - \frac{e_1^2 + e_2^2 + g_1^2 - L_3^2}{1 + d_1^2 + d_2^2}} \tag{8.25}$$

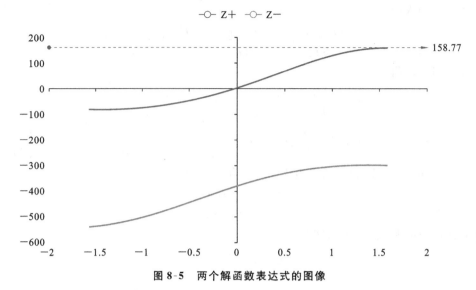

图 8-5　两个解函数表达式的图像

在式(8.25)的基础上,由式(8.20)可以求得 x 和 y。编写 Delta 并联机器人正解的 Python 程序如表 8-3 所示。限定电动机转动角度为 $0° \leqslant \alpha_i \leqslant 90° (i = 1, 2, 3)$,求得运动空间如图 8-6 所示。

表 8-3　Delta 并联机器人正解 Python 程序

```
# ---------------正解----------------
import numpy as np

L01,L12,L23,L34=80,200,390,50
h=np.sqrt(L23**2-(L01+L12-L34)**2)
def fA(A):
    return L34-L01-L12*np.cos(A)
def gA(A):
    return self.h-self.L12*np.sin(A)
def AlphaToXYZ(Ax,Ay,Az):
    x,y,z=0,0,0
    fAx,fAy,fAz=fA(Ax),fA(Ay),fA(Az)
    gAx,gAy,gAz=gA(Ax),gA(Ay),gA(Az)
    A1=(fAx**2+gAx**2-fAy**2-gAy**2)/(np.sqrt(3)*fAy)
    A2=(fAx**2+gAx**2-fAz**2-gAz**2)/(np.sqrt(3)*fAz)
    B1=(2*fAx+fAy)/(np.sqrt(3)*fAy)
    B2=(2*fAx+fAz)/(np.sqrt(3)*fAz)
    C1=(2*gAx-2*gAy)/(np.sqrt(3)*fAy)
    C2=(2*gAx-2*gAz)/(np.sqrt(3)*fAz)
    if (C1+C2==0):
        x=0
        y=0
        z=-h+L12*np.sin(Ax)+np.sqrt(L23**2-(L34-L01-L12*np.cos(Ax))**2)
    else:
        D1=(A2*C1-A1*C2)/(C1+C2)
```

续表

```
E1=(B2*C1-B1*C2)/(C1+C2)
D2=-(A1+A2)/(C1+C2)
D3=D2+gAx
E2=-(B1+B2)/(C1+C2)
F=1+E1**2+E2**2
G=2*fAx+2*D1*E1+2*D3*E2
H=fAx**2+D1**2+D3**2-self.L23**2
x=-G/(2*F)+np.sqrt((G/(2*F))**2-H/F)
y=D1+E1*x
z=D2+E2*x
if z<0:
    x=-G/(2*F)-np.sqrt((G/(2*F))**2-H/F)
    y=D1+E1*x
    z=D2+E2*x
return x,y,z
```

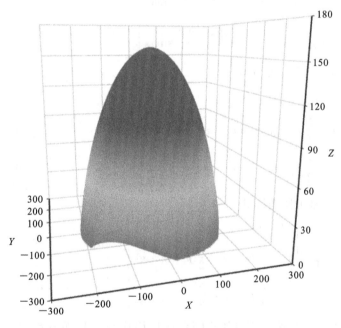

图 8-6　Delta 机器人运动空间

8.2.3　Delta 机构运动学速度分析

机器人的雅可比矩阵 $\boldsymbol{J}$ 定义为机器人的操作速度与关节速度的线性变换,可视它为从关节空间向操作空间运动速度的传动比。在对机器人进行操作与控制时,常常涉及位姿的微小变化,这些变化可以由雅可比矩阵来表示。雅可比矩阵不仅对运动控制有重要作用,而且对于动力学研究也十分重要。

由 8.2.2 小节可知:

$$f_i = L_4 - L_1 - L_2 \cdot \cos\alpha_i\,(<0), \quad g_i = h - L_2 \cdot \sin\alpha_i\,(>0)$$

对时间求导,得

$$\frac{\mathrm{d}f_i}{\mathrm{d}t}=L_2 \cdot \sin\alpha_1 \frac{\mathrm{d}\alpha_1}{\mathrm{d}t}, \quad \frac{\mathrm{d}g_i}{\mathrm{d}t}=-L_2 \cdot \cos\alpha_i \frac{\mathrm{d}\alpha_i}{\mathrm{d}t}$$

式(8.11)、式(8.12)、式(8.13)两边均对时间求导,得

$$(x+f_1)\left(\frac{\mathrm{d}x}{\mathrm{d}t}+L_2 \cdot \sin\alpha_1 \frac{\mathrm{d}\alpha_1}{\mathrm{d}t}\right)+y\frac{\mathrm{d}y}{\mathrm{d}t}+(z+g_1)\left(\frac{\mathrm{d}z}{\mathrm{d}t}-L_2 \cdot \cos\alpha_1 \frac{\mathrm{d}\alpha_1}{\mathrm{d}t}\right)=0 \quad (8.26)$$

$$\left(x-\frac{1}{2}f_2\right)\left(\frac{\mathrm{d}x}{\mathrm{d}t}-\frac{L_2}{2}\sin\alpha_2 \frac{\mathrm{d}\alpha_2}{\mathrm{d}t}\right)+\left(y-\frac{\sqrt{3}}{2}f_2\right)\left(\frac{\mathrm{d}y}{\mathrm{d}t}-\frac{\sqrt{3}L_2}{2}\sin\alpha_2 \frac{\mathrm{d}\alpha_2}{\mathrm{d}t}\right)$$

$$+(z+g_2)\left(\frac{\mathrm{d}z}{\mathrm{d}t}-L_2 \cdot \cos\alpha_2 \frac{\mathrm{d}\alpha_2}{\mathrm{d}t}\right)=0 \quad (8.27)$$

$$\left(x-\frac{1}{2}f_3\right)\left(\frac{\mathrm{d}x}{\mathrm{d}t}-\frac{L_2}{2}\sin\alpha_3 \frac{\mathrm{d}\alpha_3}{\mathrm{d}t}\right)+\left(y+\frac{\sqrt{3}}{2}f_3\right)\left(\frac{\mathrm{d}y}{\mathrm{d}t}+\frac{\sqrt{3}L_2}{2}\sin\alpha_3 \frac{\mathrm{d}\alpha_2}{\mathrm{d}t}\right)$$

$$+(z+g_3)\left(\frac{\mathrm{d}z}{\mathrm{d}t}-L_2 \cdot \cos\alpha_3 \frac{\mathrm{d}\alpha_3}{\mathrm{d}t}\right)=0 \quad (8.28)$$

记: $a_{11}=L_2\big[(z+g_1)\cos\alpha_1-(x+f_1)\sin\alpha_1\big]$

$$a_{22}=L_2\left[(z+g_2)\cos\alpha_2+\frac{x+\sqrt{3}y-2f_2}{2}\sin\alpha_2\right]$$

$$a_{33}=L_2\left[(z+g_3)\cos\alpha_3+\frac{x-\sqrt{3}y-2f_3}{2}\sin\alpha_3\right]$$

由式(8.26)、式(8.27)、式(8.28)求得

$$\begin{bmatrix} x+f_1 & y & z+g_1 \\ x-\dfrac{1}{2}f_2 & y-\dfrac{\sqrt{3}}{2}f_2 & z+g_2 \\ x-\dfrac{1}{2}f_3 & y+\dfrac{\sqrt{3}}{2}f_3 & z+g_3 \end{bmatrix} \begin{bmatrix} \dfrac{\mathrm{d}x}{\mathrm{d}t} \\ \dfrac{\mathrm{d}y}{\mathrm{d}t} \\ \dfrac{\mathrm{d}z}{\mathrm{d}t} \end{bmatrix} = \begin{bmatrix} a_{11} & 0 & 0 \\ 0 & a_{22} & 0 \\ 0 & 0 & a_{33} \end{bmatrix} \begin{bmatrix} \dfrac{\mathrm{d}\alpha_1}{\mathrm{d}t} \\ \dfrac{\mathrm{d}\alpha_2}{\mathrm{d}t} \\ \dfrac{\mathrm{d}\alpha_3}{\mathrm{d}t} \end{bmatrix} \quad (8.29)$$

由式(8.29)求得雅可比矩阵 $\boldsymbol{J}$ 为

$$\boldsymbol{J}=\begin{bmatrix} x+f_1 & y & z+g_1 \\ x-\dfrac{1}{2}f_2 & y-\dfrac{\sqrt{3}}{2}f_2 & z+g_2 \\ x-\dfrac{1}{2}f_3 & y+\dfrac{\sqrt{3}}{2}f_3 & z+g_3 \end{bmatrix}^{-1} \begin{bmatrix} a_{11} & 0 & 0 \\ 0 & a_{22} & 0 \\ 0 & 0 & a_{33} \end{bmatrix} \quad (8.30)$$

Delta 并联机器人运动速度雅可比矩阵求解的 Python 程序如表 8-4 所示。

表 8-4　Delta 并联机器人运动速度雅可比矩阵求解的 Python 程序

```
import numpy as np
L1,L2,L3,L4=80,200,390,50
h=np.sqrt(L3**2-(L1+L2-L4)**2)
def fA(A):
    return L4-L1-L2*np.cos(A)
def gA(A):
    return h-L2*np.sin(A)
def Jacobi(Ax=0,Ay=0,Az=0,x=0,y=0,z=0):
```

```
f1,f2,f3=fA(Ax),fA(Ay),fA(Az)
g1,g2,g3=gA(Ax),gA(Ay),gA(Az)
a11=L2*((z+g1)*np.cos(Ax)-(x+f1)*np.sin(Ax))
a22=L2*((z+g2)*np.cos(Ay)-(x+np.sqrt(3)*y-2*f2)*np.sin(Ay)/2)
a33=L2*((z+g3)*np.cos(Az)-(x-np.sqrt(3)*y-2*f3)*np.sin(Az)/2)
A=np.matrix([[a11,0,0],
             [0,a22,0],
             [0,0,a33]])
M=np.matrix([[x+f1,y,z+g1],
             [x-f2/2,y-np.sqrt(3)*f2/2,z+g2],
             [x-f3/2,y+np.sqrt(3)*f3/2,z+g3]])
try:
    J=M.I*A
    return J
except:
    return "Error"
```

8.3　松下驱动器整定

访问松下电机的官网,下载最新版本的电机调试软件"PANATERM. EXE"。使用 USB 数据线连接 PC 和驱动器,给驱动器上电,然后双击运行"PANATERM"软件。

(1) 选择"与驱动器通信"选项卡　首先选择"与驱动器通信",然后点击"OK",在出现的"选择系列"对话框中选择"MINAS-A6B",点击"OK",等待通信成功。

(2) 选择"适合增益"选项卡　首先在"启动适合增益"对话框中,选择"2 自由度位置控制",点击"下一步";然后选择"启动适合增益",点击"完成"。

(3) 在"适合增益(2 自由度位置控制)"界面中,完成以下步骤。

① 调整方针选择　将模式由"指令响应优先"改为"平衡型",点击"下一步";

② 负载特性测定　点击"SEV ON",给电机上电,然后分别点击正、负点动按钮让轴运动到两个合适的位置(在保证安全的情况下,运动范围尽可能大),之后将移动量由"2 运转"改为"动作范围",最后点击"START",之后电机会开始在两个位置之间来回往复运动,待其停止运动后,点击"下一步";

③ 刚性测定　点击"START",之后电动机会开始在两个位置之间来回往复运动,待其停止运动后,点击"下一步";

④ 指令响应测定　点击"START",之后电动机会开始在两个位置之间来回往复运动,待其停止运动后,点击"下一步";

⑤ 结果确认　点击"保存测定数据",出现保存文件对话框,选择保存路径,点击"确定";然后点击"完成",出现对话框选择"是",最后出现"写入 PANATERM"对话框,点击"OK",等待其完成写入。重复以上步骤,完成三个驱动器的整定。软件运行界面如图 8-7 所示。

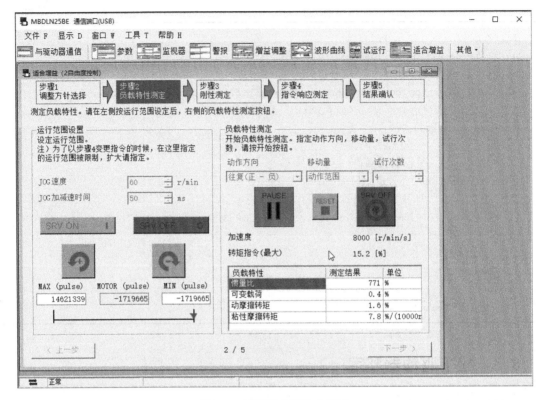

图 8-7　松下驱动器整定界面

8.4　运动控制系统

　　Delta 并联机器人的正反解在 Python 中完成,将动平台要走过的路径坐标都进行反解得到三个电机对应的转动角度,并将其作为 G 指令中的 X_、Y_、Z_,最后整个路径坐标都保存为一个 G 代码文件。与第 7 章的三轴绘图机器人控制一样,Delta 机器人的控制也是三个 NC 轴的联动控制,其 PLC 控制程序是一样的,区别在于运行的 G 代码文件。

　　打开"C：\iCAT\Delta 并联机器人\test8. 1Delta_plc\TwinCAT\TwinCAT Project1. sln"项目,删除"Motion""Axes"子目录下的 NC 轴"Axis1""Axis2"和"Axis3",参考第 1 章的相关章节完成设备的扫描,在"Motion""Axes"子目录下出现新的 NC 轴"Axis4""Axis5"和"Axis6",参考 7. 2. 1 小节的内容完成各轴的编码器参数设置,各轴的"Scaling Factor Numerator"和"Scaling Factor Denominator"均分别设置为 36 和 8388608。PLC 程序的 MAIN 程序框架如图 8-8 所示,其 HMI 控制界面如图 8-9 所示。Delta 并联机器人 HMI 控件及其链接的变量如表 8-5 所示。

　　参考 3. 6. 2 小节一维工作台的轴变量绑定过程,将程序变量声明区中的 PLC 轴变量"io_X""io_Y"和"io_Z"分别绑定"Motion""Axes"子目录下的 NC 轴"Axis4""Axis5"和"Axis6"。链接变量后下载并运行 PLC 程序。在 HMI 界面,首先点击"使能"按钮,给轴使能;然后点击"回限位"按钮,此时轴开始运动直到到达限位开关处停止,可以观察到"XW_"即限位开关的数值发生了变化;然后点击"设原点"按钮,设置当前位置为(0,0,0);最后点击"run_G"按钮,此时机器人会根据 G 代码进行运动。

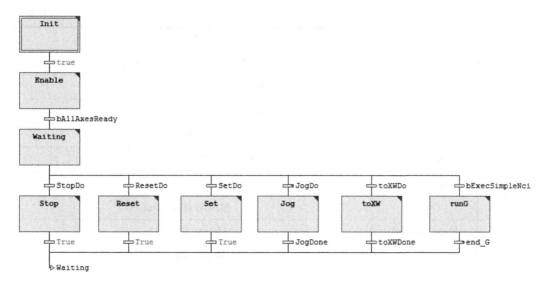

图 8-8　Delta 并联机器人 MAIN 程序框架

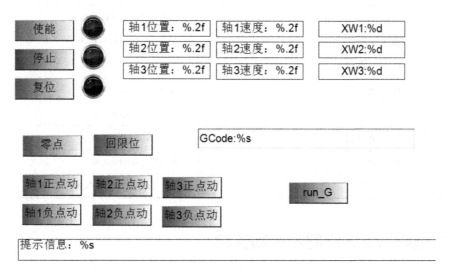

图 8-9　Delta 并联机器人的 HMI 控制界面

表 8-5　Delta 并联机器人 HMI 控件及其链接的变量

控 件		链接的变量
Lamp1	绿灯	MAIN. AllReady
	蓝灯	MAIN. ResetDo
	红灯	MAIN. StopDo
Rectangle	XW1	MAIN. XW1
	XW2	MAIN. XW2
	XW3	MAIN. XW3
	轴 1 位置	MAIN. Axis1. NcToPlc. ActPos

控　　件		链接的变量
Rectangle	轴 2 位置	MAIN. Axis2. NcToPlc. ActPos
	轴 3 位置	MAIN. Axis3. NcToPlc. ActPos
	轴 1 速度	MAIN. Axis1. NcToPlc. ActVelo
	轴 2 速度	MAIN. Axis2. NcToPlc. ActVelo
	轴 3 速度	MAIN. Axis3. NcToPlc. ActVelo
	提示信息	MAIN. message
Textfiled	GCode	MAIN. sPrgName
Button	使能（Toggle）	MAIN. PowerDo
	复位	MAIN. ResetDo
	停止（Toggle）	MAIN. StopDo
	回限位	MAIN. BackToXWDo
	设原点	MAIN. SetDo
	轴 1 正点动	MAIN. JogDo1_1
	轴 2 正点动	MAIN. JogDo2_1
	轴 3 正点动	MAIN. JogDo3_1
	轴 1 负点动	MAIN. JogDo1_0
	轴 2 负点动	MAIN. JogDo2_0
	轴 3 负点动	MAIN. JogDo3_0
	run_G	MAIN. bExecSimpleNci

8.5　基于 ADS 的同步运动实验

上位机软件使用 Python 语言进行功能实现，采用 Qt Designer 构建 GUI 界面，主要包含以下几个主要功能。

（1）PLC 程序控制　能够与下位机程序即 PLC 程序进行通信，这是上位机软件最基本的功能。在上位机软件中更改变量的值，然后通过通信修改 PLC 程序中对应变量的值，因此实现对 PLC 程序的控制。

（2）状态监测　在通信的基础上，上位机软件读取 PLC 程序中变量的值，显示在上位机软件界面上，实现状态监测。

（3）运动仿真　上位机软件构建 Delta 机器人的结构模型，通过通信得到三个电动机的转动角度，然后通过运动学正解获得各个杆件的位姿信息，并相应地更改模型的位姿，从而实现对 Delta 机器人的运动仿真效果。

实验步骤：

首先下载并运行"C:\iCAT\ Delta 并联机器人\test8. 1Delta_plc\TwinCAT\TwinCAT

Project1. sln"项目,在 HMI 界面中,点击"使能"按钮,给轴使能;然后点击"回限位",让轴回到限位开关处;然后点击"设原点"按钮,设置当前坐标为(0,0,0)。之后打开并运行"C:\iCAT\Delta 并联机器人\test8. 1Delta_plc\main. py"文件,出现操作界面:左边为三维模型仿真,中间为状态监测绘图,右边为操作区域(见图 8-10)。

（1）PLC 连接　输入当前 TwinCAT 的地址 AMSNetId 和 PLC 程序的端口 Port(参见 4.5.5 小节),然后点击"通信连接"按钮,若正常通信,则中间绘图区会显示图像。

（2）PLC 控制　输入"NC_file"即 G 代码文件路径,最后点击"G_Run"按钮,此时设备和模型会开始同步运动。

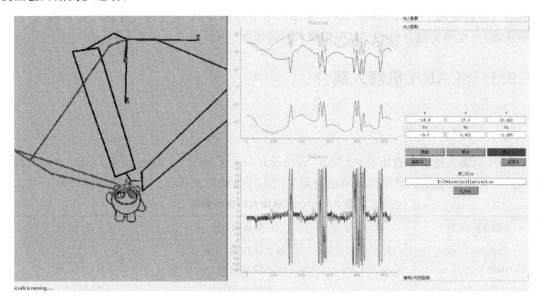

图 8-10　Delta 并联机器人 Python 软件运行效果

第9章 SCARA 机器人

本章主要介绍 TwinCAT 3 控制 SCARA 机器人技术,首先介绍 SCARA 机器人的机械结构、电气控制结构,然后进行 SCARA 机器人几何建模、运行学正反解分析和运动轨迹优化,接着构建控制系统和控制界面,完成简单 HMI 控制实例,实现空间的点位移动。最后简单介绍了机器人仿真实验平台 LeafLab 软件,采用基于 Lua 脚本和 G 代码文件两种控制模式,先仿真后联动,完成虚实结合的 SCARA 机器人同步控制。

9.1 SCARA 机器人简介

9.1.1 机械结构

Scara 机器人技术参数如表 9-1 所示,臂长及升降尺寸如图 9-1 所示,大臂、小臂、升降机构均采用同步带轮进行减速,其中大臂减速比为 1：20,小臂减速比为 1：12,升降减速比为 1：20。

表 9-1 Scara 机器人的技术参数

物 理 参 数	技 术 参 数	工作范围/能力	技 术 参 数
外形尺寸/mm	540×180×34	最大工作直径/mm	794
小臂长度/mm	152	小臂旋转角度	$-145°$ 至 $145°$
大臂长度/mm	200	大臂旋转角度	$-75°$ 至 $75°$
腕部工作直径/mm	45	腕部旋转角度	$360°$
Z 轴升降行程/mm	150		
机械臂末端负重/kg	2		

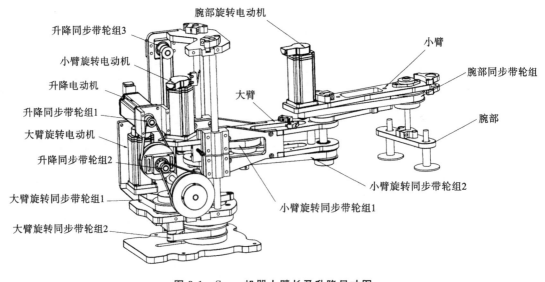

图 9-1 Scara 机器人臂长及升降尺寸图

9.1.2　电气结构

控制系统由四个伺服控制器与伺服电动机为核心，采用 EtherCAT 的方式与 PC 设备进行通信，其电气结构如图 9-2 所示。

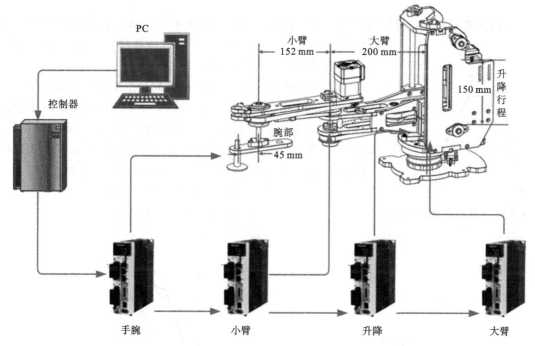

图 9-2　Scara 机器人的电气结构

对 TwinCAT 平台下的 NC 轴的介绍参考 1.1.3 小节，程序轴将变量（如目标位置等）传递给 NC 轴，NC 轴把信息翻译成符合 EtherCAT 总线标准的变量形式而后发送给物理轴，即伺服控制器，伺服控制器直接根据接收到的数据，驱动电动机做出相对应的动作。在这一条线上，数据由 PLC 程序流向 NC 轴，再由 NC 轴流向物理轴。物理轴会将采集到的数据，如编码器数值、电流、速度等反馈到 NC 轴，NC 轴将其储存后，PLC 程序可以通过相应接口调用。在PLC 程序内，负责进行轨迹规划、速度规划等上层算法，而串级 PID 控制，即位置环、速度环、电流环等在伺服控制器内运行。运动控制流程如图 9-3 所示。

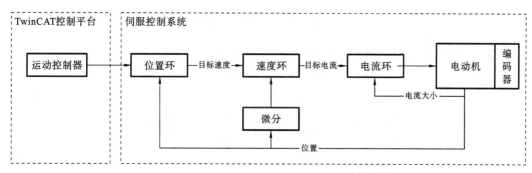

图 9-3　运动控制流程图

9.2　SCARA 运动学模型分析

9.2.1　几何建模

考虑读者对象不一定学过机器人学课程,在建模时,此处未采用基于 D-H 或基于螺旋理论的指数积等标准建模方法,而是直接通过几何方法完成建模,以便于读者理解与教学时讲解。

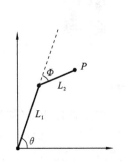

如图 9-4 所示,三个电动机都在同一水平面上。设 L_1、L_2 分别为大臂、小臂的长度;H 为初始状态下,工作点到 xOy 平面的水平距离。将 θ 角点与机器人末端相连,在二维平面内可以得到如图 9-5 所示图形,求解该图形相关参数即可得到运动学正反解的结果。于是可以求解的末端点 $P(x,y,z)$ 的坐标为

$$\begin{cases} x = L_1\cos\theta + L_2\cos(\theta+\phi) \\ y = L_1\sin\theta + L_2\sin(\theta+\phi) \\ z = H + h \end{cases} \tag{9.1}$$

图 9-4　机械臂建模示意图 1

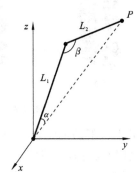

图 9-5　机械臂建模示意图 2　　　　　**图 9-6　机械臂建模示意图 3**

运动学反解也通过这种方式计算得到,构建如图 9-6 所示的三角形,于是通过余弦定理可得

$$\begin{cases} \dfrac{L_1^2 + L_2^2 - (x^2+y^2)}{2L_1 L_2} = \cos\beta \\[3mm] \dfrac{L_1^2 + (x^2+y^2) - L_2^2}{2L_1\sqrt{x^2+y^2}} = \cos\alpha \end{cases} \tag{9.2}$$

根据式(9.3),再使用 ϕ 和 θ 去表示式(9.1),进而可得到式(9.4)。

$$\begin{cases} \alpha = \arctan(x/y) - \theta \\ \beta = \pi - \phi \end{cases} \tag{9.3}$$

$$\begin{cases} \theta = \arctan(y/x) - \arccos\dfrac{L_1^2 + (x^2+y^2) - L_2^2}{2L_1\sqrt{x^2+y^2}} \\[3mm] \phi = \arccos\dfrac{L_1^2 + L_2^2 - (x^2+y^2)}{2L_1 L_2} \\[3mm] h = z - z_0 \end{cases} \tag{9.4}$$

需要注意的是另外存在一组对称的解,但对于实际应用来讲,仅需式(9.4)这一组解即可。

9.2.2　运动规划

SCARA 机器人的运动过程中速度和加速度都是时刻变化的,电动机运转在位置模式时,速度、加速度的突变会带来诸如噪声、电动机抖动等问题,并且可能导致机械臂磨损,影响精度。

机械臂的运动轨迹规划常用三次和五次多项式。三次多项式算法简单,计算量小,能够很好地拟合轨迹使得机械臂在运动过程中实现位移连续和速度连续,但无法保证加速度连续,这会导致机器在运动过程中出现噪声振动甚至冲击,对机器的正常运行将会造成影响。而五次多项式虽然计算量稍高,但却能很好地解决这个问题。而更高阶的多项式拟合则规划时间更长,而效果却比五次多项式提升得不多。因此选用五次多项式进行点对点运动(PTP motion)的位置规划,就可以保证速度、加速度两个层面的连续性。从而减少或降低电动机的噪声与抖动。

对于机器人的任意一轴,设电动机位移方程为

$$\theta(t) = a_0 + a_1 t + a_2 t^2 + a_3 t^3 + a_4 t^4 + a_5 t^5 \tag{9.5}$$

多项式的六个系数必须满足式(9.6)的 6 个约束条件:

$$\begin{cases} \theta_0 = a_0 \\ \theta_f = a_0 + a_1 t_f + a_2 t_f^2 + a_3 t_f^3 + a_4 t_f^4 + a_5 t_f^5 \\ \dot{\theta}_0 = a_1 \\ \dot{\theta}_f = a_1 + 2a_2 t_f + 3a_3 t_f^2 + 4a_4 t_f^3 + 5a_5 t_f^4 \\ \ddot{\theta} = a_2 \\ \ddot{\theta}_f = 2a_2 + 6a_3 t_f + 12a_4 t_f^2 + 20a_5 t_f^3 \end{cases} \tag{9.6}$$

进一步可得

$$\begin{cases} a_0 = \theta_0 \\ a_1 = \dot{\theta}_0 \\ a_2 = \ddot{\theta}_0 \\ a_3 = \dfrac{20\theta_f - 20\theta_0 - (8\dot{\theta}_f + 12\dot{\theta}_0)t_f - (3\ddot{\theta}_0 - \ddot{\theta}_f)t_f^2}{2t_f^3} \\ a_4 = \dfrac{30\theta_0 - 30\theta_f + (14\dot{\theta}_f + 16\dot{\theta}_0)t_f + (3\ddot{\theta}_0 - 2\ddot{\theta}_f)t_f^2}{2t_f^4} \\ a_5 = \dfrac{12\theta_f - 12\theta_0 - (6\dot{\theta}_f + 6\dot{\theta}_0)t_f - (\ddot{\theta}_0 - \ddot{\theta}_f)t_f^2}{2t_f^5} \end{cases} \tag{9.7}$$

通过这样的方式生成的轨迹曲线十分平滑,在位置、速度、加速度三个层面上均满足了连续性的要求,如图 9-7 所示。

9.2.3　直线插补和圆弧插补

机器人运动路径的连续性对于机器人的执行精度和效率至关重要。复杂的机器人应用通常由机器人离线编程软件生成机器人路径,机器人路径由笛卡儿空间一系列短的直线段组成。机器人的定向路径通常用四元数、欧拉角或轴角方法表示,对于 Scara 机器人,其机械结构限制了其末端移动的平面始终与底面平行,因此没有必要引入四元数对姿态进行插值。下面介绍对位置进行插值的直接插补和圆弧插补方法。

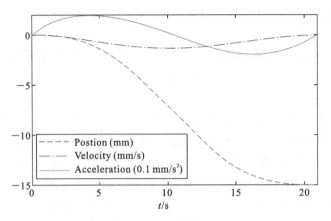

图 9-7　位置、速度、加速度时间曲线图

直线插补即控制机器人在笛卡儿坐标系中沿直线从一个位置移动到另一个位置。直线插补需要提供起始点坐标和终止点坐标,其示意图如图 9-8 所示。

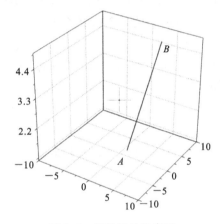

图 9-8　直线插补示意图

在实际的控制过程中,这条大的线段被打散为一个个小线段,控制机器人的末端通过这些关键点,以达到直线插补的目标。因此需要提供一个小线段数 N,在长度一定时,N 越大,小线段长度越短,越接近于直线。根据所提到的参数,我们可以计算出从 A 点移动到 B 点所经过的点,利用机器人的逆运动学算法使其末端经过这些点即实现了直线插补过程。

$$\begin{cases} x_i = x_A + \dfrac{i}{N}(x_B - x_A) \\[2mm] y_i = y_A + \dfrac{i}{N}(y_B - y_A) \\[2mm] z_i = z_A + \dfrac{i}{N}(z_B - z_A) \end{cases} \tag{9.8}$$

插补算法一般分为数据采样插补算法和基准脉冲插补算法,基于 TwinCAT 平台的特性,本设计以数据采样插补算法为基础,通过时间分割方法实现了三维空间的直线插补与圆弧插补。以空间圆弧插补为例讲解本设计中所用插补算法的思路。圆弧插补(见图 9-9)与传统的直线插补类似,将预计要走的轨迹转化为无数微小的直线段,即采用直线逼近圆弧,通过绕固定轴旋转空间点的方法实现了空间圆弧插补。

设需要插补的圆弧段如下:以 A 为起点,B 为终点,运行速度为 V,C 为不同于 A、B 且位于该圆弧上的另外一点。

（1）由 A、B、C 三点计算出圆心坐标 O、圆弧半径 R 和圆弧所在平面的法向量 $\boldsymbol{k}$。

（2）由式(9.9),通过路程 R 和运行速度 V 算得角速度为

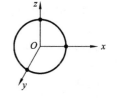

图 9-9　圆弧插补示意图

$$\omega = V/R \qquad (9.9)$$

进而得到

$$\theta_i = \omega_i T_s \qquad (9.10)$$

（3）进一步得到 i 个周期的坐标为

$$P_i = T(\theta_i)P_0 = \begin{bmatrix} \mathrm{Rot}(\boldsymbol{k},\theta) & -\mathrm{Rot}(\boldsymbol{k},\theta)O+O \\ 0 & 1 \end{bmatrix} P_0 \qquad (9.11)$$

（4）当 P_i 与 B 之间的距离小于误差 ε 时,程序结束,反之,$i=i+1$,从(2)继续执行。

另外,通过增加或减少一个正负号,就可以控制圆弧的方向。

9.3　SCARA 运动控制系统

9.3.1　运动控制系统简介

机器人的运动控制系统 PLC 程序采用 SFC 和 ST 混合编程方式实现,其含有使能、停止、复位、点动、设置原点以及 FIFO 等多种功能。打开"C:\iCAT\SCARA 机器人\test9-1SCARA_FIFO\TwinCAT\ SCARA_FIFO. sln"项目,删除"Motion""Axes"子目录下的 NC 轴"Axis1""Axis2""Axis3"和"Axis4",在"Motion""Axes"子目录下出现新的 NC 轴 Axis1""Axis2""Axis3"和"Axis4",参考第 1 章的相关章节完成设备的扫描,参考 7.2.1 小节完成各轴的编码器参数设置,其中各轴的"Scaling Factor Numerator"和"Scaling Factor Denominator"均依次设置为 18 和 8388608,30 和 8388608,2.54 和 8388608,90 和 8388608。PLC 程序的 MAIN 程序框架如图 9-10 所示。

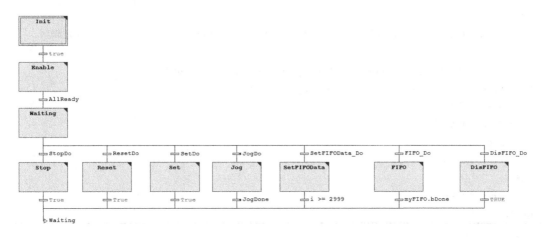

图 9-10　MAIN 程序框架图

PLC 程序中包含运动学反解的自定义功能块 FB_xyzToAlpha,其程序如表 9-2 所示。

表 9-2 FB_xyzToAlpha 程序

`FUNCTION_BLOCK FB_xyzToAlpha`
`VAR_INPUT`
`    x,y,z : LREAL;`
`END_VAR`
`VAR_OUTPUT`
`    theta,gama,h:LREAL;`
`    bErr : BOOL :=FALSE;`
`END_VAR`
`VAR`
`    L1 : LREAL :=152;`
`    L2 : LREAL :=200;`
`    z0 : LREAL :=0.0;`
`    theta_min : LREAL :=-75;`
`    theta_max : LREAL :=75;`
`    gama_min : LREAL :=-145;`
`    gama_max : LREAL :=145;`
`    h_min: LREAL :=0;`
`    h_max: LREAL :=155;`
`    theta_,gama_,h_:LREAL;`
`END_VAR`
	变量声明区

`bErr :=FALSE;`
`IF x>y THEN`
`    theta_ :=`
`(ATAN(y/x)-ACOS((x*x+ y*y+ L1*L1-L2*L2)/(2*L1*SQRT(x*x+ y*y))))*`
`180.0/PI;`
`ELSE`
`    theta_ :=`
`(PI/2-ATAN(x/y)-ACOS((x*x+ y*y+ L1*L1-L2*L2)/(2*L1*SQRT(x*x+ y*`
`y))))*180.0/PI;`
`END_IF`
`gama_ :=ACOS((x*x+ y*y-L1*L1-L2*L2)/(2*L1*L2))*180.0/PI;`
`h_ :=z-z0;`
`IF (theta_> theta_min AND theta_< theta_max) AND (gama_> gama_min`
`AND gama_< gama_max) AND (h_> h_min AND h_< h_max) THEN`
`    theta :=theta_;`
`    gama :=gama_;`
`    h :=h_;`
`    bErr :=FALSE;`
`ELSE`
`    bErr :=TRUE;`
`END_IF`
	程序逻辑区

9.3.2 人机交互界面(HMI)

HMI 界面图如图 9-11 所示,HMI 控件及其链接的变量如表 9-3 所示。

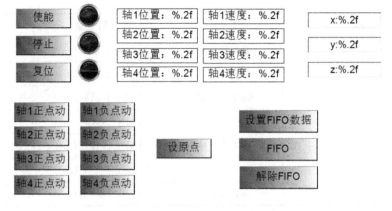

图 9-11　HMI(人机交互)界面图

表 9-3　HMI 控件及其链接的变量

控　　件		链接的变量
Lamp1	绿灯	MAIN. AllReady
	蓝灯	MAIN. ResetDo
	红灯	MAIN. StopDo
Textfiled	x	MAIN. x
	y	MAIN. y
	z	MAIN. z
Rectangle	轴 1 位置	MAIN. Axis1. NcToPlc. ActPos
	轴 2 位置	MAIN. Axis2. NcToPlc. ActPos
	轴 3 位置	MAIN. Axis3. NcToPlc. ActPos
	轴 4 位置	MAIN. Axis4. NcToPlc. ActVelo
	轴 1 速度	MAIN. Axis1. NcToPlc. ActVelo
	轴 2 速度	MAIN. Axis2. NcToPlc. ActVelo
	轴 3 速度	MAIN. Axis3. NcToPlc. ActVelo
	轴 4 速度	MAIN. Axis4. NcToPlc. ActVelo
Button	使能(Toggle)	MAIN. PowerDo
	复位	MAIN. ResetDo
	停止(Toggle)	MAIN. StopDo
	轴 1 正点动	MAIN. JogDo1_1
	轴 2 正点动	MAIN. JogDo2_1
	轴 3 正点动	MAIN. JogDo3_1
	轴 4 正点动	MAIN. JogDo4_1
	轴 1 负点动	MAIN. JogDo1_0

控　件	链接的变量	
Button	轴 2 负点动	MAIN. JogDo2_0
	轴 3 负点动	MAIN. JogDo3_0
	轴 4 负点动	MAIN. JogDo4_0
	设原点	MAIN. SetDo
	设置 FIFO 数据	MAIN. SetFIFOData_Do
	FIFO	MAIN. FIFO_Do
	解除 FIFO	MAIN. DisFIFO_Do

参考 3.6.2 小节一维工作台轴变量绑定过程，将程序变量声明区中的 PLC 轴变量"Axis1""Axis2""Axis3"和"Axis4"分别绑定"Motion""Axes"子目录下的 NC 轴"Axis1""Axis2""Axis3"和"Axis4"。链接变量后激活配置，登录并运行 PLC 程序，切换到 VISUs/Visualization 的 HMI 界面。在 HMI 界面，首先点击"使能"按钮，给轴使能；然后点击"点动"按钮，让轴运动到合适的位置；然后点击"设原点"按钮，设置当前位置为原点；然后输入目标位置的"x""y"和"z"数值，点击"设置 FIFO 数据"按钮，此时会调用 FB_xyzToAlpha 功能块进行运动学反解，并将反解结果写入 FIFO 通道的 NC 轴；最后点击"FIFO"按钮，轴开始运动，到达目标位置后停止；待运动结束后，点击"解除 FIFO"按钮，解除 FIFO 通道的轴组。说明："x""y"和"z"的数值设置要考虑到各轴的运动范围，防止运动时发生碰撞。

9.4　机器人仿真平台

9.4.1　平台简介

为了适应新时代工业机器人实验教学，设计了一种基于 Bullet 的机器人仿真实验平台。平台使用 Bullet 作为仿真引擎，具备运动学解算、碰撞检测与轨迹可视化的功能；使用 Lua 脚本作为主逻辑控制语言，来调用仿真引擎功能函数；使用基于数据流的节点图作为主实验交互平台，将计算模块、通信模块封装为功能节点，通过图形连接定义运算逻辑。该平台以 LeafLab 指代，适用于机器人的多种实验场景，可使用该平台配合 ADS 通信协议完成一些更加复杂的实验。

目前工业机器人中应用较为广泛的是示教编程，即通过示教器控制机器人移动，在运动的过程中记录下相应的关节位置，完成示教操作。但这种示教方式过于简单和低效，并不适用于机器人学科教学。一种较好的方式是类似于 MATLAB 的脚本化、交互式编程。既可以通过类的方式封装简易调用的函数，也可以增加自己实现算法的能力。

为了使机器人仿真实验平台具有更好的灵活性和可扩展性，采用以 Bullet 为仿真引擎，以 Lua 为交互式操作语言，以 Qt 为图形框架，以节点图和数据流驱动为实验系统的技术方案。体架构设计如图 9-12 所示。

其中，仿真层为机器人仿真的核心实现，由 OpenGL 提供场景管理与视图管理，Bullet 提供物理运算，如碰撞检测、运动学运算，动力学运算等。操纵层面向用户，以函数和功能节点的

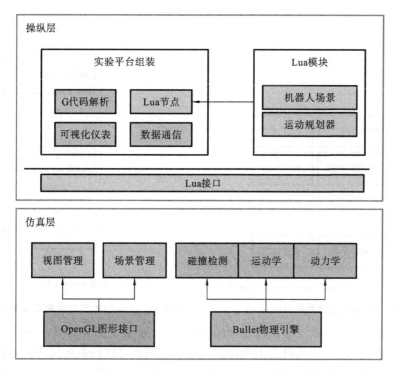

图 9-12　基于 Bullet 的机器人仿真实验平台整体架构

方式向用户提供对仿真层的功能访问。操纵层的 Lua 是一种嵌入式脚本语言,具备扩展性好,容易与 C/C++语言结合的特点。Lua 支持动态定义类型,内存自动回收机制,经常被用于嵌入其他宿主语言中。

基于节点图的控制方式是对基于 Lua 控制方式的一层封装,实现了以事件驱动的方式来调用 Lua,并且将设备和功能块抽象为节点,节点之间的数据传递方式通过连线来定义,数据节点的组成部分如图 9-13 所示。在现有基于 Lua 脚本的控制模式下,构建机器人仿真场景、分析仿真结果等操作已经可以进行。在复杂的机器人场景中,往往需要多台机器人相互协作共同完成实验任务,为实现灵活的机器人运动控制,可以根据不同实验场景进行机器人组态。因而,本平台设计了一种基于事件驱动的图形节点编辑工具。

节点编辑工具在建模类工具(如 Blender 的材质编辑和模型渲染节点图)中应用广泛,它的基本流程为事先定义数据模型并将其注册到数据模型注册表中,之后构造节点并与对应的数据模型进行绑定,用户操作信号或者定时器信号、通信信号等将触发模型计算,计算结果将传播到输出连接,每个新连接都会获取到可用的数据并进一步传播。

数据节点采用数据模型和图形节点分离的设计模式,数据模型负责定义端口、数据输入/输出和数据运算等,而图形节点则定义了图形的外观样式、几何形状、连接状态等。

本平台将图形节点和 Lua 脚本融合,实现一种形如 Simulink 中 MATLAB Function 的效果。在节点从构造到数据输入/输出的不同阶段,将执行不同的函数,Lua 脚本节点生命周期中所执行的函数流程图如图 9-14 所示。

其中构造函数和初始化函数只执行一遍,而数据输入触发的运算类函数将在每次输入数据时执行。在 Lua 函数中通过调用获取节点数据函数,将数据从 C++环境中拷贝到 Lua 环境,编写相应的处理逻辑,调用输出节点数据函数,将数据节点数据传播到下个节点。

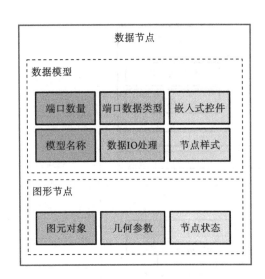

图 9-13　数据节点的组成部分

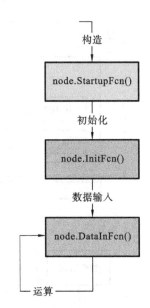

图 9-14　Lua 脚本节点生命周期中所执行的函数

节点图的典型优势是基于数据流驱动的控制逻辑,避免了循环扫描指令的 CPU 负荷,同时图形化交互和事件驱动方式符合人的控制直觉。使用者可以将典型的功能块封装为图形节点,并只需要考虑输入和输出,而不用关注内部的实现细节。因此节点之间具有低耦合的特性,可以根据实际的逻辑将不同的节点进行连接和组合。

9.4.2　机器人仿真模型与接口

在本平台中提供对 URDF 文件的仿真,URDF 即 Unified Robot Description Format(统一机器人描述格式)的缩写,是统一描述机器人仿真模型设定的 XML 语言,其主要定义了 link 和 joint,包括限位信息 limits,碰撞信息 collision,惯性信息 inertial,可视化信息 visual 及 link 间的父子从属关系信息。

一般来说,创建 URDF 的方法有两种。对于简单的模型,譬如单连杆或者二连杆,我们可以直接按照 URDF 的规则手写 URDF 文件,但是对于复杂的模型,涉及较多的坐标系变换和惯量计算,可以通过 SolidWorks 中的 sw2urdf 插件直接导出 URDF 文件。通过 CAD 文件导出 URDF 模型的基本流程如图 9-15 所示。

(1) 根据机器人的几何参数建立相应的 CAD 模型。

(2) 安装 sw2urdf 插件。通常在工具中启用插件。

(3) 配置连杆关系。即配置机器人连杆的父子关系,一般基座为根节点。此时需要将连杆的所有零件包含进去。通过设置子装配体的方式可以简化这个过程。对于连杆之间的运动副,需要指明此运动副是转动副还是移动副。

(4) 配置坐标系。通常可以根据选择的连杆和参考轴,自动生成坐标系,但是默认生成的坐标系不一定是我们所期望的,譬如指定特定的轴为工作轴。因此可以通过 SolidWorks 中的新建坐标系来设定期望的坐标系。

(5) 生成坐标系配置。设置连杆和运动副之后,可以选择生成坐标系配置,此时可以在 SolidWorks 的三维场景中查看自动生成坐标系,看坐标系的位置和工作轴是不是期望的,如果不是可以进一步修改。

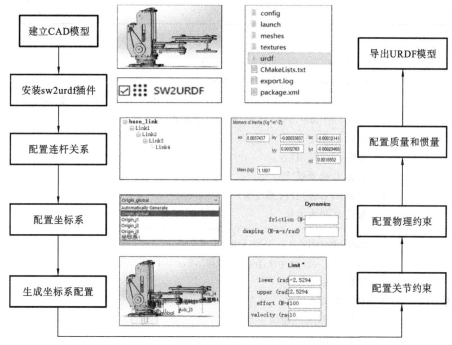

图 9-15　基于 CAD 模型的 URDF 模型创建方法

（6）配置关节约束。此时可以设定关节轴的上下限。对于转动副来说，如果不设置上下限，默认此转动副可以 360°无限制旋转；而对于移动副来说，如果不设置合理的上下限，上下限将被约束为 0，即移动副无法运动。

（7）配置物理约束。此时可以设置阻尼和摩擦力。

（8）配置质量和惯量。配置质量时，如果质量为 0，表明附加在该物体上的任何力都为零，即物体将固定在设定的位置。因此将基座的质量设置为零可以实现固定机器人的目的。

（9）导出 URDF 模型。对于导出的 URDF 文件可以导入 LeafLab 中进行机器人仿真，机器人仿真接口如表 9-4 所示。

表 9-4　模型仿真操作接口

功　　能	示　　例
打开三维场景	sim：win()
关闭三维场景	sim：winend()
导入 URDF	plane＝sim：loadURDF("../RoboView/plane. urdf",{0,0,0},{0,0,0}) scara＝sim：loadURDF("../RoboView/LabScara_ bottom/urdf/LabScara_bottom. urdf",{0,0,0},{0,0,0}) 参数 1：Urdf 文件的地址 参数 2：基座的位置(x,y,z) 参数 3：基座的姿态(rpy 角) 返回值：模型 ID
获取连杆坐标	pos＝sim：getLinkState(scara,dlink); 参数 1：模型 ID 参数 2：连杆 ID 返回值：连杆坐标系位置

续表

功　能	示　例
驱动模型	local maxTor＝1000；—最大力矩 local mode＝2；—位置控制模式 sim:setJointMotorControl(scara,1,mode,ID[j],maxTor) —驱动模型 sim:stepSimulation()　—模型仿真步进 参数 1:模型 ID 参数 2:连杆 ID 参数 3:驱动模式 参数 4:目标角度（弧度制） 参数 5:最大力矩
绘制直线	trailDuration＝10；—生存时间,单位 s sim:addLine(prepos,pos,{0,0,0},2,trailDuration); 参数 1:起点 参数 2:终点 参数 3:RGB 颜色值 参数 4:线宽 参数 5:生存周期

9.4.3　机器人 G 代码仿真实验

1. 实验介绍

图 9-16 是一个 G 代码解析并控制 SCARA 机器人绘图的一个案例,Gcoder 模块负责 G 代码的解析,将解析得到的点位通过输出端口输出,连接到一个散点图模块和机器人"反解驱动"模块,机器人"反解驱动"模块的输出端口输出机器人实际的末端轨迹。

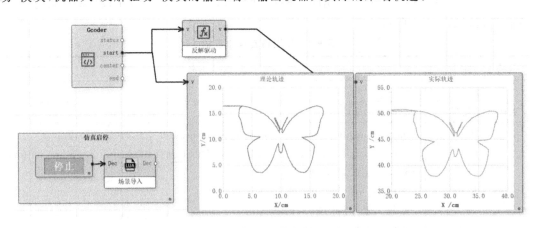

图 9-16　SCARA 机器人绘图案例

SCARA 机器人绘图流程如图 9-17 所示,通过 Gcoder 模块导入 G 代码文件并解析后,将开启一段定时循环,不断输出点位数据,虚线框中的内容在"反解驱动"节点中实现。G 代码解析并执行完毕后,运行结果如图 9-18 所示。绘图的理论轨迹如图 9-19 所示,绘图的实际轨迹如图 9-20 所示。

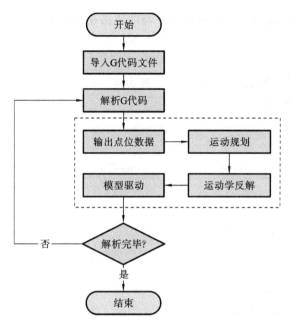

图 9-17 SCARA 机器人绘图流程

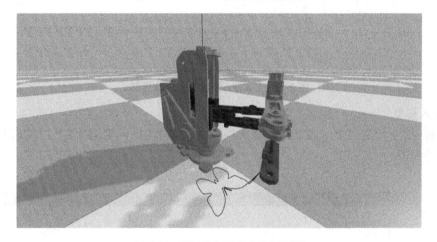

图 9-18 SCARA 机器人绘图效果

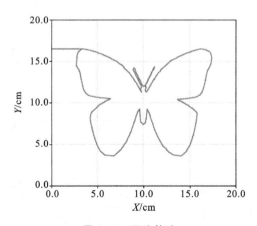

图 9-19 理论轨迹

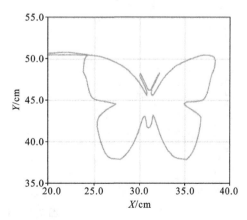

图 9-20 实际轨迹

从两图中可以发现,最终运动得到的路径与期望路径基本一致。

2. 实验步骤

1) 打开软件

打开 LeafLab 软件,切换到"iCAT-9.2-仿真实验",打开"Gcoder-模型仿真实验.flow",打开后的界面如图 9-21 所示。

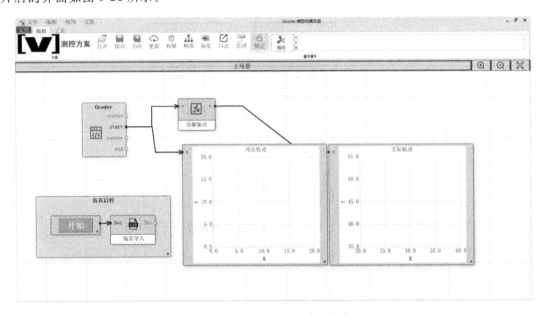

图 9-21　Gcoder-模型仿真实验界面

2) 导入模型

点击场景导入节点中的 Lua 函数,会出现一个编辑器窗口(见图 9-22),可以在此处修改需要导入的模型。

```
1  node={}
2  function node.StartupFcn()
3      local NodeInNum=1;
4      local NodeOutNum=1;
5  end
6  function node.InitFcn()
7    this:SetNodeName("场景导入")
8  end
9
10 function node.DataInFcn()
11     local ID=this:GetDecInData();
12     print(ID[1])
13     if ID[1]>0.5 then
14         sim:win() --启动场景
15         plane = sim:loadURDF("../RoboView/plane.urdf", {0,0,0}, {0,0,0}) --导入模型
16         scara=sim:loadURDF("../RoboView/LabScara_bottom/urdf/LabScara_bottom.urdf", {0,0,0}, {0
17         print('Scara', scara)
18     else
19         sim:winend()--结束场景
20     end
21 end
22
```

图 9-22　Lua 函数编辑器窗口

　　修改完成后,保存文件,关闭编辑器。点击"开始"按钮,此时会弹出一个三维仿真窗口,如图 9-23 所示。

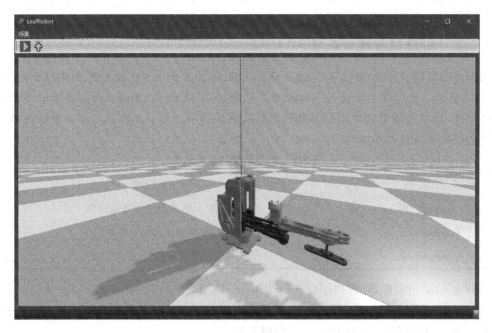

图 9-23　三维仿真窗口

3）解析并执行 G 代码

　　在 Gcoder 模块上点击右键,此时会弹出一个"解析 G 代码程序"对话框(见图 9-24),首先点击"导入"按钮来导入 G 代码文件,导入之后点击"解析"。

　　之后切换到"指令输出"选项卡,点击"开始执行"(见图 9-25)。可以看到随着进度条的走动,机器人在逐渐按照 G 代码的指令绘图,其效果如图 9-18 所示。

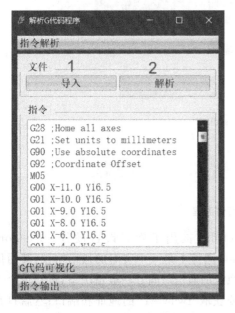

图 9-24　解析 G 代码程序对话框

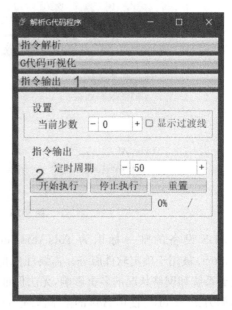

图 9-25　指令输出选项卡

9.5　基于 ADS 的同步运动实验

9.5.1　ADS 通信接口设计

如果希望将仿真平台中的运动指令应用到实际的机器人中,则需要利用 TwinCAT 的 ADS 通信技术。为实现上位机与 TwinCAT 之间的 ADS 通信,TwinCAT 提供了 TcAdsDll 动态链接库,以便实现通信中用到的各种函数的直接调用。表 9-5 为在 C++中进行 ADS 通信时所依赖的头文件和库文件。

表 9-5　ADS 通信的依赖文件

文 件 名 称	文 件 说 明
TcAdsDll. dll	包含 ADS 函数的动态链接库
TcAdsDef. h	ADS 结构体和常量的声明
TcAdsApi. h	ADS 函数的声明,与库配套使用

ADS 通信采用服务器/客户端(Server/Client)模型。支持 TwinCAT ADS 通信的设备称为 ADS 设备。协议规定 ADS 设备的识别方式为 ADS 网络 ID 与端口。任何 ADS 通信的请求都必须指定 ID 和端口,才能找到对应的服务器。

在上位机中,通过调用倍福公司提供的 TcAdsDll 库构建通信功能。TcAdsDll 库提供了通过 TwinCAT 路由器的 C++ API 接口与其他 ADS 设备进行通信的功能。实现一个 ADS 客户端通常要经过连接 PLC,连接变量、刷新数据、释放到变量的连接及断开 PLC 连接等基本步骤。其中涉及的接口及流程如图 9-26 所示。

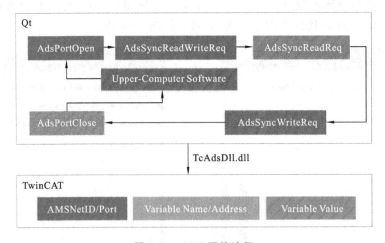

图 9-26　ADS 通信流程

ADS 设备的唯一标识为 AdsAmsNetId(NetId),被用于确定设备硬件。AdsPortNr (AdsPort)被用于确定软件服务。需要注意的是,Ads 通信不是一个实时的通信协议,其通信过程受到系统和网络状况的多重影响,无法保证一个稳定的通信时间。一般情况下,读写单个变量的时间为 1~2 ms。使用 Ads 的基本流程:首先需要获取 TwinCAT 的地址和端口;然后打开链接地址、打开端口,通过变量名获取变量句柄;接着可以读/写变量;结束访问后,关闭端口。

为了实现对真实机器人的控制,在通信数据结构上应当具有以下内容。

(1) 用于控制机器人运动模式的控制字。

(2) 反映机器人运行状态的状态字。

(3) 机器人各关节的实际位置。

(4) 机器人各关节的期望位置。

表 9-6 为根据所需要的控制信息和状态信息所设计的 C++结构体数据。

表 9-6　ADS 通信数据结构

```
struct RobotPlcStructVar
{
    short ctrlword;
    short stateword;
    double TarACSPos[12];
    double ActACSPos[12];
};
```

其中:TarACSPos 为关节轴的期望位置,修改此变量可控制电动机转动;ActACSPos 为关节轴的实际位置,读取此变量可获取机器人的实际姿态;ctrlword 为控制器的控制字,修改此变量可以修改机器人的控制状态;stateword 为控制器的状态字,读取此变量可获得机器人内部的状态。表 9-7 和 9-8 分别为状态字和控制字的含义。

表 9-7　状态字的含义

状 态 字 值	含　　义
3	无功能运行,请选择一个功能并运行它
4	电动机报错,请排查错误并执行电动机复位
100	同步模式,等待上电
101	同步模式,返回原点
102	同步模式,等待外部位置发生器启动
103	同步模式,运行中
104	同步模式,结束

表 9-8　控制字的含义

控 制 字 值	含　　义
0	无、不执行任何事务
2	清除电动机报警
3	停止当前模式
4	设置零点
6	启动同步模式
7	启动上层控制模式
8	TwinCAT 独立控制模式
9	预设模式

在 LeafLab 中,相应的 ADS 接口被封装,操作接口功能与示例如表 9-9 所示。

表 9-9　ADS 操作接口功能与示例

接 口 功 能	示　　　　例
创建新 Client	myAds＝AdsTh:factory() 备注:一个 client 只能连接一个设备,如果要连接多个设备就需要创建多个 client
连接设备和端口	AdsTh:AdsConnect('5.68.80.217.1.1',851)
设置变量	var＝{} var['RobotController.Scara.ActACSPos']＝'array,12'; var['RobotController.Scara.ActACSPos[0]']＝'double'; 备注:支持的数据类型有 bool,int,float,double,以及 double 类型的数组,其中数组需要指定大小
读取变量	Var＝AdsTh:read('RobotController.Scara.ActACSPos[0]');--读取标量 Array＝AdsTh:readarray('RobotController.Scara.ActACSPos');--读取数组
修改变量	ID＝{0.1,-2,-3,-4,-3.4}; AdsTh:writearray('RobotController.Scara.ActACSPos',ID)--写数组 AdsTh.write('RobotController.Scara.ActACSPos[0]','12.6');--写标量

9.5.2　机器人 G 代码同步运动实验

1. 同步控制流程

在前述功能的铺垫下,我们可以实现真实的 SCARA 机器人与机器人仿真模型的同步运动,其基本流程如图 9-27 所示。

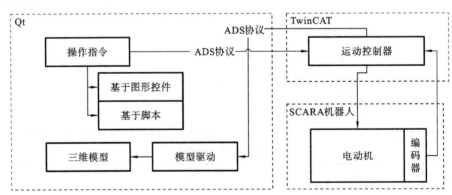

图 9-27　机器人与机器人仿真模型同步运动的基本流程

首先基于 Qt 的上位机(LeafLab)发出操作指令,将期望的关节位置通过 ADS 协议发送给 TwinCAT 中的运动控制器,运动控制器控制电动机达到期望的位置,同时编码器把实际位置发送给运动控制器,通过 ADS 协议发送给 LeafLab 中的模型驱动模块,从而实现二者的同步运动,实现机械臂实体与物理模型之间的信息镜像(见图 9-28)。

2. 实验简介

在实现真实的 SCARA 机器人与机器人仿真模型同步运动的基础上,增加图 9-29 中所示的模块。

点击"真机:变量写入"节点函数,此时会弹出一个编辑器窗口(见图 9-30)。在函数中,通

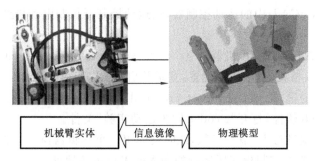

图 9-28　机械臂实体与物理模型的信息镜像

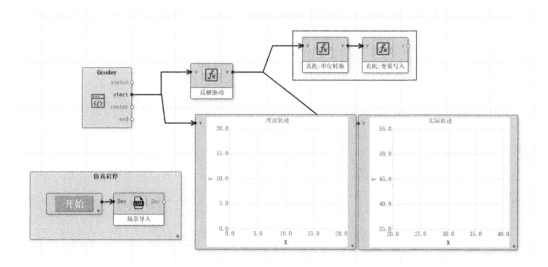

图 9-29　SCARA 机器人 G 代码同步运动实验

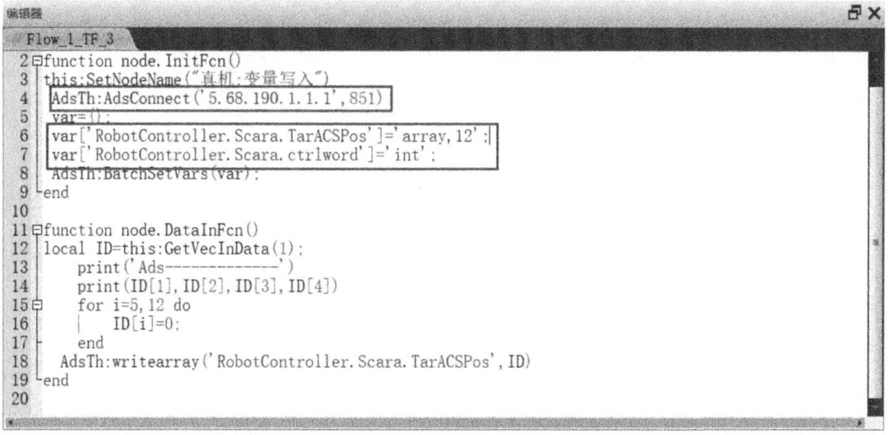

```
编辑器                                                            ♂ ×
Flow_1_TF_3
 2⊟function node.InitFcn()
 3    this:SetNodeName("真机:变量写入")
 4    AdsTh:AdsConnect('5.68.190.1.1.1',851)
 5    var={};
 6    var['RobotController.Scara.TarACSPos']='array,12';
 7    var['RobotController.Scara.ctrlword']='int';
 8    AdsTh:BatchSetVars(var);
 9  ⌐end
10
11⊟function node.DataInFcn()
12  local ID=this:GetVecInData(1);
13    print('Ads----------')
14    print(ID[1],ID[2],ID[3],ID[4])
15⊟   for i=5,12 do
16       ID[i]=0;
17    end
18    AdsTh:writearray('RobotController.Scara.TarACSPos',ID)
19  ⌐end
20
```

图 9-30　"真机-变量写入"节点函数定义

过 AdsConnect 连接到的 AMSNetID 为"5.68.190.1.1.1"的嵌入式工控机,指定端口为851。
使用 PLC 程序中的"RobotController. Scara. TarACSPos"指定期望位置,使用
"RobotController. Scara. ctrlword"切换控制状态。

Gcoder 解析完成之后,通过反解,将期望的关节位置一方面发送给仿真模型,一方面遵循

ADS 协议发送给 TwinCAT 中的运动控制器，让运动控制器控制电动机到达期望的位置。

3. 实验步骤

（1）打开 C:\iCAT\SCARA 机器人\test9-2ScaraSyncControl\TwinCAT 文件夹下的 sln 工程项目，参考第 1 章相关内容，激活配置，登录并启动 PLC 程序。

（2）写入控制字变量"RobotADStruct. ctrlword"为 6，切换到同步模式。

（3）打开 LeafLab 软件，打开"Gcoder-同步运动实验"文件。

（4）点击"真机：变量写入"节点函数，此时会弹出一个编辑器窗口。将此处的地址"5.68. 190.1.1.1"修改为机器人控制程序所运行的嵌入式工控机的地址。

（5）按照 9.4.3 小节"机器人 G 代码仿真实验"的实验步骤 3），解析并执行 G 代码。

（6）观察真实机器人与仿真模型的运动状态。

参 考 文 献

[1] 陈利君. TwinCAT 3.1 从入门到精通[M]. 北京:机械工业出版社,2020.

[2] 陈利君. TwinCAT NC 实用指南[M]. 北京:机械工业出版社,2020.

[3] 李正军. EtherCAT 工业以太网应用技术[M]. 北京:机械工业出版社,2020.

[4] 杨叔子,杨克冲,吴波,等. 机械工程控制基础[M]. 7 版. 武汉:华中科技大学出版社,2018.

[5] 廖广兰,何岭松,刘智勇. 工程测试技术基础[M]. 武汉:华中科技大学出版社,2021.

[6] 钟秉林,黄仁. 机械故障诊断学[M]. 3 版. 北京:机械工业出版社,2007.

[7] 陈冰,冯清秀,邓星钟,等. 机电传动控制[M]. 6 版. 武汉:华中科技大学出版社,2022.

[8] 李斌、李曦. 数控技术[M]. 武汉:华中科技大学出版社,2010.

[9] 熊有伦,李文龙,陈文斌,等. 机器人学建模、控制与视觉[M]. 武汉:华中科技大学出版社,2020.

[10] 蔡自兴,谢斌. 机器人学[M]. 3 版. 北京:清华大学出版社,2015.